普通高等教育"十三五"规划教材

水文分析与计算

主编　徐冬梅　王文川　袁秀忠

中国水利水电出版社
www.waterpub.com.cn

·北京·

内 容 提 要

　　本教材是根据当今应用水文学的有关理论和方法，分析河流或其他水体水文要素的变化和分布规律，为工程建设提供水文分析计算技术与方法的专业教材。全书共分十章，主要内容包括：绪论、径流形成要素、水文统计基本知识、设计年径流及其年内分配、由流量资料推求设计洪水、流域产汇流分析计算、由暴雨资料推求设计洪水、小流域设计洪水、城市防洪与排水、可能最大暴雨与可能最大洪水。

　　本教材可作为高等学校水利水电工程、水文学与水资源工程、工程管理、农业水利工程及水电、港口与航运工程、市政工程、水务工程、给排水工程等专业的教材，也可供相关专业的工程技术人员参考。

图书在版编目（ＣＩＰ）数据

　水文分析与计算 / 徐冬梅，王文川，袁秀忠主编
. -- 北京 ：中国水利水电出版社，2018.10
　普通高等教育"十三五"规划教材
　ISBN 978-7-5170-7054-2

　Ⅰ．①水⋯ Ⅱ．①徐⋯ ②王⋯ ③袁⋯ Ⅲ．①水文分析－高等学校－教材②水文计算－高等学校－教材 Ⅳ.
①P333

中国版本图书馆CIP数据核字(2018)第241861号

书　　　名	普通高等教育"十三五"规划教材 **水文分析与计算** SHUIWEN FENXI YU JISUAN	
作　　　者	主编　徐冬梅　王文川　袁秀忠	
出 版 发 行	中国水利水电出版社 （北京市海淀区玉渊潭南路 1 号 D 座　100038） 网址：www. waterpub. com. cn E - mail：sales@waterpub. com. cn 电话：(010) 68367658 （营销中心）	
经　　　售	北京科水图书销售中心（零售） 电话：(010) 88383994、63202643、68545874 全国各地新华书店和相关出版物销售网点	
排　　　版	中国水利水电出版社微机排版中心	
印　　　刷	北京合众伟业印刷有限公司	
规　　　格	184mm×260mm　16 开本　15.25 印张　381 千字	
版　　　次	2018 年 10 月第 1 版　2018 年 10 月第 1 次印刷	
印　　　数	0001—2000 册	
定　　　价	**38.00 元**	

前　言

水是生命之源、生产之要、生态之基。兴水利、除水害，事关人类生存、社会进步，历来是治国安邦的大事。最近，习近平同志精辟论述了治水对民族发展和国家兴盛的极端重要性，深刻分析了当前我国水安全的严峻形势，系统阐释了保障国家水安全的总体要求，明确提出了新时期治水的新思路，为我们强化水治理、保障水安全指明了方向。只有修建水利工程，才能控制水流，防止洪涝灾害，并进行水量的调节和分配，以满足人民生活和生产对水资源的需要。水利工程需要修建坝、堤、溢洪道、水闸、进水口、渠道、渡槽、筏道、鱼道等不同类型的水工建筑物，以实现其目标。

由于水利工程种类繁多、形式各异，工程选址处的前期水文观测资料有所不同（降水、径流、洪水），有长有短，甚至于很多时候属于无资料的情况，本门课程应用的复杂性就在于实际应用过程中，如何充分利用已有资料，选取合适的计算方法（成因分析、数理统计、地理综合），合理确定设计来水，这就要求我们熟悉水文分析计算的各种方法，学会综合运用，有机结合。

为了当今水利发展的需要，华北水利水电大学相关任课教师结合多年的课堂教学经验和工作实践，组织编写了《水文分析与计算》这本教材。"水文分析与计算"是水文与水资源工程专业的一门重要的基础课，是为水文分析计算提供一门技术的科学，课程主要内容包括：水文分析计算内容及研究方法介绍、径流形成要素、水文统计基本知识、设计年径流及其年内分配、由流量资料推求设计洪水、流域产汇流分析计算、由暴雨资料推求设计洪水、小流域设计洪水、城市防洪与排水、可能最大暴雨与可能最大洪水等。

本教材共分十章，第三、四、六、七章由徐冬梅副教授编写，第九、十章由王文川教授编写，第一、二、五、八章由袁秀忠高工编写。全书由王文川统稿。

本教材在编写的过程中参阅并引用了大量的教材、专著，在此对这些文献的作者们表示诚挚的感谢。

由于编者水平有限，书中难免出现不妥之处，恳请读者批评指正。

编　者
2018 年 5 月

目　录

第一章　绪　论

第一节　水资源概述

一、水资源的含义

水是一种重要的自然资源，从认识到水是一种具有多种用途的宝贵资源起，人类对水资源的含义就存在着不同的见解。水资源通常指逐年可以恢复和更新的淡水，而大气降水是它的补给来源。从广义上讲，水资源是指地球上所有的水体，狭义的水资源是指陆地上可以利用的淡水资源，它包括江河、湖泊、泉、积雪、冰川、大气水、土壤水以及地下水等可供长期利用的水源。

直到 1977 年，联合国召开水会议后，联合国教科文组织和世界气象组织共同提出了水资源的含义：水资源是指可以利用或有可能被利用的水源，这种水源应当有足够的数量和可用的质量，并满足某一地方在一段时间内具体利用的需求。

二、我国水资源的概况和特点

我国地域辽阔，国土面积达 960 万 km²，处于季风气候区域。受热带、太平洋低纬度上温暖而潮湿气团的影响以及西南印度洋和东北鄂霍次克海的水蒸气影响，我国水资源形成了以下几个特点。

1. 水资源总量多，但人均、单位面积少

我国多年平均水资源总量为 2.84 万亿 m³，其中地表水资源量为 2.74 万亿 m³，地下水资源量 8219 亿 m³，地表水资源与地下水资源量重复计算量 7182 亿 m³。我国水资源总量占全球水资源的 6%，居世界第六位。从表面上看，我国淡水资源相对比较丰富，属于丰水国家，但我国人口基数和耕地面积基数大，人均只有 2220m³，仅为世界平均水平的 1/4、美国的 1/5，是全球 13 个人均水资源最贫乏的国家之一。

2015 年全年水资源总量 2.796 万亿 m³，2016 年，我国全年水资源总量为 3.247 万亿 m³。全国水资源总量占降水总量 47.3%，平均单位面积产水量为 34.3 万 m³/km。

2. 水资源地区分布不均，水土资源配置不平衡

受海陆位置、水汽来源、地形地貌等因素的影响，我国水资源地区分布总趋势是从东南沿海向西北内陆递减。我国水资源的地域分布与人口和耕地的分布很不相适应。南方水资源总量占全国的 81%，人口占全国的 54.4%，耕地面积只占全国的 39.7%，人均水资源量为 3300m³，单位耕地水资源量为 43860m³/hm²；北方（不含内陆区）水资源总量占全国的 14.4%，人口占全国的 43.3%，耕地面积占全国的 54.9%，人均水资源量为 740m³，单位耕地水资源量为 5640m³/hm²。其中，西南诸河流域片水资源最为丰富，而海河流域片水资源最为匮乏。内流区域（区域面积占全国总面积的 35.4%）人均、单位耕地水资源量虽然不少，但有人居住的地区水资源有限，也存在水量不足问题。

3. 水资源时间分配不均，年际、年内变化大，水旱灾害频繁

季风气候地区的降水具有夏秋降水多、冬春降水少、年际变化大的特征。我国大部分地区受季风影响明显，降水量、径流量的年际和年内变化较大，而且干旱地区的变化一般大于湿润地区。近一个世纪以来，受气候变化和人类活动的影响，我国水旱灾害更加频繁。近年来，特别是 2010 年西南地区发生特大干旱、多个省份遭受洪涝灾害、部分地方突发严重山洪泥石流灾害，造成了巨大损失。水旱灾害频繁仍是中华民族的心腹大患。

4. 水土流失和泥沙淤积严重

由于自然条件和长期以来人类活动的结果，我国森林覆盖率低，水土流失严重。根据水利部第二次遥感普查结果，全国水土流失面积已经达到了 367 万 km^2，占国土总面积的 1/3以上。我国平均每年从山地、丘陵被河流带走的泥沙约 35 亿 t，其中，直接入海的泥沙约18.5 亿 t，占全国河流输沙量的 53%；流出国境的泥沙约 2.5 亿 t，占全国的 7%；约有 14亿 t 泥沙淤积在流域中，包括下游平原河道、湖泊、水库或引入灌区、分蓄洪区等。黄河是中国泥沙最多的河流，也是世界罕见的多沙河流，年平均含沙量和年输沙总量均居世界大河的首位，年平均输沙量多达 16.1 亿 t。

党的十八大以来，按照《中华人民共和国水土保持法》和国务院批复的《全国水土保持规划（2015—2030 年）》总体要求和目标任务，着力改善生态环境，用实践与实效诠释"绿水青山就是金山银山""改善生态环境就是发展生产力"的生态文明发展之道，水土流失情况正在逐渐缓解。5 年来，全国共完成水土流失综合治理面积 27.22 万 km^2，改造坡耕地133 万多 hm^2，实施生态修复 8.8 万 km^2，新建生态清洁小流域 1000 多条，林草覆盖率增加 10%～30%，平均每年减少土壤侵蚀量近 4 亿 t。

5. 天然水质好，但人为污染严重

我国水污染主要受 3 个因素影响：①工业污染，将来即使所有工业合理布局，污水全部达标排放，处理过的污水也是超五类。②城市生活污水，我国完全达到处理后排放还需要很长一段时间。③面源污染，即农田施用化肥、农药及水土流失造成的氮、磷等污染，我国是世界上使用化肥强度最高的国家。多种因素造成的复合污染，将使得中国水污染状况越来越严重。

工业废水、生活污水和其他废弃物进入江河湖海等水体，超过水体自净能力所造成的污染。这会导致水体的物理、化学、生物等方面特征的改变，从而影响到水的利用价值，危害人体健康或破坏生态环境，造成水质恶化的现象。

我国的水质分为五类，作为饮用水源的仅为一类、二类、三类。2016 年我国达不到饮用水源标准的四类、五类及劣五类水体在河流、湖泊（水库）、省界水体及地表水中占比分别高达 28.8%、33.9%、32.9% 及 32.3%，且相较西方发达国家，我国水体污染更是主要以重金属和有机物等严重污染为主。2016 年，全国地表水 1940 个评价、考核、排名断面中，Ⅰ类、Ⅱ类、Ⅲ类、Ⅳ类、Ⅴ类和劣Ⅴ类水质断面分别占 2.4%、37.5%、27.9%、16.8%、6.9% 和 8.6%。另外，酸雨也在不断损坏我国的水质，使我国水质性缺水问题日益严重。2016 年，全国酸雨区面积约 69 万 km^2，占国土面积的 7.2%；其中，较重酸雨区和重酸雨区面积占国土面积的比例分别为 1.0% 和 0.03%。酸雨污染主要分布在长江以南、云贵高原以东地区，主要包括浙江、上海、江西、福建的大部分地区，湖南中东部、广东中部、重庆南部、江苏南部和安徽南部的少部分地区。

第二节　水文分析计算的研究内容

水文学是研究自然界各种水体（大气水、地表水、地下水）的存在、分布、循环、运动等变化规律、物理及化学性质以及水体对环境的影响和作用的学科。其研究最终目的是利用这些规律为人类服务。传统的水文学可概概括为"测""报""算"三部分内容。"测"即水文测验，"报"即水文预报，"算"即水文水利计算，包括水文计算和水利计算两部分内容。

水文计算是为水利工程的规划设计、施工和运行阶段提供水文数据的各类水文分析和计算的总称。水文计算成果是对河川径流概率意义下的预估，是工程规划设计和施工的基础，是合理确定工程规模的依据。水文计算中常研究的水文变量包括设计年径流、年输沙量和设计洪水。主要从概率统计的角度测算工程实施中和完成后，很长时期内可能遇到的各种概率的水文现象的大小与过程。其主要内容包括 4 个方面。

（1）设计年径流及年内分配的推求。

1）基本资料信息的搜集和复查。

2）年径流量的频率分析计算。

3）提供设计年径流的时程分配。

4）对分析成果进行合理性检查。

（2）设计洪水过程的推求。

1）基本资料信息的搜集和复查。

2）洪峰流量及不同时段洪量的频率分析计算。

3）设计洪水过程线的分析计算。

4）成果的合理性检查。

例如：预测某水利工程千年一遇的设计洪峰流量及千年一遇的设计洪水过程。"千年一遇的设计洪峰流量"即为"特定概率的水文现象的大小"，"千年一遇的设计洪水过程"即为"特定概率的水文现象的过程"，此处的水文现象即为洪水。

（3）施工期设计洪水的推求。

（4）设计年输沙量的推求。水文分析计算是运用水文学的理论和方法，定性和定量结合，分析研究陆面水文规律，预测未来水情变化，为合理开发利用水资源、科学治理水旱灾害和有效保护生态环境提供依据。

第三节　水文现象的基本规律及水文学的研究方法

一、水文现象的基本规律

水文现象的基本规律包括确定性规律、随机性和地区性规律。

1. 确定性规律（成因规律）

表示水文现象形成的内在因果关系，确定的成因和条件将对应于确定的结果。

例如：某河流断面，随着降雨径流量的增加，其相应水位有起涨的趋势；根据质量守恒原理，可得：全球的多年平均降水量等于全球的多年平均蒸发量；某流域一次暴雨过程扣除相应的损失过程等于净雨过程；流域上一次暴雨过程所形成的净雨总量等于本次降水所形成的流域出口断面的径流总量。

2. 随机性规律（统计规律）

随机性即偶然性、不确定性。水文现象虽然有确定性规律，但并不是固定不变，如河流每年有汛期、枯水期，但是各不相同。样本容量很大时，随机变量趋向于一个稳定的分布，或相关变量表现为稳定的相关关系。例如：河流某一断面的水位流量关系、某一流域的降雨径流关系，都具有一定的统计规律。

3. 地区性规律

由于气候因素和地理因素具有地区性变化的特点，因此受其影响的水文现象在一定程度上具有地区性分布特点。若气候条件和自然地理条件相似，则同一水文现象在时空上的变化规律具有相似性。例如：我国南方湿润地区，降水量、径流量普遍丰沛，年内各月径流分配相对比较均匀；而北方干旱地区降水量少，径流量较少，年内分配极不均匀。正因为水文现象具有地区性规律，水文工作者常用降水等值线图、径流等值线图来研究其变化特性。

二、水文学的研究方法

根据水文现象的基本特征，水文学的基本研究方法相应的可分为三类。

1. 成因分析法

根据水文变化的成因规律，由其影响因素预报、预测水文情势的方法。如降雨径流预报法、河流洪水演算法等。

2. 数理统计法

根据水文现象的随机性规律，把水文现象当作随机变量，用概率论和数理统计的理论解决水文问题。

3. 地理综合法

水文现象主要受气候因素的影响，而气候在地理分布上是有规律的，因此，可以综合分析出某一地区水文现象的地区规律，找出经验公式或画出等值线图，用于无资料流域的水文计算。

以上三种方法相辅相成、互为补充。实际的工程水文计算常常是多种方法综合使用，相辅相成。例如由暴雨资料推求设计洪水，就是先由数理统计法求设计暴雨，再按成因分析法将设计暴雨转化为设计洪水。因此，在实际运用中，应结合工程所在地的地区特点及水文资料特点，遵循"多种方法，综合分析，合理选用"的原则，以便为工程规划设计提供可靠的水文成果。

第四节 水 文 学 的 发 展

水文学是随着社会经济发展和水利工程发展的需要，从萌芽到成熟、由经验到理论逐步发展起来的。今后仍将遵循这一规律更快地向前发展，以满足社会继续发展的需求。水文学的发展，大体可分为以下几个阶段。

一、萌芽时期（公元 1400 年以前）

在一些古文明国家和地区，从历代古籍、文献、碑刻古迹和发掘的文物中，可以发现水文科学萌发的一系列史实。古埃及在公元前 3500—前 3000 年因灌溉引水开始观测尼罗河水位，至今还保存有公元前 2200 年所刻水尺的崖壁。中国古代的一些水利工程如都江堰、灵渠等建成后能较长时期地发挥效益，都与运用水文知识有关，尤其是 2000 多年前建成的都江堰，至今仍在发挥巨大的效益。中国西汉元始四年（公元 4 年）张戎最先提出的"以水攻沙"，对当时和后世治理黄河的影响甚大。中国的测雨可追溯到公元前 11 世纪以前的商代，甲骨文中有细雨、大雨和骤雨的分类。宋秦九韶在《数书九章》记有当时全国都有天池盆测雨量及测雪量的方法。北魏郦道元的《水经注》（527 年）记述干支河流达 1252 条之多，比欧洲同类水平的著作约早 1000 年，是一部水文地理巨著。《吕氏春秋》（公元前 239 年）完整地提出了水循环概念："云气西行云云然，冬夏不辍，水泉东流，日夜不休；上不竭，下不满，小为大，重为轻，圜道也。"《吕氏春秋》最先提出水文循环，至今尚为世界学术界所称道。

总的说来，这一时期中国的水文知识居于世界领先地位。

二、奠基时期（公元 1400—1900 年）

14—16 世纪欧洲文艺复兴和 18—19 世纪工业革命给自然科学的发展以很大影响。此时期水文方面雨量器、蒸发器和流速仪等一系列观测仪器的发明，为水文现象的实地观测、定量研究和科学实验提供了必要的条件。水文循环在观测和实验基础上得到验证，水文现象由概念描述深入到定量表达，为水文科学的建立奠定基础。这一时期，水文学首先在西欧发展，后在北美兴起，并应用于实际。

1424 年中国开始全国统一制作和使用标准测雨器。1610 年意大利 B. 卡斯泰利提出流量测量方法。1663 年英国雷恩发明自记雨量计。1790 年法国 R. 活尔特曼发明了转子式流速仪。1870 年美国 T. G. 埃利斯发明了旋桨式流速仪。1885 年美国 W. G. 普赖斯发明了旋杯式流速仪，为水文定量观测和水文科学提供了有力的工具。

在欧洲，由于实测水文资料积累和实验研究的深入，揭示了一系列水文基本规律。在中国，徐霞客经过 28 年的野外考察，他的游记关于岩溶地貌和水文地理的记述，早于国外同类著作近 300 年。18—19 世纪西欧产业革命促进城市、交通和工业发展，大量的水利建设要求解决各种设计中的水力计算问题，使水力学理论得到较大进步，由此又为一些水文规律的理论研究提供了有力的工具。水文学基本理论和方法逐步完善，使水文计算和水文预报水平得到提高，在工程建设中和防洪中的效果日益显著，从而形成以水文计算和水文预报为主的新分支学科——应用水文学。总的说来，在这一时期中国水文科学进展则比较缓慢。

三、应用水文学的兴起（1900—1950 年）

进入 20 世纪，特别是经过两次世界大战的破坏后，各国都致力于经济恢复和发展，迫切需要解决城市建设、动力开发、交通运输、工农业用水和防洪等水利工程中的一系列水文问题，促进了水文科学的迅速发展。此时期水文站网扩大，实测资料积累丰富，为水文分析研究提供了前所未有的条件，应用水文学取得了许多新进展。美国在这一时期取得的成果较多，处于领先地位。1900 年美国 J. A. 塞登提出了著名的塞登定律，为天然河道洪水演进提供了理论。1935 年美国的 G. T. 麦卡锡提出的马斯京根方法简化了河道的洪水演进计算。为适应工程设计和防洪要求，水文计算和水文预报方面得出了许多新的概念和方法。1914 年，黑曾首先用正态概率格纸选配流量频率曲线。1924 年 H. A. 福斯特完整地提出了 P-Ⅲ频率曲线的分析方法。W. 韦伯尔提出了经验频率计算公式。这些学者把概率论和数理统计引进了水文学。1932 年美国 L. R. K. 谢尔曼提出的单位过程线被誉为水文学进展的里程碑。1937 年美国 M. 贝纳德和 R. K. Jr. 林斯雷等提出可能最大降水/洪水方法。这些水文计算方法在实际应用中得到迅速推广，丰富了应用水文学。1936 年美国的 W. G. 霍伊特提出将随机过程引入水文计算，形成了随机水文学。此外，许多应用水文学著作的出版，标志着水文学进入了成熟阶段。

这一时期中国在停滞了数个世纪之后，开始从西方引进了新的水文科学，从事于中国江河水文学的研究。

四、水文学的现代特色与发展（1950 年以后）

20 世纪后期水文科学的发展，出现了新的形势：首先，由于新技术特别是计算机的应用，使水文信息（实时资料）的获取、传递和处理大为方便迅速，节省了大量人力和时间。其次，由于工农业和城市建设的需要，应用水文学发展迅速。其三，由于生产和生活用水的增长，环境污染日趋严重，出现了水资源紧张局面，迫使水文学特别侧重于水资源研究，不仅注重水量还要注重水质；不仅注重洪水，还要注重枯水；不仅研究一条河流、一个流域的水文特性，还要研究跨流域、跨地区的水资源联合调度问题；不仅要研究短期、近期的水文预报（forecast），还要研究长期的水文趋势预估（predication）。从此，水文科学进入了一个现代化的新时代。

美国 1971 年建立了水文资料库，能够在各州终端上获得全美任一地点的资料。80 年代前期先后发射 4 颗陆地卫星，取得了许多水文研究成果，并为国际服务。美、英和挪威等国采用测深仪直接绘制断面图。这一时期，中国水文站网发展迅速，全国基本站达 21600 处，可以基本掌握全国各主要河流的水文情势；在长江、黄河等流域开始应用卫星图片和遥感技术研究水文和水资源问题。

50 年代，随着电子计算技术的发展，出现了许多水文数学模型，为水文科学的进一步发展开创了新途径。

1966 年美国林斯雷和 N. H. 克劳福法提出的斯坦福流域模型和美籍华人周文德在 60—70 年代提出的流域水文模型以及一系列的水文随机模型、水系统模型等，推动了水文预报和水资源系统分析的发展。中国水文预报自 50 年代初开始，也提出了具有中国特色的洪水预报方法。

调查、考证和分析历史洪水资料，以弥补实测资料的不足。除广泛调查历史洪水外，90 年代又发展了古洪水研究，利用放射性同位素碳十四获得全新世（约距今 10000 年）以来的古洪水资料，在长江三峡、黄河小浪底等水利枢纽工程的洪水计算中取得了有巨大意义的成果。70 年代以来，中国还相继编绘出版了《全国可能最大降水等值线图》和《全国暴雨参数等值线图》等，为中国的暴雨洪水研究和计算做出了贡献。

70 年代中期开展的国际水文合作，兴起了全球性的水文科学研究和国际水文十年计划（IHD）、世界气象组织（WMO）的业务水文计划（OHP）、联合国教科文组织国际水文计划（IHP）等。广泛的国际合作，促进了全球水文、水资源知识的交流，推动了水文科学的发展。

第五节　水文分析计算在水利工程中的作用

天然来水过程与生产、生活各环节的需水过程常常相互矛盾，而修建水利工程就是为了解决这一矛盾所采取的技术措施。水利工程在实施过程中，可划分为规划设计、施工和运行管理三个阶段，每个阶段都离不开水文计算。

一、规划设计阶段

在此阶段水文计算的主要任务是确定工程的规模。规模过大，造成工程投资上浪费；规模过小，又使水资源不能充分利用，也是一种浪费。如果标准过低，还能导致工程失事，造成工程本身和下游人民生命财产的巨大损失。在多沙河流兴建水利工程还需估算蓄水引水工程的泥沙淤积量，以便考虑延长工程寿命的措施。水利工程的使用期限一般为几十年甚至百年以上，规划设计时，必须知道控制水体在使用期间的水文情势，提出作为工程设计依据的水文特征数值，如：设计年径流量、设计洪峰流量、设计洪水过程线等。水文计算就是研究这类问题的学科。掌握控制水体的水文情势之后，以水情为基础，需要确定水利工程的工程规模、工程运用方式等，水利计算就是为此类问题服务的。

二、施工阶段

施工阶段水文计算的任务是确定临时性水工建筑物的规模提供施工期设计洪水。水利工程工期一般较长，往往需要一个季度甚至长达几年，在施工期间必须对施工期水文情势有了解。对水文情势的了解包括两个方面：一是为了临时性建筑物如围堰、引水隧洞或渠道等，须预报整个施工期的天然来水情势，而通常的水文和气象预报，往往不能提供如此长期的预报，仍需通过水文计算来解决这个问题；另一方面，为了安排日常工作也必须了解近期更为确切的水情，这需要提供短期（如几天之内）的水文预报。水文预报是为解决这一类问题服务的。

三、运用管理阶段

运用管理阶段的主要任务在于使建成的工程充分发挥作用。为此需要了解未来一定时期的来水情况，以便编制水量调度方案，合理调度水量，充分发挥工程效益。此时需要由水文分析得到的长期平均情势结合水文预报的短期水情，基于水利计算的相应分析方法，提出最佳的调度运用方案。因此，水文预报和水文计算的工作就显得十分重要。例如：汛前根据洪水预报信息，在洪水来临之前，预先腾出库容拦蓄洪水，使水库安全度汛，下游免遭洪水灾害。到汛期结束时，及时拦蓄尾部洪水，以保证灌溉、发电等兴利用水需求。

习题与思考题

1-1 水文现象的基本特征及水文学的研究方法是什么？

1-2 水文分析计算在水利工程中有哪些作用？

1-3 如何理解水资源的含义和主要特点？

1-4 联系实际分析我国水资源的特点。

1-5 举例分析水文现象的基本特点。

第二章 径流形成要素

第一节 水文循环与水量平衡

一、自然界的水循环

1. 水循环的概念

地球上的液态和固态水在太阳辐射作用下蒸发而变成水汽,水汽被上升气流带离地面,并在空中飘移,在适当条件下凝结成固态或液态水降落到地面,在重力作用下由高向低流动,直接地或以径流的形式补给地球上的海洋、河流、湖泊、土壤、地下和生态水等,如此永不停止地反复循环,就是水循环的过程。简言之,地球上各种形态的水,在太阳辐射、地心引力等作用下,通过蒸发、水汽输送、凝结降水、下渗以及径流等环节,不断地发生相态转换和周而复始运动的过程,称为水循环,如图 2-1-1 所示。形成水循环的外因是太阳辐射和地心引力,太阳辐射分布的不均匀性和海陆的热力性质的差异,造成空气的流动,为水汽的移动创造了条件。地心引力(重力)则促使水从高处向低处流动。从而实现了水分循环。形成水循环的内因是水自身存在固液气的"三态"变化。

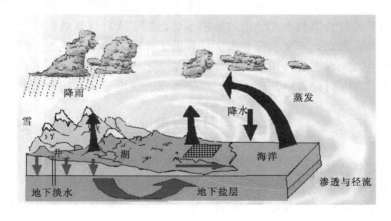

图 2-1-1 水循环示意图

2. 水循环的分类

水循环按照发生的空间大致可以分为海陆循环、陆地内循环和海洋内循环 3 种,如图 2-1-2 所示。

大循环:从海洋表面蒸发的水汽,被气流输送到大陆上空,冷凝成水后落到陆面,除其中一部分重新蒸发又回到空中外,另一部分则从地面和地下汇入河流重返海洋,这种海陆间水的循环称为大循环。

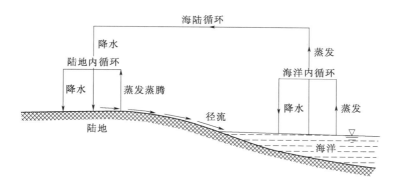

图 2-1-2　水循环剖面示意图

海洋内循环：海洋表面蒸发的水汽，若在海洋上空冷凝，直接降落到海洋上，则称海洋内循环。

陆地内循环：陆地表面蒸发的水汽，冷凝后又降落到地面，则称陆地内循环。

水循环总的趋势是海洋向陆地输送水汽，陆地向海洋注入径流。海洋向内陆输送水汽的过程中，一部分在陆地上空冷凝降落，形成径流，向海洋流动，也有一部分再蒸发成水汽继续向更远的内陆输送，越向内陆运动水汽越少，循环逐渐减弱，直到不能形成降水为止。

3. 水循环的意义

水分循环犹如自然地理环境的"血液循环"，它沟通了各基本圈层的物质交换，促使各种联系的发生。水循环是联系地球各圈和各种水体的"纽带"，是"调节器"，它调节了地球各圈层之间的能量，对冷暖气候变化起到了重要的因素。地球上的水循环是巨大的物质和能量流动，水循环是"雕塑家"，它通过侵蚀、搬运和堆积，塑造了丰富多彩的地表形象。水循环是"传输带"，它是地表物质迁移的强大动力和主要载体。更重要的是，通过水循环，海洋不断向陆地输送淡水，补充和更新陆地上的淡水资源，从而使水成为了可再生资源。水又是造成洪、涝、旱等自然灾害的主要原因。

二、地球上的水量平衡

在水循环过程中，对任一区域、在任一时段内都满足收入的水量与输出的水量差额，等于该地区的蓄水变量，这就是水量平衡原理。依此，可得任一区域、任一时段的水量平衡方程：

$$I-O=\Delta S \qquad\qquad (2-1-1)$$

式中　I——某一研究区域，在给定时段内的输入水量；

　　　O——某一研究区域，在给定时段内的输出水量；

　　　ΔS——某一研究区域，在给定时段内的蓄水量的变动量。

式（2-1-1）为水量平衡的通式，对于不同的研究对象，需要具体分析其收入项和输出项的组成，写出相应的水量平衡方程。

全球的大陆，其某一时段内的水量平衡方程为

$$P_c-R-E_c=\Delta S_c \qquad\qquad (2-1-2)$$

全球的海洋，其某一时段内的水量平衡方程为

$$P_o+R-E_o=\Delta S_o \qquad\qquad (2-1-3)$$

式中　P_c、P_o——大陆和海洋在时段内的降水量，mm；

R——流入海洋的径流量，mm；

E_c、E_o——大陆和海洋在时段内的蒸发量，mm；

ΔS_c、ΔS_o——大陆和海洋在时段内的蓄水增量，等于时段末的蓄水量减时段初的蓄水量，mm。

对于全球，其水量平衡方程为式（2-1-2）、式（2-1-3）相加，即

$$P_c + P_o - (E_c + E_o) = \Delta S_c + \Delta S_o \qquad (2-1-4)$$

对于多年平均情况：

由于每年的 ΔS_c、ΔS_o 有正有负，多年平均值趋近于零，故有

全球大陆： $$\overline{P_c} - \overline{R} = \overline{E_c} \qquad (2-1-5)$$

全球海洋： $$\overline{P_o} + \overline{R} = \overline{E_o} \qquad (2-1-6)$$

全球： $$\overline{P_c} + \overline{P_o} = \overline{E_c} + \overline{E_o} \qquad (2-1-7)$$

即全球多年平均的蒸发量等于多年平均的降水量。

第二节 河流与流域

一、河流

1. 河流及其组成

在重力作用下，沿着连续延伸的凹地流动的天然水体称为河流。河流流经的谷地为河谷，河谷底部有水流的部分称为河床或河槽。枯水期水流所占部位为基本河床，或称主槽；洪水泛滥到达的河床为洪水河床，或称滩地。面向河流下游，左边的河岸称为左岸，右边的河岸称为右岸。

流动的水流与容纳水流的河槽是构成河流的两个要素。河槽由于水流的冲刷和淤积，形态不断地变化，而一定的河槽形状又控制着水流情态。一条河流是由众多的支流组成的，一般取河长最长的或水量最大的一条支流作为干流。

2. 河流的分段

一条河流沿水流方向，自高向低可分为河源、上游、中游、下游和河口。河源是河流的发源地，多为泉水、溪涧、冰川、湖泊或沼泽等。

上游：紧接河源，多处于深山峡谷中，坡陡流急，河谷下切强烈，常有急滩和瀑布。

中游：河段坡度渐缓，河槽变宽，两岸常有滩地，河床较稳定。

下游：是河流的最下段，一般处于平原区，河槽宽阔，淤积明显，浅滩和河湾较多。

河口：是河流的终点，是河流注入海洋或内陆湖泊的地段，因流速骤减，泥沙大量淤积，往往形成三角洲。

注入海洋的河流，称为外流河，如长江、黄河等；流入内陆湖泊或消失于沙漠中的河流，称为内流河或内陆河，如新疆的塔里木河和青海的格尔木河等。

3. 河流基本特征

（1）河长 L：自河源沿干流河道至河口的长度称为河长，以 km 计。

（2）河流横断面：如图 2-2-1 所示，分单式断面和复式断面；只有主槽而无滩地的断面称单式断面，有主槽又有滩地的断面称为复式断面。

（3）河流纵断面：河流中沿水流方向各断面最大水深点的连线称深泓线，沿深泓线的断

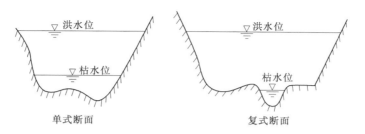

图 2-2-1　河道断面（单式断面、复式断面）示意图

面称为河流的纵断面。河流纵断面能反映河床的沿程变化。

（4）河道纵比降 J：任意河段两端（水面或河底）的高差 Δh 称为落差，单位河长的落差称为河道纵比降，简称比降，用小数或千分数表示。常用的比降有水面比降和河底比降。河流沿程各河段的比降都不相同，一般自河源向河口逐渐减小。水面比降随水位的变化而变化，河底比降则较稳定。

当河段纵剖面近于直线时，河段平均比降可按式（2-2-1）计算：

$$J=(h_1-h_0)/l=\Delta h/l \qquad (2-2-1)$$

式中　J——河段的纵比降；

h_1、h_0——河段上、下端河底高程，m；

l——河段长度，m。

当河段剖面为折线时，如图 2-2-2 所示，其河道平均坡度 J 按式（2-2-2）计算：

$$J=[(h_0+h_1)l_1+(h_1+h_2)l_2+\cdots+(h_{n-1}+h_n)l_n-2h_0L]/L^2 \qquad (2-2-2)$$

式中　h_0，h_1，$\cdots$，h_n——自下游到上游沿程各点的河底高程，m；

l_1，l_2，$\cdots$，l_n——相邻两点间的河长，m；

L——河段全长，m。

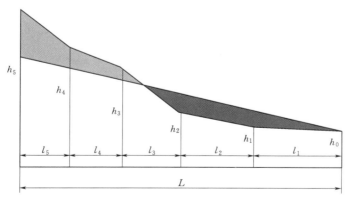

图 2-2-2　河道纵断面示意图

（5）河网密度：流域内河流干支流总长度与流域面积的比值称为河网密度，以 km/km² 计。即流域平均单位面积上的河流长度。它表示河网的疏密程度，能综合反映一个地区的汇流能力和自然地理条件。河网分布较密，河网密度大，则汇流能力强；反之则汇流能力弱。

4. 河系分级及分类

河系，又称水系或河网，河流的干支流及湖泊、沼泽等水体所构成的脉络相通的水流系统叫河系。长度最长或水量最大者作为干流，汇入干流的为一级支流，汇入一级支流的称二级支流，依次类推，此种河流分级方法称为干支流分级法，是较为常用的一种河流分级方法。除此之外，也常采用斯特拉勒河流分级法进行河流分级。该法可表述为：直接发源于河源的小河流为一级河流，两条同级别的河流汇合而成的河流级别比原来高一级，两条不同级别的河流汇合而成的河流的级别为两条河流中的较高者。依此类推至干流，干流是水系中最高级别的河流，如图2-2-3所示。

根据河系干支流分布的状态，河系可以分为如下几种类型。

（1）树枝状水系。干支流呈树枝状，是水系发育中最普遍的一种类型，一般发育在抗侵蚀力较一致的沉积岩或变质岩地区（图2-2-4）。如西江上游接纳柳江、郁江、桂江等支流。

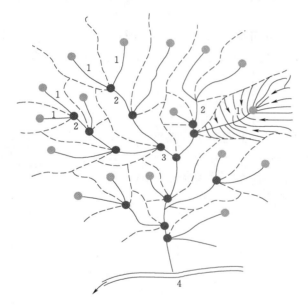

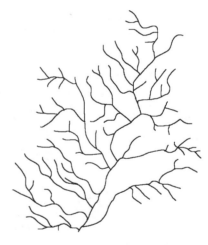

图2-2-3 斯特拉勒河流分级法　　　　图2-2-4 树枝状水系

（2）羽状水系。干流两侧支流分布较均匀，近似羽毛状排列的水系（图2-2-5）。汇流时间长，暴雨过后洪水过程缓慢。如西南纵谷地区，干流粗壮，支流短小且对称分布于两侧，是羽状水系的典型代表。

（3）扇状水系。干支流组合而成的流域轮廓形如扇状的水系。如海河水系。北运河、永定河、大清河、子牙河和南运河五大支流交汇于天津附近，之后入海。这种水系汇流时间集中，易造成暴雨成灾，见图2-2-6。

（4）平行状水系。支流近似平行排列汇入干流的水系。当暴雨中心由上游向下游移动时，极易发生洪水。如淮河蚌埠以上的水系。如图2-2-7（a）所示。

（5）其他水系类型。格子状水系［图2-2-7（b）］：由干支流沿着两组垂直相交的构造线发育而成的，如闽江水系。梳状水系，即支流集中于一侧，另一侧支流少。放射状水系及向心状水系，前者往往分布在火山口四周，后者往往分布在盆地中。通常大河有两种或两

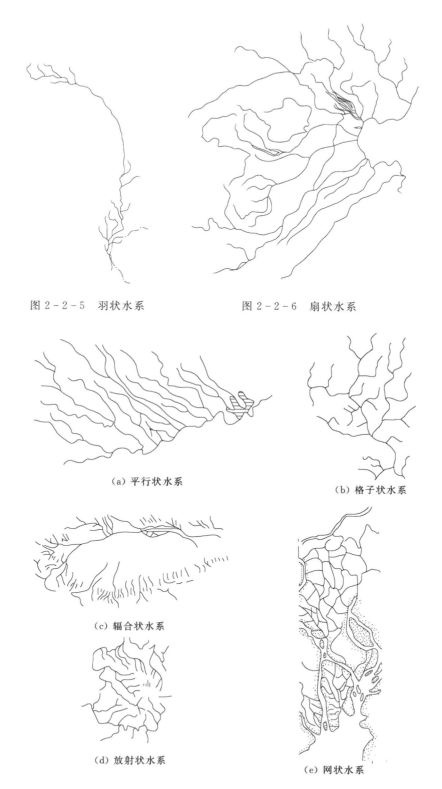

图 2 - 2 - 5 羽状水系　　　　　图 2 - 2 - 6 扇状水系

（a）平行状水系　　　　　　　　　（b）格子状水系

（c）辐合状水系

（d）放射状水系

（e）网状水系

图 2 - 2 - 7 平行水系及其他水系类型

13

种以上水系组成，称为混合水系。

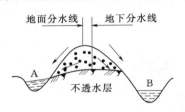

图 2-2-8 地面分水线及地下分
水线示意图

二、流域

1. 定义

流域：河流的集水区域称为流域，包括地面集水区域和地下集水区域。流域的周界线称为分水线，包括地面、地下分水线（图 2-2-8）。地面分水线包围区域为地面集水区，地下分水线包围区域为地下集水区。

闭合流域：当地面分水线与地下分水线相重合，且河道下切较深，能全部汇集本流域地下水的流域称为闭合流域，否则为非闭合流域。一般完全闭合的流域是不存在的，为了研究的方便，常将大、中流域当作闭合流域。

2. 流域基本特征

（1）几何特征。

1）流域面积 F：流域分水线所包围区域的平面投影面积，称为流域面积，常用单位 km^2。此处的分水线一般指地面分水线，可在适当比例尺的地形图上勾绘出流域分水线，用求积仪量出其流域面积，也可在 CAD 等制图软件中直接读出。流域面积具体反映流域大小，是流域的主要几何特征。

2）流域长度 L：指从流域出口到流域最远点的流域轴线长度，可在地形图上以流域出口为中心作若干个同心圆，在同心圆与流域分水线相交处绘出许多割线，各割线中点连线的长度即为流域长度，以 km 计，见图 2-2-9。

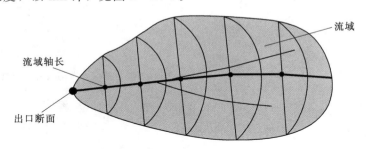

图 2-2-9 流域长度计算示意图

3）流域平均宽度 B：流域面积 F 与流域长度 L 的比值称为流域平均宽度，单位为 km，即

$$B=F/L \tag{2-2-3}$$

4）流域形状系数 K：流域形状系数是流域平均宽度 B 与流域长度 L 之比，以 K 表示。它反映流域形状的特性，如扇形流域 K 值大，羽形流域 K 值小。K 值按式（2-2-4）计算：

$$K=B/L \tag{2-2-4}$$

流域平均高程与平均坡度：流域平均高度与坡度可用格点法计算，可将流域的地形图划分成 100 个以上的正方格，依次定出每个方格交叉点上的高程以及与等高线正交方向的坡度，这些格点高程和坡度的平均值，即作为流域平均高度和平均坡度。

（2）自然地理特征。包括流域的地理位置、气候特征、下垫面条件等。

1）流域的地理位置。流域的地理位置以流域所处的经纬度来表示，它可以反映流域所处的气候带，说明流域距离海洋的远近，反映水文循环的强弱。

2）流域的气候特征。包括降水、蒸发、湿度、气温、气压、风等要素。它们是河流形成和发展的主要影响因素，也是决定流域水文特征的重要因素。

3）流域的下垫面条件。下垫面指流域的地形、地质构造、土壤和岩石性质、植被、湖泊、沼泽等情况，这些要素以及上述河道特征、流域特征都反映了每一水系形成过程的具体条件，并影响径流的变化规律。在天然情况下，水文循环中的水量，水质在时间上和地区上的分布与人类的需求是不相适应的。为了解决这一矛盾，长期以来人类采取了许多措施，如兴修水利、植树造林、水土保持、城市化等措施来改造自然以满足人类的需要。人类的这些活动，在一定程度上改变了流域的下垫面条件从而引起水文特征的变化。因此，当研究河流及径流的动态特性时，需对流域的自然地理特征及其变化状况进行专门的研究。

第三节 降 水

一、降水的成因

降水是指液态或固态的水汽凝结物从云中降落到地面的现象，如雨、雪、霰、雹、露、霜等，其中以雨、雪为主。我国大部分地区，一年内降水以雨为主，雪只占少部分，故降水主要是指降雨。降水是水文循环中最活跃的因子，它是一种水文要素，也是一种气象要素。影响降水的气象因素有：气温、气压、风、湿度等。

1. 水汽压 e

指空气中水汽压力，以 hPa 计，在一定温度下，空气中所含水汽量的最大值，称为饱和水汽压 E。饱和水汽压随气温而变，温度越高，空气中饱和水汽压越大，反之则越小。

2. 饱和差

在一定温度下，饱和水汽压与空气中的实际水汽压之差 $E-e$，称为饱和差。若实际水汽压超过了饱和水汽压，空气中多余的水汽就会发生凝结。

3. 比湿 q

在一团湿空气中，水汽质量与该团空气总质量之比成为比湿。即

$$q = \frac{水汽质量\ m_汽}{空气总质量\ m_空} = \frac{水汽密度\ \rho_汽}{空气密度\ \rho_空} \qquad (2-3-1)$$

比湿的单位是 g/g 或 g/kg。

4. 露点 t_d

露点是露点温度的简称。它是当气压保持一定时，在既没有给空气增加水汽，也没有从空气中移走水汽的条件下，如果把空气冷却到刚好饱和，这时空气具有的温度称为露点温度。由于空气常处于不饱和状态，所以露点常比实际空气温度低，只有当空气达到饱和时二者才相等。

经研究，饱和水汽压的大小与露点有关，见式（2-3-2）：

$$E = E_0 \times 10^{\frac{7.45 t_d}{235 + t_d}} \qquad (2-3-2)$$

式中　E——饱和水汽压；

E_0——0℃时清洁水面的饱和水汽压，$E_0 = 6.11\text{hPa}$；

t_d——露点。

由以上定义及公式可知，比湿 q、露点（t_d）、气压 P 具有下列关系：

$$q = 0.622\frac{e}{P}(\text{g/g}) = 622\frac{e}{P}(\text{g/kg}) = \frac{3800}{P} \times 10^{\frac{7.45t_d}{235+t_d}}(\text{g/kg}) \qquad (2-3-3)$$

5. 饱和湿度

在一定温度下空气中最大的水汽含量称为饱和湿度。如果空气中的水汽量达到了饱和或过饱和，多余的水汽就可能发生凝结。

如果地面有团湿热未饱和空气，在某种外力作用下上升，上升过程中随气压降低，这团空气的体积膨胀，温度下降，当降到其露点温度时，就达到饱和状态，再上升就会过饱和而发生凝结形成云滴。云滴在空气上升过程中不断凝聚，相互碰撞，合并增大。一旦云滴不能被上升气流所顶托时，在重力作用下降到地面成为降水。

降水的形成主要是由于地面暖湿气团因各种原因而上升，体积膨胀做功，消耗内能，导致气团温度下降，称为动力冷却。当气温降至露点温度以下时，空气就处于饱和或过饱和状态。这时，空气里的水汽就开始凝结成小水滴或小冰晶块，在高空则成为云。由于凝结继续，或相互碰撞合并，水滴或冰晶块不断增大，当不能为上升气流所顶托时，在重力作用下就形成降水。因此，水汽、上升运动和冷却凝结是形成降水的 3 个因素。在水汽条件具备时，水汽冷却凝结的条件是空气垂直上升运动。

二、降水的分类

降水按空气抬升的原因分为 4 类：对流雨、地形雨、锋面雨、气旋雨。

1. 对流雨

因地表局部受热，气温向上递减率过大，大气稳定性降低，下层湿度比较大的空气膨胀上升，与上层空气形成对流，因动力冷却致雨，这种降雨称为对流雨。因对流上升速度快，形成的云多为垂直发展的积状云。对流雨多发生在夏季酷热的午后，一般降雨强度大、范围小、历时短。

2. 地形雨

当近地面的暖湿空气在运移过程中遇山坡阻挡时，如图 2-3-1 所示，将沿山坡爬升，由于动力冷却而致雨，称为地形雨。地形雨多集中在迎风坡，背风坡雨量较少。例如，位于秦岭南麓的地区，年降水量都超过 800mm，而位于北麓的地区，年降水量不足 600mm。

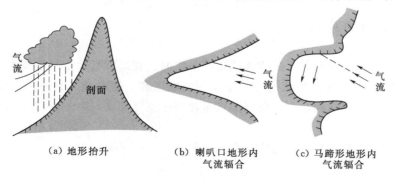

（a）地形抬升 （b）喇叭口地形内 （c）马蹄形地形内
气流辐合 气流辐合

图 2-3-1 地形对气流的影响示意图

3. 锋面雨

温度、湿度、气压等物理性质比较均匀、相似的大团空气称为气团，大气团范围一般较大，从数百公里到数千公里。当两个温湿特性不同的气团相遇时，在其接触区由于性质不同来不及混合而形成一个不连续面，称为锋面。所谓不连续面实际上是一个过渡带，所以又称为锋区。锋面的长度从几百公里到几千公里不等。伸展高度低的离地面1～2km，高的可达10km以上。由于冷暖空气密度不同，暖空气总是位于冷空气上方。在地转偏向力的作用下，锋面向冷空气一侧倾斜，冷气团总是楔入暖气团下部，暖空气沿锋面上升。由于锋面两侧温度、湿度、气压等气象要素有明显的差别，因此，锋面附近常伴有云、雨、大风等天气现象。锋面活动产生的降水统称锋面雨。锋面雨又分为冷锋雨、暖锋雨、静止锋雨和锢囚锋雨。

（1）冷锋雨：冷气团推动锋面向暖气团一侧移动形成的降雨称为冷锋雨，如图2-3-2（a）所示。降雨出现在锋线后（锋线的运动方向之后），降雨强度大，历时较短，雨区窄，一般仅数10km。

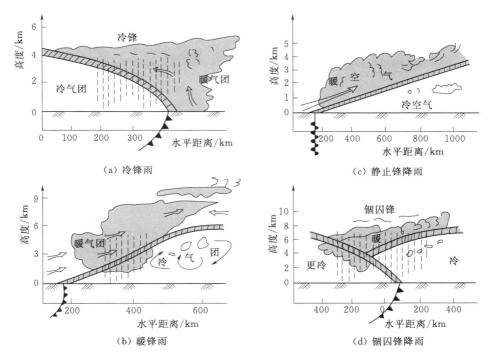

（a）冷锋雨

（c）静止锋降雨

（b）暖锋雨

（d）锢囚锋降雨

图2-3-2 锋面雨类型示意图

（2）暖锋雨：暖气团推动锋面向冷气团一侧移动形成的降雨称为暖锋雨，如图2-3-2（b）所示。降雨出现在锋线前，降雨强度不大，但历时较长，范围较广。在夏季，当暖气团不稳定时，也可出现积雨云和雷阵雨天气。

（3）静止锋雨：冷、暖气团势均力敌，锋面在一个地区停滞少动或来回摆动形成的降雨称为静止锋雨，如图2-3-2（c）所示，降雨一般范围较广，但雨强小，持续时间较长。

（4）锢囚锋雨：若冷锋追上暖锋，或两条冷锋相遇，暖气团将被抬离地面锢囚到高空，

17

由此所形成的降雨称为锢囚锋雨，如图2-3-2（d）所示。一般降雨量和雨区都较大。

4. 气旋雨

当局部地区气压较低时，四周气流会向中心辐合运动，然后转向高空，气流中的水汽因动力冷却成云致雨，称为气旋雨，如图2-3-3所示。由于地球偏转力影响，北半球辐合气流是按逆时针方向流入的，南半球相反。

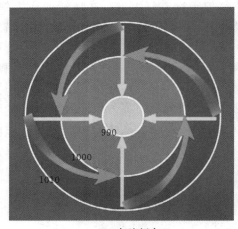

（a）气流辐合 （b）上升运动

图2-3-3 气旋雨形成过程

在低纬度海洋上形成的气旋称为热带气旋。热带气旋根据最大风速的大小分为热带低压（风力6～7级）、热带风暴（8～9级）、强热带风暴（10～11级）、台风（12级以上）。气旋雨时常伴随大风，一般雨量大、强度高，常常造成灾害。

三、我国降水量的时空分布特征

1. 降水量地理分布

根据多年平均雨量$\overline{P}$、雨日$\overline{T}$等，全国大体上可分为以下5个区。

（1）多雨区。$\overline{P}>1600$mm、$\overline{T}>160$d，包括广东、海南、福建、台湾、浙江大部、广西东部、云南西南部、西藏东南部、江西和湖南山区、四川西部山区。

（2）湿润区。$\overline{P}=800\sim1600$mm、$\overline{T}=120\sim160$d，包括秦岭—淮河以南的长江中下游地区、云南、贵州、四川和广西的大部分地区。

（3）半湿润区。$\overline{P}=400\sim800$mm、$\overline{T}=80\sim100$d，包括华北平原、东北、山西、陕西大部、甘肃、青海东南部、新疆北部、四川西北和西藏东部。

（4）半干旱区。$\overline{P}=200\sim400$mm、$\overline{T}=60\sim80$d，包括东北西部、内蒙古、宁夏、甘肃大部、新疆西部。

（5）干旱区。$\overline{P}<200$mm、$\overline{T}\leqslant60$d，包括内蒙古、宁夏、甘肃沙漠区、青海柴达木盆地、新疆塔里木盆地和准噶尔盆地藏北羌塘地区。

2. 降水量的年内、年际变化

我国降水量的年内分配很不均匀，主要集中在春、夏季，例如长江以南地区，3—6月或4—7月雨量约占全年的$50\%\sim60\%$；华北、东北地区，6—9月雨量约占全年的$70\%\sim80\%$。降水量的年际变化也很大，并有连续枯水年组和丰水年组交替出现的规律。年降水量越小的地方往往年际间变化越大。

3. 我国大暴雨时、空分布

4—6 月，大暴雨主要出现在长江以南地区，降雨量级自南向北递减，山区往往高于丘陵区与平原区。

7—8 月，大暴雨范围扩大，全国许多地方都出现过历史上罕见的特大暴雨。

如 1975 年 8 月 5—7 日，台风深入河南，滞留、徘徊 20 多小时，林庄站 24h 雨量达 1060.3mm，其中 6h 达 830.1mm，是我国大陆强度最大的雨量记录。

1963 年 8 月 2—8 日，海河受多次西南涡影响，在太行山东侧山丘区连降 7 天 7 夜大暴雨，獐��站雨量 2051mm，其中最大 24h 雨量达 950mm；1977 年 8 月 1 日，内蒙古、陕西交界的乌审召出现强雷暴雨，据调查，8～10h 内 4 处雨量超 1000mm，最大 1 处超 1400mm，强度之大为世界所罕见。

9—11 月，东南沿海、海南、台湾一带，受台风和南下冷空气影响而出现大暴雨。

如台湾新潦 1967 年 10 月 17—19 日曾出现 24h 降雨 1672mm，3 日总雨量达 2749mm 的特大暴雨，为全国最大记录。

四、降水量观测

降水量常以降落在地面上的水层深度表示，单位为 mm。降水量的观测可采用仪器观测、雷达探测和卫星云图估算。仪器观测中最常用的仪器有雨量筒和自记雨量计，自记雨量计又分为称重式自记雨量计、虹吸式自记雨量计、翻斗式自记雨量记等。

1. 仪器观测法

（1）雨量筒：如图 2-3-4 所示，是直接观测降水量的器具，它由承雨器、漏斗、储水瓶和雨量杯组成。承雨器口径为 200mm，安装时器口一般距地面 700mm，筒口保持水平，分辨率为 0.1mm。一般采用 2 段制进行观测，即每日 8 时及 20 时各观测一次。雨季增加观测段次，如 4 段制或 8 段制，雨大时还需加测。观测时用空的储水瓶将雨量器内储水瓶换出，用雨量杯量出降水量。当降雪时，仅用外筒作为承雪器具，待雪融化后计算降水量。每日 8 时至次日 8 时降水量作为当日降水量。

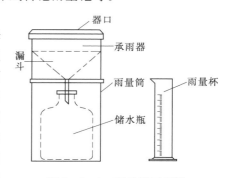

图 2-3-4　雨量筒示意图

（2）称重式自记雨量计：这种仪器可以随时间连续记录承雨器收集的累积降水量。记录方式可以用机械发条装置或平衡锤系统，降水时全部降水量的重量如数记录下来。此仪器能够记录雪、冰雹及雨雪混合降水。

（3）虹吸式自记雨量计：如图 2-3-5 所示，承雨器将雨量导入浮子室，浮子随注入的雨水增加而上升，带动自记笔在附有时钟的转筒记录纸上连续记录随时间累积增加的雨量。当累积雨量达 10mm 时，自行进行虹吸，使自记笔立即垂直下落到记录纸上纵坐标的零点，以后又开始记录。

（4）翻斗式自记雨量计：如图 2-3-6 所示，承雨器接受的雨水流入对称的翻斗的一侧，当接满 0.1mm 雨量时，翻斗倾于一侧把雨水全部泼掉，另一翻斗则处于进水状态。每次翻转将发出一个脉冲信号，由记录设备记下这些信号并换算为雨量。

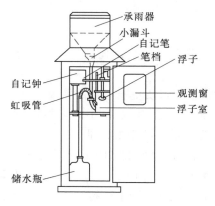
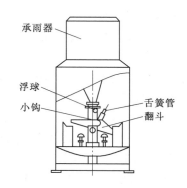

图 2-3-5 虹吸式自记雨量计示意图　　图 2-3-6 翻斗式自记雨量计示意图

2．雷达探测

气象雷达是利用云、雨、雪等对无线电波的反射现象，随时探测降水的位置、移动速度、方向和变化情况，进行降水预报。此种方法属于定性预报，还未能达到定量预报的程度。用于水文方面的雷达，有效范围一般是 40～200km。雷达的回波可以在雷达显示器上显示出来。

3．气象卫星云图估算

利用卫星随时发回的云图资料，对降雨等进行预测。气象卫星只能做趋势预报。

五、降雨特性的表示方法

降雨特性通常用降雨量、降雨历时、降雨强度、降雨面积、降雨中心等要素来定量定性描述。降雨特性也常用一些图形的形式更直观地表达。

1．降雨特性变量

降雨量：一定时段内降落在某一点或某一面积上的总雨量，常用深度（mm）或体积（m³、万 m³、亿 m³）表示。

降雨历时：一次降雨所经历的时间，以 min 或 h 计。

降雨强度：单位时间内的降雨量，常用单位 mm/h。

降雨面积：降雨笼罩的水平面积，常用单位 km²。

降雨中心：是指降雨量最大的局部地区。

2．降雨特性的图示法

用图示的方法将降雨特性中的一个或几个表征出来。

（1）降雨强度过程线。降雨过程可用降雨强度过程线表示。降雨强度过程线是指降雨强度随时间的变化过程线。常以时段平均雨强为纵坐标，时段次序为横坐标绘制成直方图表示，平均雨强过程线也称为降雨量过程线。若有自记雨量计观测的降雨资料，也可绘制以瞬时雨强为纵坐标，相应时间为横坐标的曲线图，称为瞬时雨强过程线。

（2）降雨量累积曲线（累积雨量过程线）。降雨过程也可用降雨量累积曲线表示。降雨量累积曲线横坐标为时间，纵坐标是自降雨开始时起到各时刻的累积雨量。该曲线上任意一点的坡度即是该时刻的瞬时雨强，而某一时段的平均坡度就是该时段内的平均雨强。如图 2-3-7所示。

（3）降雨强度-历时曲线。用降雨强度过程线可以分析绘制降雨强度-历时曲线。统计降雨强度过程线中各种历时的最大平均雨强，以最大平均雨强为纵坐标，相应历时为横坐标即可点绘出降雨强度-历时曲线。由可以看出，降雨强度-历时曲线是一条下降曲线，说明最大平均降雨强度随历时增长而减小，如图 2-3-8 所示。

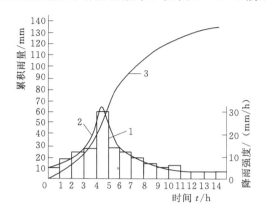

图 2-3-7　某雨量站一次降雨过程线及累积雨量曲线

1—时段平均雨强过程线；2—瞬时雨强过程线；

3—累积雨量过程线

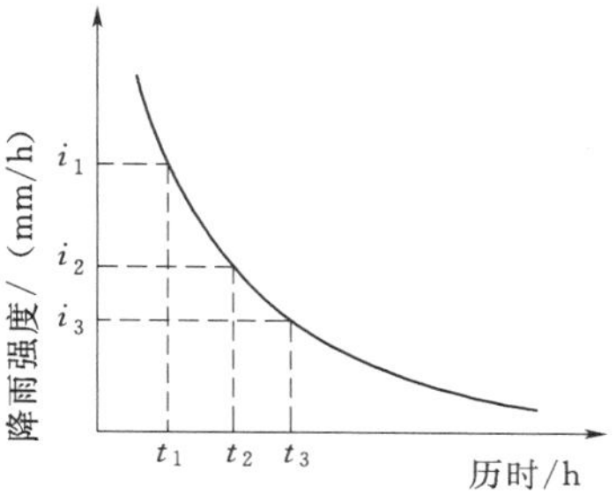

图 2-3-8　降雨强度-历时曲线

六、流域面平均雨量的计算

水文计算往往需要推求流域平均雨量，计算流域平均雨量常用的方法有算术平均法、泰森多边形法和等雨量线图法。

（1）算术平均法。当流域内雨量站分布较均匀，地形起伏变化不大时，可用流域内各站雨量的算术平均值作为流域平均雨量。计算公式如下：

$$\overline{P} = \frac{P_1 + P_2 + \cdots + P_n}{n} = \frac{1}{n}\sum_{i=1}^{n} P_i \qquad (2-3-4)$$

式中　$\overline{P}$——流域某时段平均雨量，mm；

　　　P_i——流域内第 i 个雨量站同时段降雨量，mm；

　　　n——流域内的雨量站数。

（2）泰森多边形法。该法由美国水文学家泰森提出故名为泰森多边形法。该法假定流域内各点的降雨量可由与其距离最近的雨量站降雨量代表。具体做法是：先用直线联结相邻雨量站（包括流域周边外不远的雨量站），构成若干个三角形（应尽量避免出现钝角三角形）；再作每个三角形各边的中垂线。这些中垂线和流域边界线将流域划分成若干个多边形，每个多边形正好对应一个雨量站，这些多边形称为泰森多边形；最后，计算流域平均雨量。如图2-3-9、图 2-3-10 所示。计算公式如下：

$$\overline{P} = p_1\frac{f_1}{F} + P_2\frac{f_2}{F} + \cdots + P_n\frac{f_n}{F} = \sum_{i=1}^{n} P_i\frac{f_i}{F} \qquad (2-3-5)$$

式中　f_i——第 i 个雨量站对应的多边形面积，km²；

　　　F——流域面积，km²；

　　　其他符号含义同前。

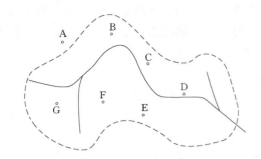

图 2-3-9 某流域雨量站分布图

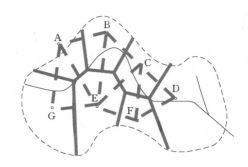

图 2-3-10 泰森多边形的划分

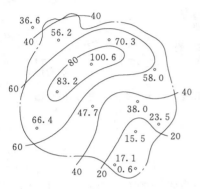

图 2-3-11 降雨量等值线图

（3）等雨量线图法。等雨量线是降雨量相等的点连成的线，类似地形等高线，由等雨量线构成的图称为等雨量线图。等雨量线图表示降雨的空间分布情况（图 2-3-11）。当流域内、外雨量站分布较密时，可根据各站降雨量资料绘制出等雨量线图，再用面积加权法计算流域平均雨量。计算公式如下：

$$\overline{P} = \sum_{i=1}^{n} P_i \frac{f_i}{F} = \frac{1}{F} \sum_{i=1}^{n} P_i f_i \qquad (2-3-6)$$

式中　f_i——相邻两条等雨量线之间的流域面积，km^2；

P_i——相邻两条等雨量线之间面积 f_i 上的平均雨深，一般取两相邻等雨量线的平均值，mm。

其他符号含义同前。

第四节　土壤水、下渗和地下水

一、包气带和饱和带

包气带是包含有空气、水、土的三相系统，是地面以下地下潜水面以上的土层。在地下水面以下，土壤处于饱和含水状态，是土壤颗粒和水分组成的二相系统，所有的土壤孔隙均被水分填充，称为饱和带，如图 2-4-1 所示。

二、土壤水

水文学中把存于包气带中的水称为土壤水，而将饱和带中的水称为地下水，地下水包括潜水和承压水。

1. 土壤水的形态

土壤水按其形态不同可分为气态水、吸着水、毛管水和重力水等，如图 2-4-2 所示。

（1）气态水：存在于土壤孔隙中的水汽，有利于微生物的活动，对植物根系有利，但数量较少，在计算中常被忽略。

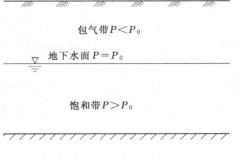

图 2-4-1 包气带与饱和带

（2）吸着水：包括吸湿水和薄膜水。吸湿水被紧束于土粒表面，不能在重力和毛管力的作用下移动。薄膜水吸附于吸湿水的外部，能沿土粒表面进行数度极小的移动。

（3）毛管水：是在毛管力作用下被土壤所保持的那部分水分。分为上升毛管水和悬着毛管水。上升毛管水是指地下水沿着土壤毛细管上升的部分，悬着毛管水来自降雨或灌水，在不受地下水补给时，上层土壤由于毛管作用下所能保持的地面渗入的水分。

（4）重力水：土壤中超出毛管含水率的水分在重力作用下很易排出，这种水分称为重力水。重力水是地下水的主要补充源。

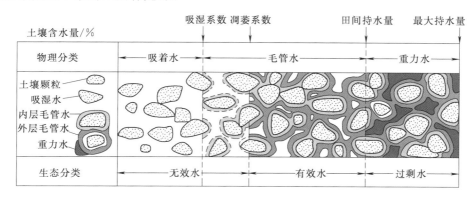

图 2-4-2　土壤水示意图

2. 土壤含水量与分类

土壤含水量是指包气带土壤含水的多少，常用单位土壤体积内包含的水体体积或包含的水体质量来表示。水文上还常用包气带土层的含水量折合为水深（mm）来表示，称为土壤蓄水量。下面介绍几个常用的重要含水量。

最大吸湿水量：在饱和空气中，干燥土粒能够吸附的最大水量。

最大分子持水量：土粒分子力所结合水分的最大量，薄膜水厚度达最大值。

凋萎含水量（凋萎系数）：植物根系的吸力约为 15 个大气压，对于土粒吸附的吸力大于该值的水分，植物则无法利用。当土壤水分低于这时的含水量时，植物将缺水而凋萎死亡，该土壤含水量称为凋萎含水量。

毛管断裂含水量：毛管悬着水的连续状态开始断裂时的含水量。当土壤含水量大于此值时，悬着水就能向土壤水分的消失点或消失面（被植物吸收或蒸发）运行。低于此值时，连续供水状态遭到破坏，此时，土壤水分只有吸湿水和薄膜水，水分交换将以薄膜水和水汽的形式进行。

田间持水量：土壤中所能保持的最大毛管悬着水量。当土壤含水量超过这一限度时，多余的水分不能被土壤所保持，将以自由重力水的形式向下渗透。田间持水量是划分土壤持水量与向下渗透水量的重要依据，对水文学有重要意义。

饱和含水量（最大持水量）：土壤所有孔隙都被水分填满，此时的含水量称为饱和含水量，此种状态需有外力作用下才能保持（如外界注水）。

三、下渗

1. 下渗的过程

下渗是水从土壤表面进入土壤内的运动过程。影响一次降水下渗过程的主要因素有降雨强度及历时、土壤含水量、土壤构成情况等。此外，地表坡度与糙率、植被及土地利用状况对下渗亦有影响。下渗过程可用累积下渗量 F(mm) 和各时刻下渗率 f(mm/h) 表示。

对于充分干燥的土壤，在充分供水条件下，下渗分为 3 个阶段。

渗润阶段：下渗水分受分子力作用，被干燥土壤颗粒吸附形成薄膜水，直至土壤含水量达最大分子持水量。

渗漏阶段：水分在毛管力的作用下向下层透水的同时，土壤空隙中的自由水在重力作用下沿空隙向下流动，直至土壤饱和。

渗透阶段：水分在重力作用下呈稳定运动，此时的下渗率称稳定下渗率。

2. 下渗特性的表达

下渗率的变化规律，可用下渗曲线或下渗公式表达。

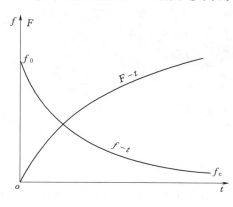

图 2-4-3 下渗曲线 f-t 和下渗
累积曲线 F-t

确切地说，下渗曲线应称下渗能力曲线，是地面充分供水条件下下渗率随时间的变化过程线，如图 2-4-3 中的 f-t 线，下渗曲线是一条单调递减的曲线，在某一时刻 t，土壤达到田间持水量时，下渗能力趋于稳定下渗率 f_c。下渗累积曲线 F-t，为从开始到时的下渗累积量，以 mm 计，是下渗曲线积分。

上述下渗曲线是充分干燥的土壤充分供水条件下地面某一点上的下渗过程线。在天然降雨条件下，有些时段（尤其是降雨初期）雨强一般小于下渗能力，此时实际下渗往往等于降雨强度，且雨前土壤一般并不是充分干燥的。另外，在实际水文分析工作中，即使分析的对象是一个较小的流域，流域各处的降雨强度和下渗能力也是不同的，在计算下渗过程时必须引起注意。

下渗还可以用下渗公式表达，下渗公式多为经验公式，常见的有霍顿下渗公式和 Philiph 公式。

（1）霍顿下渗公式：

$$f(t)=(f_0-f_c)\mathrm{e}^{-\beta t}+f_c \qquad (2-4-1)$$

式中 $f(t)$——t 时刻下渗率；

f_0——初始下渗率；

f_c——稳定下渗率；

β——递减指数。

上式中 f_0、f_c 及 β 都是反映土壤特性的，只要求出这些参数，公式就确定了。

霍顿下渗公式属于经验公式，其参数只能根据实验资料来推求。

（2）Philiph 公式：

$$f_t=f_c+0.5st^{-1/2} \qquad (2-4-2)$$

式中 f_t——t 时刻下渗率；

　　f_c——稳定下渗率；

　　s——土壤吸水系数。

　　3. 下渗的观测

　　下渗率的观测，可分为单点实验法和降雨径流分析法。

　　（1）单点实验法。将同心环下渗仪安置在选定的地点，通过不断地向环内注水，记录各时段的下渗量，计算下渗率随时间的变化。也可在选定的地点安置人工降雨器，按能够超过下渗能力的雨强对实验小区进行人工降雨，同时观测小区的累积雨量过程和累积地面径流过程，即可计算累积下渗量过程，进而求得下渗过程。

　　（2）小流域实测降雨径流分析法。根据流域水量平衡原理，由实测的降雨和径流资料分析下渗过程的方法。该法求得的是流域平均下渗过程，且有些时间的下渗率将小于下渗能力。

四、地下水

　　1. 包气带水

　　包气带水指埋藏于地表以下、潜水位以上的包气带中的地下水，包括吸湿水、薄膜水、毛管水、重力水等。

　　2. 潜水

　　埋藏于饱和带中，处于地表以下第一个不透水层上，具有自由水面的地下水称为潜水，也称为浅层地下水。

　　潜水的埋藏深度及储量取决于流域的地质、地貌、土壤、气候等条件，一般山区潜水埋藏较深，平原区较浅，有的甚至几米深。

　　潜水的主要来源是降水和地表水，当河面水位高于潜水时，河水可以成为潜水的补给源。潜水可以通过重力作用流入河道或流出地面。潜水与地表水相互之间的相互补给关系称为它们的水力联系。

　　3. 承压水

　　埋藏在饱和带中，处于两个不透水层之间，具有压力水头的地下水称为承压水，也称深层地下水。承压水的储量主要与承压区分布的范围、含水层的厚度和透水性、储水区构造、补给区大小及补给量的多少有关。

　　承压水一般不直接受气象、水文条件的影响，随时间的动态变化较为稳定。承压水水质不易受到污染，水量较为稳定，是河川枯水径流的主要补给源。

第五节　蒸　散　发

一、蒸散发

　　水由液态或固态转化为气态的过程称为蒸发，被植物根系吸收的水分，经由植物的茎叶散逸到大气中的过程称为散发或蒸腾。在充分供水条件下，某一蒸发面的蒸发量，称为蒸发能力。一般情况下，蒸发面上的蒸发量小于或等于蒸发能力。

　　蒸发面为水面时称为水面蒸发；蒸发面为土壤表面时称为土壤蒸发；蒸发面是植物茎叶则称为植物散发。植物散发与土壤蒸发是同时存在的，二者合称为陆面蒸发。流域面上的蒸发称为流域总蒸发，是流域内各类蒸发的总和。

二、我国蒸发量的时空分布

我国各地区的年蒸发量有由东南向西北递减的分布趋势。蒸发除受气象影响外，还受地形、地质、土壤、植被、土壤含水量等因素的影响而出现差异。多年平均降水量相近的地区，多年平均蒸发量可能不同。山区气温低，坡度大，降雨产生的径流不易停留，蒸发量小；平原地区则相反。因此，蒸发量具有随高程的增加而减少的趋势，达到某高程后，递减率趋于稳定。

年蒸发量的年内变化与气象要素及太阳辐射的年内变化趋势一致。全年最小蒸发量一般出现在12月及1月，以后随太阳辐射量的增加而增加，夏季明显增强。

三、水面蒸发量的观测

水面蒸发量的观测常用器测法，器测法是应用蒸发器或蒸发池直接观测水面蒸发量。我国水文和气象部门采用的水面蒸发器有 $\Phi-20$ 型蒸发器、$\Phi-80$ 型套盆式蒸发器、E-601型蒸发器（图2-5-1），以及水面面积为 $20m^2$ 和 $100m^2$ 的大型蒸发池。由于蒸发器的蒸发面积远较天然水体为小，其受热条件与大水体有显著的差异，所以，蒸发器观测的数值不能直接作为如水库这样的大水体的水面蒸发值。也就是说带有系统误差（偏大），要乘上修正系数（通过对比观测资料率定），修正系数随蒸发器的类型而异，且与月份及所在地区有关。

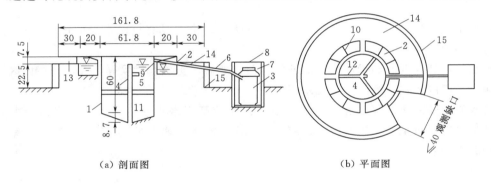

(a) 剖面图 　　　　　　　　　(b) 平面图

图2-5-1　E601型蒸发器（单位：cm）

1—蒸发器；2—水圈；3—溢流桶；4—测深桩；5—器内水面指示针；6—胶管；7—放桶箱；8—箱盖；
9—溢流嘴；10—支持挡；11—直管；12—管架；13—排水孔；14—土圈；15—防坍设施

流域的土壤蒸发量确定有器测法和间接计算法。

1. 器测法

用蒸发器或蒸发池观测水面蒸发。

$$E=kE' \qquad\qquad (2-5-1)$$

式中　E——天然水面蒸发量；

　　　E'——蒸发器实测蒸发量；

　　　k——蒸发器折算系数。

2. 间接法之经验公式法

常用的经验公式为

$$E=f(u)(e_s-e_z) \qquad\qquad (2-5-2)$$

式中　E——天然水面蒸发量；

u——水面上某高处风速；

e_s——水面温度下的饱和水汽压；

e_z——距水面上 z 处的水汽压，$(e_s - e_z)$ 为饱和汽压差；

函数 f——不同地区，形式不一样。

　　器测法适宜于单点观测。间接计算法是利用气象或水文观测资料间接推算蒸发量，方法有水汽输送法、热量平衡法、彭曼法、水量平衡法、经验公式等。流域土壤蒸发量多采用公式估算。

四、土壤蒸发

　　土壤蒸发是土壤中所含水分以水汽的形式逸入大气的现象，土壤蒸发过程是土壤失去水分或干化过程。土壤是一种有孔介质，具有吸收、保持和输送水分的能力。因此，土壤蒸发还受到土壤水分运动的影响。由此可知，土壤蒸发比水面蒸发复杂。

　　1．土壤蒸发特征

　　土壤蒸发一般分为 3 个阶段。

　　第一阶段：当土壤含水量在田间持水量（田间一定深度土层中所能保持的最大毛管悬着水量）以上时，接近水面蒸发速度，气象条件是主要影响因素。由于蒸发耗水，土壤含水量不断减少，当土壤含水量降到田间持水量以下时，土壤中毛细管的连续状态将逐渐被破坏，从土层内部由毛细管作用上升到土壤表面的水分也将逐渐减少，这时进入第二阶段。

　　第二阶段：当含水量在田间持水量至毛管水断裂含水量阶段，蒸发速度与含水量成正比，土壤湿度成为主要影响因素。在这一阶段内，随土壤含水量的减少．供水条件越来越差，土壤蒸发量也就越来越小。此时，土壤蒸发不仅与气象因素有关，而且随土壤含水量的减少而减少。土壤蒸发率与土壤含水量 W 大体成正比。当土壤含水量减至毛管断裂含水量（毛管悬着水的连续状态开始断裂时的含水量），毛管水完全不能到达地表后，进入第三阶段。

　　第三阶段：含水量降至毛管断裂含水量之下，蒸发很缓慢。在这一阶段，毛管向土壤表面输送水分的机制完全遭到破坏，水分只能以薄膜水或气态水的形式向地表移动，运动十分缓慢，蒸发率微小。在这种情况下，不论是气象因素还是土壤含水量对土壤蒸发均不起明显作用。

　　Ⅰ．第一阶段：土壤充分湿润，供水充足，E 接近土壤最大蒸发能力 E_M：

$$E = E_M \qquad\qquad (2-5-3)$$

　　Ⅱ．第二阶段：土壤水分减少，$W < W_{田}$，供水条件变差，E 逐渐减小：

$$E = \frac{W}{W_{田}} \times E_M \qquad\qquad (2-5-4)$$

　　Ⅲ．第三阶段：$W < W_{断}$，水分运动十分缓慢，蒸发率很小：

$$E = E_{min} \qquad\qquad (2-5-5)$$

式中　E_{min}——最小土壤蒸发率，近于 0。

　　2．土壤蒸发量观测

　　土壤蒸发量常用方法有器测法、水量平衡法和经验公式法等。

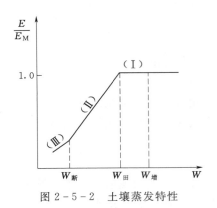

图 2-5-2 土壤蒸发特性

图 2-5-3 土壤蒸发器

器测法计算公式：

$$E=0.02(G_1-G_2)-(R+q)+P \qquad (2-5-6)$$

式中　G_1、G_2——前后土壤干重；

　　　P——降落在土壤蒸发器上的降雨量；

　　　R——径流；

　　　q——引流量。

五、流域总蒸发估算

流域总蒸发（流域蒸散发）包括水面蒸发、土壤蒸发、植物截留蒸发及植物散发。由于各项的蒸发量的测定困难，且各种形式的蒸散发错综复杂，实际上常常将他们综合在一起，常用的方法有水量平衡法、流域蒸发模型法。

蒸散发模型根据其对包气带的具体分层常分为一层模型、二层模型和三层模型。

1. 一层模型

该模型假设流域蒸散发量与流域蓄水量成正比，即 $\dfrac{E_{\Delta t}}{EM_{\Delta t}}=\dfrac{W_t}{WM}$，因此有

$$E_{\Delta t}=EM_{\Delta t}\frac{W_t}{WM} \qquad (2-5-7)$$

式中　WM——流域最大蓄水量，mm；

　　　$EM_{\Delta t}$——时段内流域的最大蒸散发量，mm，常取 E-601 型蒸发器观测值；

　　　W_t——t 时刻土壤实际蓄水量；

　　　$E_{\Delta t}$——时段内流域蒸散发量，mm。

一层模型比较简单，没有考虑土壤水分在垂直剖面中分布的差异。比如久旱之后，W_t 已很小，这时下了一些雨，这些雨实际上主要分布于表土上，很容易蒸发。但按一层模型，由于 W_t 小，计算的蒸发量很小，与实际不符，要解决这个问题，宜用二层模型。

2. 二层模型

二层模型把流域包气带分为上下两层，最大蓄水量 WM 为上下层的最大蓄水量之和，即 $WM=WUM+WLM$，WUM 和 WLM 分别为包气带上层和下层的蓄水能力，实际蓄水量 W_t 为上下层的蓄水量之和，即 $W_t=WU_t+WL_t$，WU_t 和 WL_t 分别为上层和下层的蓄水量。该模型假定：降雨发生时，先补充上层包气带缺水量（$WUM-WU_t$），满足上层后再补充下层；蒸、散发时同样先消耗上层的 WU_t，上层蓄水量 WU_t 耗尽之后仍不够，则再消耗下层的 WL_t，下层蒸、散发量假定与下层蓄水量成正比，即

当 $P_{\Delta t}+WU_t \geqslant EM_{\Delta t}$ 时：

$$EU_{\Delta t}=EM_{\Delta t}, EL_{\Delta t}=0, E_{\Delta t}=EU_{\Delta t}+EL_{\Delta t} \qquad (2-5-8)$$

当 $P_{\Delta t}+WU_t \leqslant EM_{\Delta t}$ 时：

$$EU_{\Delta t}=P_{\Delta t}+WU_t, EL_{\Delta t}=(EM_{\Delta t}-EU_{\Delta t})\frac{WL_t}{WLM}, E_{\Delta t}=EU_{\Delta t}+EL_{\Delta t} \qquad (2-5-9)$$

式中　WLM——下层土壤最大蓄水量；

WU_t、WL_t——t 时刻上、下层土壤实际蓄水量；

$EU_{\Delta t}$、$EL_{\Delta t}$——时段内上下土壤的蒸散发量。

二层模型仍存在一些问题，如久旱以后，WL_t 已很小，算出的 $EL_{\Delta t}$ 很小，可能不符合实际情况。因为这时植物根系仍可将深层水分供给蒸散发，此时宜采用三层模型。

3. 三层模型

该模型把流域包气带分为上、下层和深层，其最大蓄水容量 $WM=WUM+WLM+WDM$，WUM、WLM 和 WDM 依次为上层、下层和深层的蓄水能力；实际蓄水量 $W_t=WU_t+WL_t+WD_t$，其中 WU_t、WL_t 和 WD_t 依次为上层、下层和深层的实际蓄水量。前两层蒸、散发与二层模型相同，但只能用到 $EL_{\Delta t} \geqslant C(EM_{\Delta t}-EU_{\Delta t})$ 的情况，这里 C 是与深层蒸、散发有关的系数。即

当 $EL_{\Delta t} \geqslant C(EM_{\Delta t}-EU_{\Delta t})$ 时，用二层模型。

当 $EL_{\Delta t} < C(EM_{\Delta t}-EU_{\Delta t})$ 且 $WL_t \geqslant C(EM_{\Delta t}-EU_{\Delta t})$ 时：

$$EL_{\Delta t}=C(EM_{\Delta t}-EU_{\Delta t}), ED_{\Delta t}=0 \qquad (2-5-10)$$

当 $EL_{\Delta t} < C(EM_{\Delta t}-EU_{\Delta t})$ 且 $WL_t < C(EM_{\Delta t}-EU_{\Delta t})$ 时：

$$EL_{\Delta t}=WL_t, ED_{\Delta t}=C(EM_{\Delta t}-EU_{\Delta t})-EL_{\Delta t} \qquad (2-5-11)$$

$$E_{\Delta t}=EU_{\Delta t}+EL_{\Delta t}+ED_{\Delta t} \qquad (2-5-12)$$

式中　$ED_{\Delta t}$——深层土壤的时段蒸发量，mm；

C——在北方半湿润地区约为 $0.09 \sim 0.12$，南方湿润地区约为 $0.15 \sim 0.20$（均为日数值），也可用实测资料优选。

第六节 径 流

一、径流形成过程

径流是由流域上的降水所形成的、沿着流域地面和地下向河川、湖泊、水库、洼地流动的水流。按流动的路径可分为地表径流和地下径流。如图 2-6-1 所示，径流形成过程以降水为输入，经过流域的产汇流作用，最终转变为流域出口断面的流量过程线。

径流形成过程是一个复杂的过程，为了便于计算，一般将其概化为流域蓄渗过程、坡地汇流过程和河网汇流这 3 个过程。

1. 流域蓄渗过程（产流过程）

降水发生后，在降落到地面的过程中，部分降水遇到植物枝叶被截流，其量记为 I_s；在满足 I_s 以后，多余水量仍到达地面。如降雨强度小于地面下渗能力，雨水将全部渗入土中，如降雨强度大于下渗能力，下渗按下渗能力进行，多余的水将沿地面从高向低流动；中途遇坑洼地，将填平后再向低处流动，直达河流。这部分滞留在植物枝叶上降水，称为植物

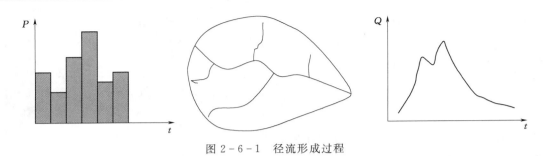

图 2-6-1 径流形成过程

截留。降落到地面上的水量一般是向土中入渗，除补充土壤含水量外，逐步向下层渗透；当降雨强度超过了土壤下渗能力时产生超渗雨，并沿坡面向低处流动，当坡面上有洼坑时，超渗雨要把流动途径上的洼坑填满以后，才能往更低处流去，这些洼坑积蓄的水量称填洼量。在整个径流形成过程中，蒸发是无时无刻不在进行的。

降水扣除损失之后剩余的部分形成径流，又称为净雨。显然，净雨和它形成的径流在数量上是相等的，但两者的过程却完全不同。净雨是径流的来源，而径流则是净雨汇流的结果；净雨在降雨结束时就停止了，而径流还要持续很长一段时间。通常把降雨扣除损失成为净雨的过程称为产流过程，又称流域蓄渗过程，扣除的损失项主要是蒸发、植物截留、填洼和下渗水量的一部分。

2. 坡地汇流过程

径流根据其运动路径不同又分为地面径流、壤中流和地下径流，见图 2-6-2。地面径流沿坡面流到附近河网，称坡面漫流。坡面漫流是由无数股彼此时分时合的细小水流组成，通常无明显固定沟槽，雨强很大时形成片流。坡面漫流的流程一般不长，约为数米至数百米。表层土壤的含水量首先达到饱和，继续下渗的雨量沿饱和层的坡度在土壤孔隙间流动，注入河槽形成径流，称为壤中流。降水下渗到潜水或深层地下水体后，沿水力坡降最大方向汇入河网，称为地下汇流。深层地下水流动缓慢，降雨后地下水流可以维持很长时间，较大河流终年不断流，是河川基本径流，常称为基流。以上几种径流成分的区别主要发生在坡地汇流阶段。

3. 河网汇流过程

进入河网的水流，从支流到干流，从上游向下游汇集，最后全部流出流域出口断面，这个汇流过程称为河网汇流过程，见图 2-6-3。显然，在此过程中，沿途不断有坡面漫流、

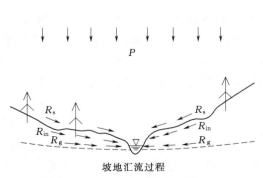

图 2-6-2 流域产汇流过程剖面示意图
P—降雨；R_s—地面径流；R_{in}—壤中径流；R_g—地下径流

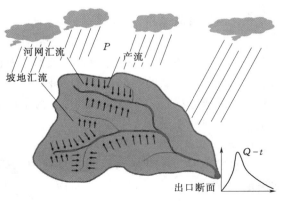

图 2-6-3 流域产汇流过程平面示意图

壤中流及地下径流汇入，使河槽水量增加，水位升高。

事实上，在流域各处产生的径流，在向出口断面汇集的过程中，降雨、下渗、蒸发等现象的全部或一部分，在一定程度上是同时发生的。将径流形成过程划分为产流阶段和汇流阶段只是为了简化分析计算工作，并不意味流域上一次降水所引起的径流形成过程，可以截然划分前后相继的两个不同阶段。

根据以上径流形成过程分析，流域上由降水推求径流过程相应分为产流计算和汇流计算，产流阶段主要是扣除损失的计算，包括的损失项主要有植物截留、填洼、入渗和蒸发等，扣除损失之后的雨量称为净雨量。由于产流模式、产流机制不同，扣损计算采用不同的计算方法。汇流阶段主要根据流域汇流特性进行汇流计算，各径流成分的路径不同其汇流特性差异较大，计算思路也各不相同，具体计算方法详见第六章。产汇流总体计算思路见图2-6-4。

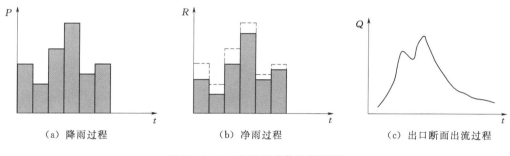

|（a）降雨过程|（b）净雨过程|（c）出口断面出流过程|

图2-6-4　产汇流总体计算思路

一次降雨，经植物截留、填洼、入渗和蒸发等损失后，进入河网的水量自然比降雨总量小，而且经过坡面漫流与河网汇流两次再分配作用，使出口断面的径流过程比降雨过程变化缓慢、历时增长、时间滞后。

二、径流的表示法和度量单位

流量（Q）：单位时间通过河流某断面的水量称为流量，常用单位 m^3/s。流量随时间的变化过程用流量过程线表示，见图2-6-5。时段平均流量是指径流量 W（图2-6-6）除以时段长度 t。

径流量（W）：是指时段 Δt 内通过河流某一断面的总水量。常用单位为 m^3、万 m^3、亿 m^3、$(m^3/s)\cdot$月、$(m^3/s)\cdot d$ 等。

$$W = \int_{t_1}^{t_2} Q(t)\mathrm{d}t = \overline{Q}(t_2 - t_1) = \overline{Q}T$$

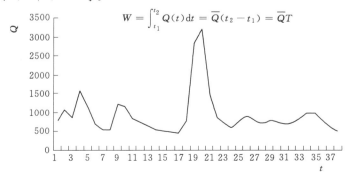

图2-6-5　流量过程线

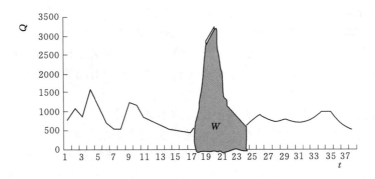

图 2-6-6　径流量 W

径流深（R）：径流量平铺在整个流域面积上的水层深度，常以 mm 为单位。若时段 $T(\text{s})$ 内平均流量为 $Q(\text{m}^3/\text{s})$，流域面积为 $F(\text{km}^2)$，则

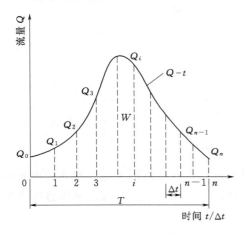

图 2-6-7　径流总量及径流深的计算

$$R = QT/1000F(\text{mm})$$

$$W = 0.36 \sum_{i=1}^{n} Q_i \Delta t$$

$$R = \frac{3.6 \sum_{i=1}^{n} Q_i \Delta t}{F}$$

其中，W 的单位为万 m^3，Q 的单位为 m^3/s，Δt 的单位为 h，F 的单位为 km^2，R 的单位为 mm，0.36 及 3.6 为单位转换系数。

径流总量和径流深的计算见图 2-6-7。

径流模数（M）：流域出口断面流量与流域面积的比值称为径流模数，常用单位为 $\text{L}/(\text{s}\cdot\text{km}^2)$，

$$M = \frac{1000Q}{F}$$

径流系数（α）：某一时段的径流深度 R 与相应的降雨深度 P 之比值，即 $\alpha = \dfrac{R}{P}$。

【例 2-6-1】　某闭合流域多年平均年降水量为 1600mm，多年平均流量为 1680 m^3/s，该流域流域面积为 54000km^2，试求出该流域的多年平均径流量、多年平均径流深、多年平均径流模数和多年平均径流系数等参数。

解：

（1）多年平均径流量 $W = \overline{Q}T = 1680 \times 365.25 \times 24 \times 3600 = 530$（亿 m^3）

（2）多年平均径流深 $R = W/1000F = 530 \times 10^8/(1000 \times 54000) = 981.5$（mm）

（3）多年平均径流模数 $M = \dfrac{1000\overline{Q}}{F} = \dfrac{1000 \times 1680}{54000} = 31.1[\text{L}/(\text{s}\cdot\text{km}^2)]$

（4）多年平均径流系数 $\alpha = \dfrac{\overline{R}}{P} = \dfrac{981.5}{1600} = 0.61$

【例 2-6-2】　某闭合流域多年平均年降水量为 750mm，多年平均年蒸发量为 520mm，多年平均流量为 4m^3/s，该流域面积是多少？

解：

$$\overline{R}=\overline{P}-\overline{E}=750-520=230(\text{mm})$$

由

$$R=\frac{\overline{Q}T}{1000F}$$

得

$$F=\frac{\overline{Q}T}{1000R}=\frac{4\times365.25\times24\times3600}{1000\times230}=548.83(\text{km}^2)$$

【例 2 - 6 - 3】 某闭合流域，流域面积 $F=1000\text{km}^2$，其中水面面积为 $F_水=100\text{km}^2$，多年平均流量 $Q=15\text{m}^3/\text{s}$，流域多年平均陆面蒸发量 $E_陆=852\text{mm}$，多年平均水面蒸发量 $E_水=1600\text{mm}$，求该流域多年平均降雨量为多少？

解：

（1）计算流域多年平均径流深：

$$R=\frac{\overline{Q}T}{1000F}=\frac{15\times365.25\times24\times3600}{1000\times1000}=473(\text{mm})$$

（2）计算流域多年平均蒸发量：

$$\overline{E}=\frac{W_{蒸发}}{F}=\frac{900\times852+100*1600}{1000}=927(\text{mm})$$

（3）计算流域多年平均降雨量：

$$\overline{P}=\overline{R}+\overline{E}=473+927=1340(\text{mm})$$

三、我国河川径流的分布

我国多年平均径流深 284mm，年径流系数 0.433，呈自东南向西北递减趋势。按径流深的大小，可划分为丰水、多水、过渡、少水、干涸 5 个明显不同的地带。

丰水带：年径流深大于 800mm，包括东南和华南沿海地区、台湾、海南、云南西南部及西藏东南部。年径流系数一般在 0.5～0.8。

多水带：年径流深在 200～800mm 之间，包括长江流域大部、淮河流域南部、西江上游、云南大部以及黄河中上游一小部分地区。年径流系数一般为 0.4～0.6。

过渡带：年径流深在 50～200mm 之间，包括大兴安岭、松嫩平原一部分、三江平原、辽河下游平原、华北平原大部、燕山和太行山、青藏高原中部、祁连山山区及新疆西部山区。年径流系数一般为 0.2～0.4。

少水带：年径流深在 10～50mm 之间，包括松辽平原中部、辽河上游地区，内蒙古高原南部、黄土高原大部、青藏高原北部及西部部分丘陵低山区。年径流系数一般为 0.1 左右。

干涸带：年径流深小于 10mm，包括内蒙古高原、河西走廊、柴达木盆地、准噶尔盆地、塔里木盆地、吐鲁番盆地。年径流系数只有 0～0.03。

习题与思考题

2 - 1　什么是水循环？产生的原因是什么？

2 - 2　何谓水量平衡原理？

2 - 3　什么是闭合流域？闭合流域多年平均情况下水量平衡方程如何表达？

2 - 4　什么是河道纵比降？如何计算？

2-5 如何确定河流某一指定断面控制的流域面积？

2-6 按气流上升原因，降雨分为哪几种类型？

2-7 流域平均雨量计算有哪几种常用方法？

2-8 流域蒸发包括哪几部分？如何推求流域总蒸发？

2-9 什么是下渗？是在哪几种力的作用下进行的？什么是下渗率？有什么变化规律？

2-10 径流形成过程可分为哪些阶段？各有什么特点？

2-11 径流有哪些表示方法？

2-12 已知某河从河源至河口总长 L 为 5500m，其纵断面如图 2-1 所示，A、B、C、D、E 各点地面高程分别为 58m，32m，18m，15m，14m，各河段长度 l_1、l_2、l_3、l_4 分别为 800m、1300m、1400m、2000m，试推求该河流的平均纵比降。

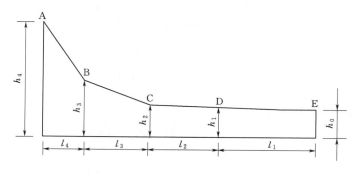

图 2-1 某河流纵断面图

2-13 某闭合流域面积为 500km²，流域平均降水量为 1000mm，多年平均流量为 6m³/s，问流域多年平均蒸发量是多少？若修建一水库，水库水面面积为 10km²，当地实测蒸发器读数的多年平均值为 950mm，蒸发器修正系数为 0.8，问建库后的多年平均流量是多少？

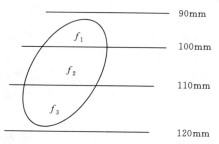

图 2-2 等雨量线图

2-14 已知某次暴雨等雨量线图见图 2-2，等雨量线将某流域分为三部分，该流域面积为 $F=654$km²，三部分面积分别为 $f_1=180$km²，$f_2=254$km²，$f_3=220$km²，请用等雨量线图法计算流域面平均雨量是多少？

2-15 某闭合流域面积为 500km²，2008 年 6 月该流域发生了一场暴雨，经出口断面流量过程观测成果分析，可知该次洪水的径流总量 $W=9000$ 万 m³，试求该次暴雨产生的净雨深为多少？

2-16 某流域的流域面积为 1500km²，其中湖泊等水面面积为 500km²，已知该流域多年平均降雨量为 1300mm，多年平均水面蒸发值 1100.0mm，多年平均陆面蒸发量 700.0mm，现拟围湖造田 200km²，那么围湖造田后流域的多年平均流量为多少？是增大了还是减小了？

第三章 水文统计基本知识

第一节 概　　述

　　研究随机现象统计规律的学科称为概率论，而由随机现象的一部分试验资料去研究总体的数学特征和规律的学科称为数理统计学。由于水文现象一般都具有偶然性的特点，而且水文现象的总体是无限的，水文观测资料仅仅是总体的随机样本，样本的特征在某种程度上反映了总体的特征，作为水文工作者，我们考虑通过对实测资料的研究来推测和预估未来的水文情势，这就需要把概率论与数理统计应用于水文学上。这种利用概率论和数理统计学的原理和方法研究水文事件随机规律的技术途径称为水文统计。水文统计的具体方法主要包括频率计算与相关分析。

　　1. 水文统计的合理性与必要性

　　工程水文计算中运用水文统计法，不仅合理，而且是必要的。

　　（1）水文现象具有随机性规律（偶然性），概率论与数理统计是研究客观事物随机性（偶然性）科学的学科，所以用概率论与数理统计的原理来分析、研究水文现象是合理的。

　　（2）水文现象很复杂、影响因素多，无法长期定量预报，所以采用水文统计的方法是必需的，目前还没有更好的方法。例如我们要修建一个工程，所建工程计划使用 100 年，我们必须对未来 100 年的径流情况作出估计，否则我们的工程就达不到预期的目的。但由于影响径流的因素很多，没有必然的规律性，无法运用成因分析法对径流做出长期的时序定量预报。我们只能基于统计规律，运用数理统计法对径流做出概率预估，用来满足设计的需要。该思路在国内外已经使用了几十年，充分说明方法本身的合理性与必要性。

　　2. 水文统计的任务

　　水文统计的任务就是研究和分析水文随机现象的统计变化特性。并以此为基础对水文现象未来可能的长期变化作出概率意义下的定量预估，以满足工程规划、设计、施工以及运营期间的需要。

　　水文统计的基本方法和内容具体有以下 3 点。

　　（1）根据已有的资料（样本），进行频率计算，推求指定频率的水文特征值。

　　（2）研究水文现象之间的统计关系，应用这种关系延长、插补水文特征值和进行水文预报。

　　（3）根据误差理论，估计水文计算中的随机误差范围。

第二节 概率的基本概念

一、试验和事件

　　在概率论中，对随机现象的观测叫做试验，随机试验的特点是在一定的限定条件之下重复做。随机试验的结果称为事件。

根据事件发生的可能性，事件可以分为 3 类。

（1）必然事件——在一定试验条件下试验必然会出现的结果。如：标准大气压下水在 0℃结冰，100℃沸腾就是必然事件。

（2）不可能事件——在一定试验条件下试验不可能出现的结果，也就是肯定不发生的事件。例如测量降雨量，出现了−20mm 的值，是不可能的。

（3）随机事件——在一定试验条件下试验中可能出现，也可能不出现的结果。如掷硬币，国徽面向上，属于随机事件。再如，抛骰子出现 6 点，也是随机事件。

二、概率

概率是表示随机事件出现的可能性或几率，是用来度量可能性大小的数值，常用百分数表示。规定用符号 $P(A)$ 表示 A 事件出现的概率。显然，必然事件概率为 1；不可能事件的概率为 0；随机事件的概率介于 0 和 1 之间。

如果某试验可能发生的结果总数是有限的，并且所有结果出现的可能性是相等的，称之为古典概型事件。在古典概型中，如果可能发生的结果总数为 n，而事件 A 由其中的 m 个可能结果构成，则随机事件 A 发生的概率 $P(A)$ 为

$$P(A) = m/n \qquad (3-2-1)$$

式中　$P(A)$——一定条件下出现随机事件 A 的概率；

　　　n——在试验中所有可能结果的总数；

　　　m——有利于 A 事件的可能结果数。

水文事件一般不能归为古典概型事件，例如，某地区年降水量的可能取值总数是无限的，年降水量在 ［100，200］ 与 ［500，600］ 的机率是不相等的，不是等可能事件。它们的概率一般只能通过多次观测试验来推求，这种概率称为经验概率，也称频率。

三、频率

设事件 A 在 n 次重复试验中出现了 m 次，则比值：

$$W(A) = m/n \qquad (3-2-2)$$

式中　$W(A)$——事件 A 在 n 次试验中出现的频率。

频率在一定程度上反映了事件出现的可能性大小。事件 A 发生的概率是理论值，而频率是经验值，在试验中事件发生的频率通常不等于概率。但随着试验次数的增加，频率有趋近概率的规律。水文上常用事件发生的频率作为概率的近似值。

表 3-2-1　掷币试验出现正面的频率表

试验者	掷币次数	出现正面次数	频率
蒲丰	4040	2040	0.5080
皮尔逊	12000	6018	0.5016
皮尔逊	24000	12014	0.5006

四、概率与频率的关系

概率是理论值，是固定不变的，可以按照公式预先计算出来，具有先验性。而频率是计算值，是可变的（具有明显的随机性）、试验的（不符合古典概率公式的事件，它们的概率只能通过多次观测试验来推求）。如掷硬币试验，正面出现的概率是 0.5，是客观存在的理论值，但如果我们来做掷币试验，以掷 100 次来统计，频率不一定等于 0.5，随着试验次数的增加，频率有趋于概率的规律。当试验次数 n 充分大时，可以认为频率值就是事件的概率值。理论上，概率论中的 "大数定理" 可证明这一点，实验也可验证。

五、重现期

为了便于理解，水文上常用"重现期"来代替"频率"。所谓重现期是指某随机变量大于或等于某一数值在长时期内平均多少年出现一次，又称多少年一遇。根据研究问题的性质不同，频率 P 与重现期 T 的关系有两种表示方法。

（1）当研究暴雨洪水问题时，研究目的是防洪，一般设计频率 $P < 50\%$，则

$$T = \frac{1}{P(x \geqslant x_P)} \qquad (3-2-3)$$

式中　T——重现期，年；

　　　P——频率，%。

（2）当考虑水库兴利调节研究枯水问题时，研究目的是灌溉、发电、供水等兴利目的，更关心小于等于某一数值出现的可能性的大小，设计频率 $P > 50\%$，则

$$T = \frac{1}{1 - P(x \geqslant x_P)} = \frac{1}{P(x < x_P)} \qquad (3-2-4)$$

式中　T——重现期，年；

　　　P——频率，%。

【例 3-2-1】 三峡设计频率 $P = 0.1\%$，对应的设计洪水 $Q_{0.1\%} = 98800 \text{m}^3/\text{s}$，校核标准 $P = 0.01\%$，$Q_{0.01\%} = 124300 \text{m}^3/\text{s}$，问三峡大坝的设计标准和校核标准是多少（用重现期表示）？$Q_{0.1\%} = 98800 \text{m}^3/\text{s}$ 和 $Q_{0.01\%} = 124300 \text{m}^3/\text{s}$ 的含义是什么？

解：

设计标准 $P = 0.1\%$，$T = \dfrac{1}{P(Q \geqslant Q_P)} = 1000$ 年

校核标准 $P = 0.01\%$，$T = \dfrac{1}{P(Q \geqslant Q_P)} = 10000$ 年

三峡大坝的设计标准为 1000 年一遇，校核标准为 10000 年一遇。$Q_{0.1\%} = 98800 \text{m}^3/\text{s}$ 代表平均每一千年遇到一次洪峰流量大于等于 98800 m^3/s 的洪水；$Q_{0.01\%} = 124300 \text{m}^3/\text{s}$ 代表平均每一万年遇到一次洪峰流量大于等于 124300 m^3/s 的洪水。

【例 3-2-2】 某水库灌溉保证率为 80%，问其可以保证几年一遇的枯水？

解：

$$T = \frac{1}{1 - 80\%} = 5 \text{ 年}$$

六、概率加法定理和乘法定理

1. 概率加法定理

事件（A+B）表示事件 A 与事件 B 的和事件，指事件 A 发生或事件 B 发生以及两事件同时发生，加法定理公式：

$$P(A+B) = P(A) + P(B) - P(AB) \qquad (3-2-5)$$

式中　$P(A+B)$——事件 A 与事件 B 的和事件发生的概率；

　　　$P(A)$——事件 A 发生的概率；

　　　$P(B)$——事件 B 发生的概率；

　　　$P(AB)$——事件 A 与 B 同时发生的概率。

特殊情况：若事件 A 与 B 不可能同时发生，则称为互斥事件。互斥事件加法定理公式：

$$P(A+B)=P(A)+P(B) \tag{3-2-6}$$

即互斥事件和的概率等于事件概率之和。

2. 概率乘法定理

两事件积的概率，等于其中一事件的概率乘以另一事件在前一事件发生的条件下发生的条件概率，即

$$P(AB)=P(A)\times P(B|A) \text{ 或 } P(AB)=P(B)\times P(A|B) \tag{3-2-7}$$

特殊情况：若事件 A 的发生对事件 B 发生的概率没有影响，即 A、B 两事件相互独立，则有 $P(B|A)=P(B)$ 或 $P(A|B)=P(A)$，则称这两个事件是相互独立的；它们共同出现的概率等于事件 A 的概率乘以事件 B 的概率，即

$$P(AB)=P(A)\times P(B) \tag{3-2-8}$$

【例 3-2-3】 A、B 两条河汇合于某一地区 C。当任一河流泛滥时，该地区被淹没。河流 A 泛滥的概率为 0.1；河流 B 泛滥的概率为 0.2；当河流 A 泛滥时，河流 B 泛滥的概率为 0.3。试求：(1) C 地区被泛滥的概率？(2) 当河流 B 泛滥时，河流 A 泛滥的概率？

解：

(1) A、B 两河其中一条河泛滥则 C 区泛滥，故 C 区泛滥为 A、B 两河泛滥的和事件。

已知 $P(A)=0.1$，$P(B)=0.2$，$P(B|A)=0.3$，则

$$\begin{aligned}
P(A+B) &= P(A)+P(B)-P(AB)\\
&= P(A)+P(B)-P(A)\times P(B|A)\\
&= 0.1+0.2-0.1\times0.3=0.27
\end{aligned}$$

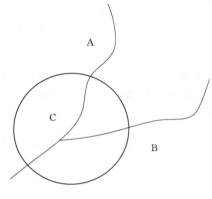

图 3-2-1 ［例 3-2-3］图

(2) 由
$$P(AB)=P(B)\times P(A|B)$$

得 $P(A|B)=P(AB)/P(B)=P(A)\times P(B|A)/P(B)=0.1\times0.3/0.2=0.15$

第三节 随机变量及其概率分布

一、随机变量

表示随机试验结果的量称为随机变量，常用大写英文字母来表示，并用相应的小写字母来表示随机变量的具体取值。如：降水可用 P 表示，径流可用字母 R 表示，用 p_1，p_2，…表示各年的实测降水量，r_1，r_2，…表示各年的实测径流量。

随机变量可分为两类：离散型随机变量和连续型随机变量。

(1) 离散型随机变量：若随机变量仅能取得某区间内的一些间断的数值，则称为离散型随机变量；如我们掷骰子，只能在 ［1，6］ 区间取整数；再如掷硬币，只能取正面向上和反面向上这两种情况，而不可能取别的情况。

(2) 连续型随机变量：若随机变量可以取得某区间内的任何数值，则称为连续型随机变量；如：我们要测某河的流量和水位，流量是 0 与极限流量之间的任何数值，水位也是 0 与极限水位间的任何数值。水位和流量都是连续型随机变量。同样，我们若想知道某地区在过

去某些年份的降雨量，这些年的降雨量可以是历史最低水平至历史最高水平之间的任何数值。

二、随机变量的概率分布

在随机试验中，随机变量可以取得总体中的任何值，但是取每一个值都有一定的概率。也就是说，随机变量的取值与它取该值的概率存在着对应关系，我们把这样的对应关系称为随机变量的概率分布规律，或简称概率分布。

1. 离散型随机变量概率分布的表示

离散型随机变量的概率分布一般以分布列表示，见表 3-3-1。

表 3-3-1　　　　　　　　　　离散型随机变量及其概率分布

X	x_1	x_2	…	x_i	…
$P(X=x_i)$	p_1	p_2	…	p_i	…

也可以用解析式和分布图表示，如掷骰子：$P(X=x_1)=1/6$，$P(X=x_2)=1/6$，…；在 x-P 坐标图上，点绘出各离散点对应的概率值。

2. 连续型随机变量概率分布的表示

对于连续型随机变量，则难以用上述方法表示。因为它的取值可以是区间内的任何值，有无限多个，我们无法用图表或式子来罗列清楚，分布图也显得无能为力。另外，对连续型随机变量来说，它恰好取某一个值的概率很小，趋近于零，研究这样的问题没有意义，一般研究区间概率问题。数学上习惯于用小于制（不及制）表示其概率，即小于等于某一数值出现的概率，即 $P(X \leqslant x)$，水文学关心随机变量取值大于等于某一定值的概率，又称大于制（超过制），即 $P(X \geqslant x)$，而该概率是 x 的函数，由此，定义了分布函数和密度函数。

（1）分布函数。设事件 $X \geqslant x$ 的概率用 $P(X \geqslant x)$ 来表示，它是随随机变量取值 x 而变化的，所以 $P(X \geqslant x)$ 是 x 的函数，称为随机变量 x 的分布函数，记为 $F(x)$，即

$$F(x)=P(X \geqslant x) \tag{3-3-1}$$

它代表随机变量 X 大于等于某一取值 x 的概率。其几何图形如图 3-3-1（b）所示，图中纵坐标表示变量 x，横坐标表示概率分布函数值 $F(x)$，在数学上称此曲线为概率分布曲线，水文统计中称为频率曲线。

（2）密度函数。为了应用方便，人们又定义了密度函数。分布函数一阶导数的负值称为密度函数，记为 $f(x)$，即

$$f(x)=-F'(x)=-\frac{\mathrm{d}F(x)}{\mathrm{d}(x)} \tag{3-3-2}$$

密度曲线的图形习惯以纵坐标表示变量 x，横坐标表示概率密度函数值 $f(x)$，如图 3-3-1（a）所示。实际上，分布函数与密度函数是微分与积分的关系，见图 3-3-1。即

$$F(x)=P(X \geqslant x)=\int_x^{\infty} f(x)\mathrm{d}x \tag{3-3-3}$$

三、随机变量的统计参数

分布函数、密度函数刻画随机变量非常完善、具体，很好地表现了随机变量的基本特征，但不够简单明了。用一些简单的数学来反映随机变量的主要特征，这种反映随机变量分布特征的简单数字称作分布参数。

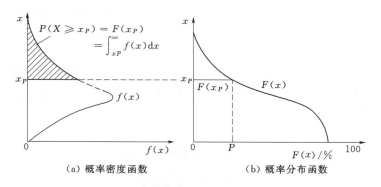

(a) 概率密度函数　　　　　　　(b) 概率分布函数

图 3-3-1　概率密度函数和概率分布函数

水文学中常用的分布参数有 3 个（均值、离差系数 C_v、偏态系数 C_s）

1. 均值

均值是很重要的一个参数，它反映密度曲线形心在 x 轴上的位置，代表随机变量的平均水平，便于比较。

设某水文变量的观测系列（样本）为 x_1，x_2，$\cdots$，x_n，样本容量为 n，则其均值为

$$\overline{x} = \frac{x_1 + x_2 + \cdots + x_n}{n} = \frac{1}{n}\sum_{i=1}^{n} x_i \tag{3-3-4}$$

令 $k_i = \dfrac{x_i}{\overline{x}}$ 称模比系数，则有

$$\overline{k} = \frac{k_1 + k_2 + \cdots + k_n}{n} = \frac{1}{n}\sum_{i=1}^{n} k_i = 1 \tag{3-3-5}$$

均值能反映随机变量的平均水平，但还不能完全说明问题。例如：甲、乙两地的多年平均降水量相等，但是各年降水量的差异有多大呢，是否有极端丰水及极端枯水的年份，还是各年降水量差别不大，接近于多年平均情况。因此，还需进一步了解样本的分布，我们常用均方差及离差系数 C_v 来反映系列离散程度。

2. 均方差 σ

均方差又称标准差，用它反映系列中各数值的离散程度。离散程度表示偏离均值的程度大小的变量，用相对于分布中心的离差 $(x_i - \overline{x})$ 来衡量离散程度大小。

例如有两个系列：

系列 1：99，100，101

系列 2：80，100，120

这两个系列的均值均为 100，但系列 1 的 $(x_i - \overline{x}) = \pm 1$，系列 2 的 $(x_i - \overline{x}) = \pm 20$，系列 2 的离散程度大于系列 1 的离散程度，但离差有正有负，为了使离差的正负值不相互抵消一般取 $(x_i - \overline{x})^2$ 的平均值再开方表示离散程度的大小，称为均方差，公式如下：

$$\sigma = \sqrt{\frac{\sum_{i=1}^{n}(x_i - \overline{x})^2}{n}} \tag{3-3-6}$$

均方差越大表示离散程度越大。但是，均方差是有量纲的量，其单位与所计算系列的单位一致，当随机变量量纲不同，或者随机变量量纲相同，但均值不同时，均方差则难以直接

比较系列间的离散程度的大小。

例如有两个系列：

系列 1：5，10，15

系列 2：995，1000，1005

经计算，系列 1 与系列 2 的均值为 $\bar{x}_1 = 10$；$\bar{x}_2 = 1000$；$(x_i - \bar{x})$ 均为 ± 5，利用式（3-3-6）计算得 $\sigma_1 = \sigma_2 = 4.08$，无法利用均方差直接比较两者离散程度大小。为了比较这种均值不等系列的离散程度，以及量纲不同的系列之间的离散程度，水文学中多采用离差系数。

3. 离差系数 C_v

又称变差系数，离势系数。为了消除均值及量纲的影响，取均方差与均值之比作为衡量系列相对离散程度的一个参数，即离差系数，用 C_v 表示，其计算式为

$$C_v = \frac{\sigma}{\bar{x}} = \sqrt{\frac{\sum_{i=1}^{n}(k_i - 1)^2}{n}} \tag{3-3-7}$$

式中 k_i——模比系数。

C_v 既无量纲，又是相对值，简单明了，用来比较离散特征十分方便。

【例 3-3-1】 有甲、乙两个系列，已知甲系列的均值 $\bar{x}_甲 = 100\text{m}^3/\text{s}$，标准差 $\sigma_甲 = 20\text{m}^3/\text{s}$，乙系列均值 $\bar{x}_乙 = 200\text{mm}$，标准差 $\sigma_乙 = 35\text{mm}$，问：这两个系列中，哪个系列的离散程度大？

解：

$$C_{v甲} = \frac{\sigma_甲}{\bar{x}_甲} = \frac{20}{100} = 0.2$$

$$C_{v乙} = \frac{\sigma_乙}{\bar{x}_乙} = \frac{35}{200} = 0.175$$

$C_{v甲} > C_{v乙}$，故甲系列离散程度大。

4. 偏态系数 C_s

偏态系数是衡量随机变量取值不对称特征的参数，用 C_s 表示，其计算式为

$$C_s = \frac{\sum_{i-1}^{n}(k_i - 1)^3}{nC_v^3} \tag{3-3-8}$$

一般 $|C_s|$ 越大，随机变量分布越不对称；$|C_s|$ 越小，随机变量分布越接近对称。当随机变量取值对于 $\bar{x}$ 对称时，$C_s = 0$；当随机变量取值对于 $\bar{x}$ 不对称时，$C_s \neq 0$，若 $C_s > 0$，表示正离差的立方占优势，称为正偏分布；若 $C_s < 0$，表示负离差的立方占优势，称为负偏分布，见图 3-3-2。

水文现象一般属于正偏分布。即水文变量取值大于均值的机会比小于均值的机会少，系列中大于均值的项数较少，但是大于均值的数值却比均值数量上大得多，所以正离差的立方占优势。如洪水系列，稀遇洪水出现的概率较低，项数较少，但是其数量往往是均值的 3 倍以上，而比平均流量小的项数虽然较多，但其与均值的数量差距较小，因此正离差占优势。再如：华北地区持续 10 多年干旱，降水少于多年平均，但少得并不多，而 1964 年大水比均

值大一两倍，正离差三次方就占了优势，属于正偏分布。

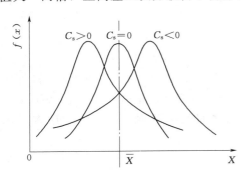

图 3-3-2 C_s 对密度曲线的影响

例如有一个系列：300，200，185，165，150，其均值为 200，均方差 $\sigma=52.8$，按式（3-3-8）计算，得 $C_s=1.59>0$。属正偏情况。

5. 矩

在水文上，常用矩来描述随机变量的分布特征，矩分为原点矩和中心矩两种。

随机变量 X 对原点离差的 k 次幂的数学期望 $E(X^k)$ 称为 X 的 k 阶原点矩，记为

$$V_k=E(X^k) \quad (k=1,2,\cdots) \quad (3-3-9)$$

当 $k=1$ 时，$V_1=E(X^1)$，即数学期望是一阶原点矩，也就是算术平均数。

随机变量 X 对数学期望离差的 k 次幂的数学期望 $E\{[X-E(X)]^k\}$，称为 X 的 k 阶中心矩，记为

$$\mu_k=E\{[X-E(X)]^k\} \quad (k=1,2,\cdots) \quad (3-3-10)$$

当 $k=2$ 时，$\mu_2=E\{[X-E(X)]^2\}=\sigma^2$，可见，均方差的平方 σ^2 是二阶中心矩。

当 $k=3$ 时，$\mu_3=E\{[X-E(X)]^3\}$。由式（3-3-8）可知：

$$C_s=\frac{\mu_3}{\sigma^3} \quad (3-3-11)$$

综上所述，均值（又称算术平均数）、变差系数、偏态系数都可以用各阶矩表示。

第四节 常用的概率分布曲线

水文上把随机变量的概率分布曲线称为水文频率曲线，我国水文统计中广泛应用的水文频率曲线有两种类型，即正态分布和皮尔逊Ⅲ型分布。

一、正态分布

1. 正态分布曲线

自然界中许多随机变量如成绩、身高、水文测量的误差等都近似服从正态分布。正态分布具有如下形式的概率密度函数：

$$f(x)=\frac{1}{\sigma\sqrt{2\pi}}e^{-\frac{(x-\overline{x})^2}{2\sigma^2}} \quad (-\infty<x<+\infty) \quad (3-4-1)$$

式中　$\overline{x}$——平均数；

　　　σ——标准差；

　　　e——自然对数的底。

正态分布的密度函数式中只有两个参数，一个是平均数，一个是标准差。因此，若某个随机变量服从正态分布，只要求出它的 $\overline{x}$ 和 σ，则其分布便完全确定了。

正态分布的密度曲线如图 3-4-1 所示，有以下特点：①单峰；②关于均值 $\overline{x}$ 两边对称，即 $C_s=0$；③曲线两端趋于 $\pm\infty$，并以 x 轴为渐近线。

可以证明，正态分布曲线在 $\overline{x}\pm\sigma$ 处出现拐点，并且

$$P_\sigma = \frac{1}{\sigma\sqrt{2\pi}} \int_{\overline{x}-\sigma}^{\overline{x}+\sigma} e^{-\frac{(x-\overline{x})^2}{2\sigma^2}} dx = 0.683 \quad (3-4-2)$$

$$P_{3\sigma} = \frac{1}{\sigma\sqrt{2\pi}} \int_{\overline{x}-3\sigma}^{\overline{x}+3\sigma} e^{-\frac{(x-\overline{x})^2}{2\sigma^2}} dx = 0.997 \quad (3-4-3)$$

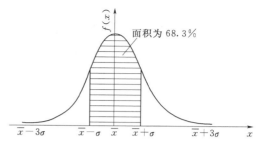

图 3-4-1　正态分布的密度曲线

利用正态分布的概率密度函数，经积分计算得知，正态分布的密度曲线与 x 轴所围成的面积应等于 1。$\overline{x} \pm \sigma$ 区间所对应的面积占全面积的 68.3%，$\overline{x} \pm 3\sigma$ 区间所对应的面积占全面积的 99.7%，如图 3-4-1 所示。

2. 正态分布在水文中的应用——频率格纸

正态分布在水文上应用非常广泛。水文计算中常用的"频率格纸"的横坐标的划分就是它在水文上的重要应用。

正态频率曲线在普通格纸上是一条规则的 S 形曲线，它在 $P=50\%$ 前后的曲线方向虽然相反，但形状完全一样。水文计算中常用的一种"频率格纸"的横坐标的分划就是按把标准正态频率曲线拉成一条直线的原理计算出来的。这种频率格纸的纵坐标仍是普通分格，但横坐标的分格是不相等的，中间分隔较密，越往两端分格越稀，其间距在 $P=50\%$ 的两端是对称的。现以横坐标轴的一半（0~50%）为例，说明频率格纸间距的确定。通过积分或查有关表格，可在普通格纸上绘出标准正态频率曲线（见图 3-4-2 中①线）。由①线知，$P=50\%$ 时，$x=0$；$P=0.01\%$ 时，$x=3.72$。根据前述概念，在普通格纸上通过（50%，0）和（0.01%，3.72）两点的直线即为频率格纸上对应的标准正态频率曲线（见图 3-4-2 中②线）。由①线和②线即可确定频率格纸上横坐标的分格。为醒目起见，我们将它画在横线上。例如，在普通分格（横轴）的 $P=1\%$ 处引垂线交 S 形曲线（①线）于 A 点，作水平线交直线（②线）于 B 点，再引垂线交 $O'P'$ 轴于 C 点，C 点即为频率格纸上 $P=1\%$ 的位置。同理可确定频率格纸上其他横坐标分格（$P=5\%$，10%，20%，…）的位置。

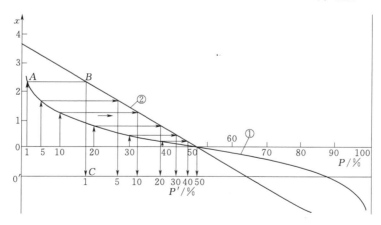

图 3-4-2　频率格纸横坐标的划分

把频率曲线画在普通方格纸上，因频率曲线的两端特别陡峭，又因图幅的限制，对于特小频率或特大频率的点子很难点在图上。现在，有了这种频率格纸，就能较好地解决这个问题，所以在频率计算时，一般都是把频率曲线点绘在频率格纸上。

二、皮尔逊Ⅲ型分布（P-Ⅲ型分布）

英国生物学家皮尔逊通过大量的分析研究，提出一种概括性的曲线族，包括 13 种分布曲线，其中第Ⅲ型曲线被引入水文计算中，成为当前水文计算中常用的频率曲线。

皮尔逊Ⅲ型曲线是一条一端有限，一段无限的不对称单峰、正偏曲线，数学上称伽马分布，其概率密度函数（图 3-4-3）为

$$f(x) = \frac{\beta^\alpha}{\Gamma(\alpha)}(x-a_0)^{\alpha-1}e^{-\beta(x-a_0)} \qquad (3-4-4)$$

式中 $\Gamma(\alpha)$——α 的伽玛函数；

α、β、a_0——表征皮尔逊Ⅲ型分布的形状、尺度和位置的 3 个参数，$\alpha>0$，$\beta>0$。

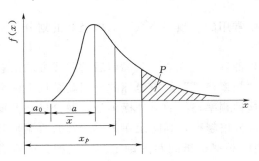

图 3-4-3　皮尔逊Ⅲ型分布概率密度函数

显然，参数 α、β、a_0 一旦确定，该密度函数随之确定。可以推证，这 3 个参数与总体的 3 个统计参数 $\bar{x}$、C_v、C_s 具有下列关系：

$$\left.\begin{array}{l} \alpha = \dfrac{4}{C_s^2} \\[2mm] \beta = \dfrac{2}{\bar{x}C_vC_s} \\[2mm] a_0 = \bar{x}\left(1-\dfrac{2C_v}{C_s}\right) \end{array}\right\} \qquad (3-4-5)$$

水文计算中，一般需推求指定频率 P 所对应的随机变量 x_p，这要通过对密度曲线进行积分，求出等于或大于 x_p 的累计频率 P 值，即

$$P = F(x_p) = P(x \geqslant x_p) = \frac{\beta^\alpha}{\Gamma(\alpha)}\int_{x_p}^\infty (x-a_0)^{\alpha-1}e^{-\beta(x-a_0)}dx \qquad (3-4-6)$$

由式（3-4-5）和式（3-4-6）可知，参数 $\bar{x}$、C_v、C_s 一经确定，则 $P(x>x_p)$ 仅与 x_p 有关。但是直接由上式计算频率 P 非常麻烦。

美国工程师福斯特首先注意到这个问题，他通过变量转换，根据拟定的 C_s 值进行多次积分，并把结果制成专用表格（Φ 值表）。供水利工作者直接查用，使计算工作大大简化，引入变量

$$\Phi = \frac{x-\bar{x}}{\bar{x}C_v} \qquad (3-4-7)$$

则变量 Φ 的均值为 0，均方差为 1，水文中称为离均系数。这样经标准化变换后，公式（3-4-6）中被积分的函数中就只含一个待定参数 C_s，$\bar{x}$、C_v 都包含在 Φ 中，即

$$P(\Phi \geqslant \Phi_p) = \int_{\Phi_p}^\infty f(\Phi, C_s)d\Phi \qquad (3-4-8)$$

只要假定一个 C_s 值，便可由公式（3-4-8）求出一组 P 与 Φ_p 的对应值。假定不同的 C_s 值，便可求出多组 P 与 Φ_p 的对应值，从而可以制成皮尔逊Ⅲ型分布的 Φ_p 值表，详见附录 1。

应用：Φ 值表在水文中得到了广泛的应用。有了 Φ 值表以后，应用起来十分方便。我

们只要已知 3 个统计参数 $\overline{x}$、C_v、C_s，利用 Φ 值表，就可以很容易求出某一频率（概率）所对应的变量值，直接在工程设计中应用，指导工程的设计规模。

【例 3 - 4 - 1】 某地多年平均降雨量 $\overline{P}=1000\text{mm}$，$C_v=0.5$，$C_s=1.0$。假设年雨量分布符合 P - Ⅲ 型分布曲线，试求 $P=1\%$ 的年雨量值。

解：经查 Φ 值表，当 $C_s=1.0$，$P=1\%$ 时，查表得 $\Phi_{1\%}=3.02$

由
$$\Phi_p=\frac{x_p-\overline{x}}{\overline{x}C_v}$$

得
$$P_{1\%}=(\Phi_{1\%}C_v+1)\overline{x}=(3.02\times0.5+1)\times1000=2510\text{mm}$$

百年一遇的年降雨量为 2510mm。

在工程水文中，特别是在适线的时候，由于 C_s 的抽样误差较大，我们往往只计算 C_v 的值和 C_s/C_v 的比值，此时就需要用到另外一种表格——K 值表。

由 $\Phi_p=\frac{x_p-\overline{x}}{\overline{x}C_v}$ 得

$$x_p=\overline{x}(1+C_v\Phi_p) \tag{3-4-9}$$

式（3 - 4 - 9）两边同时除以 $\overline{x}$，可得

$$K_p=1+C_v\Phi_p \tag{3-4-10}$$

依式（3 - 4 - 10）可由皮尔逊Ⅲ型曲线的 Φ_p 值表进一步制成模比系数 K_p 值表。K 值表是我国水文学家在 Φ 值表的基础上，变形后所得，应用起来更为简便。

在参数 $\overline{x}$、C_v、C_s/C_v 已知的前提下，查 K 值表查得频率 P 所对应的 K_p 值。

由于 $k_p=\frac{x_p}{\overline{x}}$，变形后可得

$$x_p=k_p\overline{x} \tag{3-4-11}$$

【例 3 - 4 - 2】 某地多年平均降雨量 $\overline{P}=1000\text{mm}$，$C_v=0.5$，$C_s/C_v=2$。假设年雨量分布符合 P - Ⅲ 型分布曲线，试求 $P=1\%$ 的年雨量值。

解：经查 K 值表，当 $C_s=2C_v$，$C_v=0.5$，查表得 $K_{1\%}=2.51$。
$$P_{1\%}=k_p\overline{x}=2.51\times1000=2510\text{mm}$$

百年一遇的年降雨量为 2510mm。

以上讲述了当某水文变量的分布接近于 P - Ⅲ 分布线型，则在参数已知的情况下，即可利用 Φ 值表、K 值表求出对应某一频率 P 的设计值 x_p。参数未知的情况下，统计参数 $\overline{x}$、C_v、C_s 如何推求呢？

第五节 水 文 参 数 估 计

一、样本参数估计总体参数

在统计数学上，把某随机变量所取数值的全体称为总体。从总体中任意抽取的一部分称为样本。我们所研究的水文现象的总体通常是无限的，它是指自古迄今，以至未来长远岁月所有的水文系列。而我们在实际中所观测的资料，尽管比较长，几十年，甚至有的上百年，但这些都仅仅是总体中的一小部分，我们只能称他们为样本。

可以说，水文现象的总体一般是无限大的，如某雨量站的降水资料，某水文站流量资料

等，都仅是总体中的一部分。而这些总体是无法全部观测到的。怎样才能知道这些总体的分布呢？

既然总体的分布特性可以在某种程度上由样本的经验频率分布来推测。这样，在总体不知道或不需要知道的情况下，我们可以用样本的特征值来预估总体的特征值，即用样本的 $\overline{x}$、C_v、C_s 作为总体的 $\overline{x}$、C_v、C_s 的估计值。

二、参数估计的方法

由样本参数估计总体参数有很多方法，例如矩法、极大似然法、权函数法、概率权重矩法、三点法以及适线法等。我国工程水文计算中，通常采用适线法确定最终的估计参数，其他方法估计的参数，一般作为适线法的初估值。

1. 矩法

矩法是用样本矩估计总体矩，并通过矩和参数之间的关系，来估计频率曲线参数的一种方法。该法计算简便，事先不用选定频率曲线线型，是频率分析计算中较为常见的一种方法。

根据第三节矩的概念可知，矩与随机变量的统计参数有一定的关系，可以用矩来表示随机变量的统计参数。对于样本，其 k 阶原点矩 $\hat{V}_k$ 与 k 阶中心矩 $\hat{\mu}_k$ 分别为

$$\hat{V}_k = \frac{1}{n}\sum_{i=1}^{n} x_i^k \quad (k=1,2,\cdots) \tag{3-5-1}$$

$$\hat{\mu}_k = \frac{1}{n}\sum_{i=1}^{n} (x_i - \overline{x})^k \quad (k=2,3,\cdots) \tag{3-5-2}$$

式中　　n——样本容量。

由此可见，样本均值就是样本的一阶原点矩，均方差为二阶中心矩开方，偏态系数的分子则为三阶中心矩。其计算公式如下：

$$\overline{x} = \frac{1}{n}\sum_{i=1}^{n} x_i \tag{3-5-3}$$

$$C_v = \sqrt{\frac{\sum_{i=1}^{n}(K_i-1)^2}{n}} \tag{3-5-4}$$

$$C_s \frac{\sum_{i=1}^{n}(K_i-1)^3}{nC_v^3} \tag{3-5-5}$$

根据矩法公式计算的样本统计参数与总体的同名参数不一定相等，为了使样本的统计参数能更好地代表总体的统计参数，需要对上述矩法公式加以修正，得到所谓的无偏估值公式或渐近无偏估值公式。纠偏后得到无偏估值公式如下：

$$\overline{x} = \frac{1}{n}\sum_{i=1}^{n} x_i \tag{3-5-6}$$

$$C_v = \sqrt{\frac{n}{n-1}}\sqrt{\frac{\sum_{i=1}^{n}(K_i-1)^2}{n}} = \sqrt{\frac{\sum_{i=1}^{n}(K_i-1)^2}{n-1}} \tag{3-5-7}$$

$$C_s = \frac{n^2}{(n-1)(n-2)} \frac{\sum\limits_{i=1}^{n}(K_i-1)^3}{nC_v^3} \approx \frac{\sum\limits_{i=1}^{n}(K_i-1)^3}{(n-3)C_v^3} \qquad (3-5-8)$$

但并不是说对于某个具体样本，用上述无偏估值公式算出来的参数就代表总体参数，而是说有很多个相同容量的样本资料，用上述公式计算出来的统计参数的均值，可望等于总体的同名参数。在现行水文频率计算中，一般用矩法公式计算的参数作为适线法的参考数值。

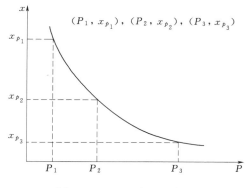

图 3-5-1　三点法示意图

2. 三点法

P-Ⅲ型频率曲线的绘制要基于 3 个待定的统计参数 $\overline{x}$、C_v、C_s。从数学的角度来说，如果能在待求的 P-Ⅲ 曲线上选取 3 个点 (P_1, x_{p_1})、(P_2, x_{p_2})、(P_3, x_{p_3})，将它们代入该曲线方程 $x_p = \overline{x} + \sigma\Phi(P, C_s)$ 中，可建立 3 个方程，联立求解，便可得到 3 个统计参数，见图 3-5-1。

但是，由于 P-Ⅲ型曲线为待求曲线，无法直接取得以上三点。因此，三点法直接在经验频率曲线上选取，并假定它们就在待求的 P-Ⅲ 曲线上，将其代入曲线方程，得到如下方程组：

$$\left.\begin{array}{l} x_{p_1} = \overline{x} + \sigma\Phi(P_1, C_s) \\ x_{p_2} = \overline{x} + \sigma\Phi(P_2, C_s) \\ x_{p_3} = \overline{x} + \sigma\Phi(P_3, C_s) \end{array}\right\} \qquad (3-5-9)$$

解联立方程组（3-5-9），可得

$$\frac{x_{p_1} + x_{p_3} - 2x_{p_2}}{x_{p_1} - x_{p_3}} = \frac{\Phi(P_1, C_s) + \Phi(P_3, C_s) - 2\Phi(P_2, C_s)}{\Phi(P_1, C_s) - \Phi(P_3, C_s)} \qquad (3-5-10)$$

令

$$S = \frac{x_{p_1} + x_{p_3} - 2x_{p_2}}{x_{p_1} - x_{p_3}} \qquad (3-5-11)$$

并定名 S 为偏度系数。当 P_1、P_2、P_3 已取定时，偏度系数 S 仅是 C_s 的函数。S 与 C_s 的关系已根据离均系数 Φ 值表预先指定，见附表 3。由式（3-5-11）求得 S 后，即可查表得到 C_s 值。

由方程组（3-5-9）可解得

$$\sigma = \frac{x_{p_1} - x_{p_3}}{\Phi(P_1, C_s) - \Phi(P_3, C_s)} \qquad (3-5-12)$$

及

$$\overline{x} = x_{p_2} - \sigma\Phi(P_2, C_s) \qquad (3-5-13)$$

上两式中 $\Phi(P_1, C_s) - \Phi(P_3, C_s)$ 及 $\Phi(P_2, C_s)$ 可由 C_s 查附表 4 得到。代入式（3-5-12）及式（3-5-13）即可求得 σ 和 $\overline{x}$，则 $C_v = \sigma/\overline{x}$ 亦可算出。

式（3-5-11）～式（3-5-13）就是应用三点法计算参数的基本公式。从理论上讲，P_1、P_2、P_3 可以任取，但在实际工作中常取 $P_2 = 50\%$；P_1 和 P_3 取对应值，即 $P_1 + P_3 = 100\%$，例如取 $P_1 = 5\%$，$P_3 = 95\%$ 或 $P_1 = 3\%$，$P_3 = 97\%$ 等。

当资料系列较长时，与矩法比，三点法计算简单，工作量小，无论是连续系列还是不连续系列均适用。但其缺点是：在目估的经验频率曲线上选取三点，有一定的任意性，也很难保证其就在待求的 P-Ⅲ 曲线上。因此，三点法在实际中很少单独使用，与矩法一样，一般都与适线法相结合。

【例 3-5-1】 已知某水库坝址处共有 1972—2014 年的实测洪峰流量资料。另外，通过历史洪水调查得知，1922 年发生过一次大洪水，是 1922 年来最大，1963 年洪水则为第二大洪水。试根据点绘的经验频率曲线（图 3-5-2）中估选出的三点 $Q_{5\%}=2080\text{m}^3/\text{s}$、$Q_{50\%}=760\text{m}^3/\text{s}$、$Q_{95\%}=260\text{m}^3/\text{s}$，用三点法初估参数。

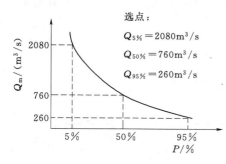

选点：
$Q_{5\%}=2080\text{m}^3/\text{s}$
$Q_{50\%}=760\text{m}^3/\text{s}$
$Q_{95\%}=260\text{m}^3/\text{s}$

图 3-5-2 经验频率曲线

解：

（1）计算 S 值：

$$S=\frac{2080+260-2\times760}{2080-260}=0.45$$

（2）由 S 查附表 3 得 $C_s=1.59$

（3）由 C_s 查附表 1 Φ 值表，得

$$\Phi_{5\%}=1.96,\ \Phi_{50\%}=-0.25,\ \Phi_{95\%}=-1.10$$

（4）计算得

$$\sigma=\frac{2080-260}{1.96+1.10}=595\text{m}^3/\text{s}$$

$$\overline{Q}=760-(-0.25)\times595=909\text{m}^3/\text{s}$$

$$C_v=\frac{595}{909}=0.655$$

3. 权函数法

当样本容量较小时，用矩法估计参数会产生一定的计算误差，其中尤其以 C_s 的计算误差为大。为提高参数 C_s 的计算精度，黄河水利委员会马秀峰于 1984 年提出了权函数法，该法的实质是用一、二阶权函数矩来推求 C_s。

本法引入的权函数为

$$\varphi(x)=\frac{1}{\sigma\sqrt{2\pi}}e^{-\frac{1}{2}\left(\frac{x_i-\overline{x}}{\sigma}\right)^2} \tag{3-5-14}$$

由式可知，所选取的权函数为一正态分布的密度函数。

经过推导可得出 C_s 计算公式如下：

$$C_s=-4\sigma\frac{E}{G} \tag{3-5-15}$$

$$E\approx\frac{1}{n}\sum_{i=1}^{n}(x_i-\overline{x})\varphi(x_i) \tag{3-5-16}$$

$$G\approx\frac{1}{n}\sum_{i=1}^{n}(x_i-\overline{x})^2\varphi(x_i) \tag{3-5-17}$$

式中　$\varphi(x_i)$——权函数；

E、G——一阶和二阶加权中心矩。

根据样本系列 $x_i(i=1,2,\cdots,n)$，用矩法公式可求出 $\overline{x}$、σ，代入上述公式可求出 C_s。由于估算 C_s 用了二阶矩，故权函数法提高了 C_s 的计算精度，但没解决 $\overline{x}$、C_v 的计算精度问题。

三、抽样误差

用样本的统计参数来代替总体的统计参数是存在一定误差的，这种误差是由于从总体中随机抽取的样本与总体有差异而引起的，与计算误差不同，称为抽样误差。

抽样误差是不可避免的，其大小由均方误来衡量。计算均方误的公式与总体分布有关。对于皮尔逊Ⅲ型分布且用矩法估算参数时，用 $\sigma_{\bar{x}}$、σ_{σ}、σ_{C_v}、σ_{C_s} 分别代表 $\bar{x}$、σ、C_v 和 C_s 样本参数的均方误，则它们的计算公式为

$$\sigma_{\bar{x}} = \frac{\sigma}{\sqrt{n}} \qquad (3-5-18)$$

$$\sigma_{\sigma} = \frac{\sigma}{\sqrt{2n}}\sqrt{1+\frac{3}{4}C_s^2} \qquad (3-5-19)$$

$$\sigma_{C_v} = \frac{C_v}{\sqrt{2n}}\sqrt{1+2C_v^2+\frac{3}{4}C_s^2-2C_sC_v} \qquad (3-5-20)$$

$$\sigma_{C_s} = \sqrt{\frac{6}{n}\left(1+\frac{3}{2}C_s^2+\frac{5}{16}C_s^4\right)} \qquad (3-5-21)$$

上述误差公式，只是许多容量相同的样本误差的平均情况，至于某个实际样本的误差，可能小于，也可能大于这些误差，不是公式所能估算的。样本实际误差的大小要看样本对总体的代表性高低而定。

第六节　水文频率计算适线法

水文频率计算是以水文变量的样本资料为依据，探求其总体的统计规律，对未来的水文情势作出概率预估。目前水文频率计算的主要方法是适线法，适线法主要有目估适线法和优化适线法两大类。

一、目估适线法

（一）目估适线法的做法与步骤

目估适线法又称目估配线法，其思路是以经验频率点据为基础，在一定的适线准则下，求解与经验点据拟合最优的频率曲线。具体步骤如下。

（1）将实测资料由大到小排列，计算各项的经验频率，在频率格纸上点绘经验点据（纵坐标为变量的取值，横坐标为对应的经验频率）。

（2）选定水文频率分布线型（一般选用皮尔逊Ⅲ型）。

（3）先采用矩法或其他方法估计出频率曲线参数均值和 C_v 的初估值，而 C_s 凭经验初选为 C_v 的倍数，对于年径流问题，一般 $C_s = (2\sim3)C_v$，对于暴雨、洪水问题，一般 $C_s = (2.5\sim4)C_v$。

（4）根据3个统计参数查 Φ 值表或 K 值表，计算出各频率对应的变量值，点绘出一条皮尔逊Ⅲ型理论频率曲线，将此线画在绘有经验点据的频率格纸上。

（5）分析理论频率曲线与经验点据的拟合情况，如果满意，则该曲线对应的3个统计参数就作为总体参数的估计值。如果不满意，则修改参数，再画一条理论曲线拟合，直到满意为止。

（6）求指定频率的水文变量设计值。

（二）目估适线法涉及的具体问题说明

根据目估适线法的具体步骤，涉及经验频率、频率格纸、调整参数等一系列问题，现一一加以说明。

1. 经验频率曲线

（1）经验频率的计算。设某水文系列共有 n 项，按由大到小的次序排列为 x_1，x_2，…，x_m，…，x_n，则系列中大于等于 x_m 的经验频率可按式（3-6-1）计算：

$$P_m = \frac{m}{n} \times 100\%$$

（3-6-1）

式中　　m——表示水文变量由大到小排列并按自然数顺序编出的序号；

n——样本容量。

对于系列中排序后第 n 项，按式（3-6-1）计算其经验频率为 100%，进一步解释为水文变量大于等于 x_n 出现的概率为 100%，显然与事实不符，所以要对此公式进行修正。现行的经验频率修正公式主要有：

数学期望公式

$$P_m = \frac{m}{n+1} \times 100\%$$

（3-6-2）

切哥达也夫公式

$$P_m = \frac{m-0.3}{n+0.4} \times 100\%$$

（3-6-3）

海森公式

$$P_m = \frac{m-0.5}{n} \times 100\%$$

（3-6-4）

目前我国水利水电工程设计洪水规范中规定采用期望公式为经验频率计算公式。

（2）经验频率曲线。首先将水文系列从大到小进行排列，再按数学期望公式计算每一项的经验频率，然后以水文变量 x 为纵坐标，以经验频率 P 为横坐标，根据 x_i-P_i 的对应值在频率格纸上点绘经验频率点据，徒手目估通过点群中心连成一条光滑曲线，即为该水文变量的经验频率曲线。

因为实测资料是有限的，当水文变量的设计频率较大或较小时，可能无法从经验频率曲线上直接查得相应的设计水文数据，所以要对曲线下端或上端进行外延，但因为上端和下端没有实测点据控制，外延具有相当大的主观性。为此，水文频率计算引入了理论频率曲线。

2. 频率格纸

又称"海森格纸"，其横轴采用不均匀分格，中间密两端稀，纵轴是均匀分格；水文频率计算常用横坐标表示频率或重现期，纵坐标表示水文变量；频率格纸的制作详见本章第四节。方格纸和频率格纸的经验点据和频率曲线分别见图 3-6-1 和图 3-6-2。

频率计算的目的是为了工程设计服务的，常需计算频率较小的稀遇暴雨洪水、频率较大的枯水问题等，其频率曲线如画在方程纸上，两端坡度很陡，呈"S"形，而工程上应用较多的是 P 较小（暴雨洪水）或较大（枯水）的问题，给应用造成困难，频率格纸将我们关心的两端比例拉大，方便应用。

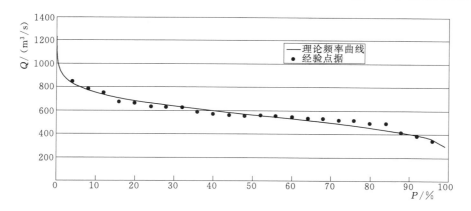

图 3-6-1 方格纸中的经验点据与频率曲线

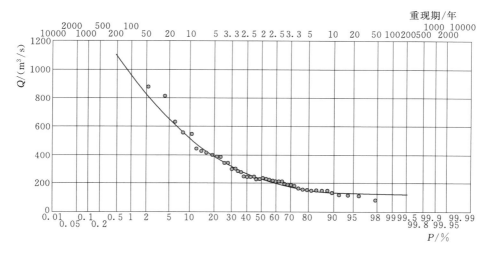

图 3-6-2 频率格纸中的经验点据与频率曲线

3. 统计参数变化对理论频率曲线的影响

为了避免配线时调整参数的盲目性，必须明确统计参数的变化对理论频率曲线的影响。我国频率计算中常常采用 P-Ⅲ型分布作为理论频率曲线，现讨论 $\overline{x}$、C_v、C_s 的变化对 P-Ⅲ频率曲线的影响。

（1）均值 $\overline{x}$ 对频率曲线的影响。如果 C_v 和 C_s 不变，增大 $\overline{x}$，频率曲线的位置就会升高，坡度会变陡。将 C_v 和 C_s 相等，$\overline{x}_1 < \overline{x}_2$ 的两条 P-Ⅲ型频率曲线绘于图 3-6-3 中。由图可见，均值大的频率曲线位于均值小的频率曲线之上；均值大的频率曲线比均值小的频率曲线陡。

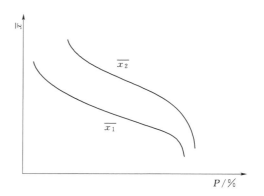

图 3-6-3 均值对频率曲线的影响示意图

（2）变差系数 C_v 对频率曲线的影响。为了消除均值的影响，以模比系数 K 为变量绘制频率曲线，如图 3-6-4 所示（图中 $C_s = 1.0$）。当 $C_v = 0$ 时，随机变量的取值都等于均值；

C_v 越大，随机变量相对于均值越离散，频率曲线变得越来越陡。因此，当 P-Ⅲ频率曲线的均值和 C_s 不变时，C_v 增大，频率曲线会变陡。

（3）偏态系数 C_s 对频率曲线的影响

如果 C_v 和 $\bar{x}$ 不变，在正偏情况下增大 C_s，则 C_s 越大，频率曲线曲率越大，即频率曲线的上段越陡、下段越平缓、中部越向左偏，如图 3-6-5 所示。

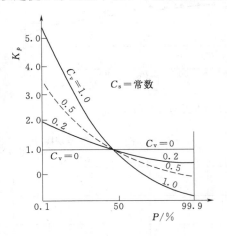

图 3-6-4 变差系数对频率曲线
的影响示意图

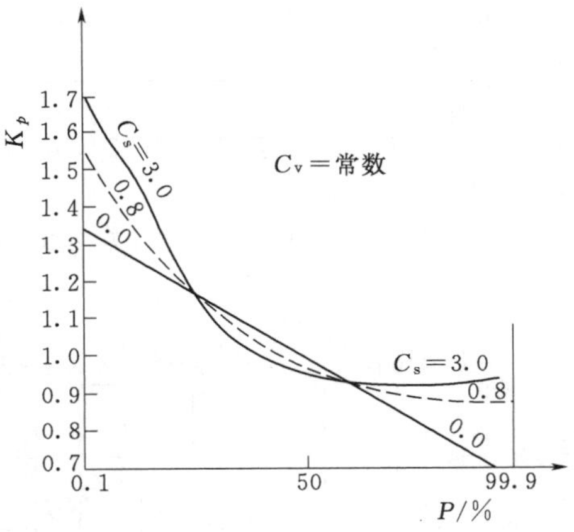

图 3-6-5 偏态系数对频率曲线
的影响示意图

（三）目估适线法实例

频率计算在水利水电工程规划设计中的主要作用是求相应于某一设计频率 P 的设计水文数据 x_p。下面用实例说明目估适线法的计算步骤。

【例 3-6-1】 已知某水文站 56 年径流资料见表 3-6-1 中第（1）、（2）栏，试根据该资料用矩法初选参数，用适线法推求 10 年一遇、20 年一遇的设计年径流量。

解：

1. 点绘经验频率曲线

将原始资料由大到小排列，列入表 3-6-1 中第（4）栏。用式（3-6-2）计算经验频率，列入表中第（7）栏，并将第（4）栏与第（7）栏的对应数值点绘在频率格纸上。

表 3-6-1　　　　　　　　　　　某水文站年径流量频率计算表

年份	年径流量 Q /(m^3/s)	序号	由大到小排列 Q_i /(m^3/s)	模比系数 K_i	$(K_i-1)^2$	经验频率 $P=\dfrac{m}{n+1}\times100\%$
（1）	（2）	（3）	（4）	（5）	（6）	（7）
1920	684.4	1	1721.9	1.958	0.918	1.75
1921	999.7	2	1715.7	1.951	0.904	3.51
1922	757.3	3	1542.6	1.754	0.569	5.26
1923	547.8	4	1396.2	1.588	0.345	7.02
1924	478.8	5	1391.7	1.582	0.339	8.77
1925	431.8	6	1367.6	1.555	0.308	10.53

年份	年径流量 Q /(m^3/s)	序号	由大到小排列 Q_i /(m^3/s)	模比系数 K_i	$(K_i-1)^2$	经验频率 $P=\dfrac{m}{n+1}\times100\%$
(1)	(2)	(3)	(4)	(5)	(6)	(7)
1926	510.4	7	1366.1	1.553	0.306	12.28
1927	425.1	8	1287.6	1.464	0.215	14.04
1928	459.0	9	1278.9	1.454	0.206	15.79
1929	333.1	10	1255.3	1.427	0.183	17.54
1930	453.3	11	1242.1	1.412	0.170	19.30
1931	397.5	12	1230.4	1.399	0.159	21.05
1932	362.9	13	1205.0	1.370	0.137	22.81
1933	518.6	14	1135.2	1.291	0.085	24.56
1934	754.7	15	1084.3	1.233	0.054	26.32
1935	847.0	16	1049.5	1.193	0.037	28.07
1936	1022.6	17	1049.0	1.193	0.037	29.82
1937	970.8	18	1022.6	1.163	0.026	31.58
1938	1542.6	19	999.7	1.137	0.019	33.33
1939	1230.4	20	995.0	1.131	0.017	35.09
1940	522.9	21	970.8	1.104	0.011	36.84
1941	1255.3	22	939.0	1.068	0.005	38.60
1942	646.3	23	936.7	1.065	0.004	40.35
1943	826.3	24	892.2	1.015	0.000	42.11
1944	1135.2	25	870.1	0.989	0.000	43.86
1945	776.8	26	865.8	0.984	0.000	45.61
1946	1287.6	27	854.3	0.971	0.001	47.37
1947	1049.0	28	847.0	0.963	0.001	49.12
1948	936.7	29	826.3	0.940	0.004	50.88
1949	939.0	30	826.2	0.940	0.004	52.63
1950	1396.2	31	776.8	0.883	0.014	54.39
1951	826.2	32	776.7	0.883	0.014	56.14
1952	1049.5	33	757.3	0.861	0.019	57.89
1953	707.9	34	754.7	0.858	0.020	59.65
1954	776.7	35	743.0	0.845	0.024	61.40
1955	1242.1	36	735.3	0.836	0.027	63.16
1956	1084.3	37	707.9	0.805	0.038	64.91
1957	870.1	38	696.7	0.792	0.043	66.67
1958	604.1	39	696.1	0.792	0.043	68.42
1959	1366.1	40	684.4	0.778	0.049	70.18
1960	995.0	41	646.3	0.735	0.070	71.93
1961	854.3	42	604.1	0.687	0.098	73.68

续表

年份	年径流量 Q /(m³/s)	序号	由大到小排列 Q_i /(m³/s)	模比系数 K_i	$(K_i-1)^2$	经验频率 $P=\dfrac{m}{n+1}\times100\%$
(1)	(2)	(3)	(4)	(5)	(6)	(7)
1962	1278.9	43	547.8	0.623	0.142	75.44
1963	865.8	44	533.5	0.607	0.155	77.19
1964	1367.6	45	530.1	0.603	0.158	78.95
1965	1721.9	46	522.9	0.595	0.164	80.70
1966	533.5	47	518.6	0.590	0.168	82.46
1967	1391.7	48	510.4	0.580	0.176	84.21
1968	1715.7	49	478.8	0.544	0.208	85.96
1969	1205.0	50	459.0	0.522	0.229	87.72
1970	696.7	51	453.3	0.515	0.235	89.47
1971	892.2	52	431.8	0.491	0.259	91.23
1972	735.3	53	425.1	0.483	0.267	92.98
1973	530.1	54	397.5	0.452	0.300	94.74
1974	696.1	55	362.9	0.413	0.345	96.49
1975	743.0	56	333.1	0.379	0.386	98.25
总计	49248.4		49248.4	56.0	8.7	

2. 按无偏估值公式计算统计参数

计算年径流量的均值 $\overline{Q}$。由式（3-5-6）计算可得

$$\overline{Q}=\frac{1}{n}\sum_{i=1}^{n}Q_i=\frac{49248.4}{56}=879.4(\mathrm{m^3/s})$$

计算变差系数。由式（3-5-7）计算可得

$$C_{\mathrm{v}}=\sqrt{\frac{\sum_{i=1}^{n}(K_i-1)^2}{n-1}}=\sqrt{\frac{8.7}{56-1}}=0.40$$

3. 选配理论频率曲线

（1）选定 $\overline{Q}=879.4\mathrm{m^3/s}$，$C_{\mathrm{v}}=0.40$，并假定 $C_{\mathrm{s}}=2.5C_{\mathrm{v}}$，查 K 值表，得出相应于不同频率 P 的 K_p 值，列入表 3-6-2 中第（2）栏，K_p 乘以 $\overline{Q}$ 得到相应的 Q_p 值，列入表中第（3）栏。

将第（1）、（3）两栏的对应数值点绘在频率格纸上，发现理论频率曲线的中段与经验频率点据配合较好，尾部位于经验频率点的上方，头部位于经验频率点的下方（见图 3-6-6）。

（2）改变参数，重新配线。根据第一次适线结果，应增大 C_{v} 值。取 $C_{\mathrm{v}}=0.42$，再查 K_p 值表，计算 Q_p 值，将 K_p、Q_p 列于表 3-6-2 中第（4）、（5）栏，再次点绘理论频率曲线，发现理论频率曲线与经验点据配合较好，即作为最后采用的理论频率曲线（图

3-6-7)。

4. 推求 10 年一遇、20 年一遇的设计年径流量

10 年一遇丰水年对应频率为 $P=1/T=10\%$，10 年一遇枯水年对应频率为 $P=1-1/T=90\%$。

20 年一遇丰水年对应频率为 $P=1/T=5\%$，20 年一遇枯水年对应频率为 $P=1-1/T=95\%$。

由图 3-6-7 或表 3-6-2，查得 $P=10\%$ 对应的设计年径流量为 $Q_p=1374.6\text{m}^3/\text{s}$，$P=90\%$ 对应的设计年径流量为 $Q_p=466.6\text{m}^3/\text{s}$，$P=5\%$ 对应的设计年径流量为 $Q_p=1575.8\text{m}^3/\text{s}$，$P=95\%$ 对应的设计年径流量为 $Q_p=399.8\text{m}^3/\text{s}$。

表 3-6-2　　理论频率曲线选配计算表

频率/%	第一次适线 $\overline{Q}=879.4\text{m}^3/\text{s}$, $C_v=0.40$, $C_s=2.5C_v$		第二次适线 $\overline{Q}=879.4\text{m}^3/\text{s}$, $C_v=0.42$, $C_s=2.5C_v$	
	K_p	$Q_p/(\text{m}^3/\text{s})$	K_p	$Q_p(\text{m}^3/\text{s})$
(1)	(2)	(3)	(4)	(5)
0.01	3.38	2972.37	3.55	3121.87
0.1	2.81	2471.11	2.93	2576.64
0.2	2.64	2321.62	2.74	2409.56
0.33	2.51	2207.29	2.60	2286.44
0.5	2.40	2110.56	2.48	2180.91
1	2.21	1943.47	2.28	2005.03
2	2.02	1776.39	2.08	1829.15
5	1.75	1538.95	1.79	1574.13
10	1.54	1354.28	1.56	1371.86
20	1.30	1143.22	1.32	1160.81
50	0.93	817.84	0.93	817.84
75	0.71	624.37	0.69	606.79
80	0.66	580.40	0.64	562.82
90	0.55	483.67	0.53	466.08
95	0.47	413.32	0.45	395.73
99	0.36	316.58	0.35	307.79

二、优化适线法

优化适线法是在一定的适线准则（即目标函数）下，求解与经验点据拟合最优的频率曲线的统计参数的方法。优化适线法按不同的适线准则分为 3 种，即纵向离差平方和最小准则（OLS）、纵向离差绝对值和最小准则（ABS）、纵向相对离差平方和最小准则（WLS），其中以离差平方和最小准则（OLS）最为常用，但理论研究成果表明，纵向离差绝对值和最小准则（ABS）精度最好。

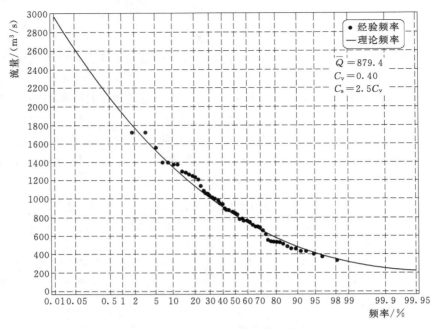

图 3-6-6　第一次配线成果

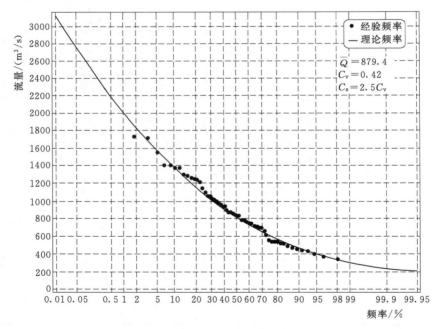

图 3-6-7　最终配线成果

第七节　相　关　分　析

在工程实际中经常遇到两种及两种以上的随机变量，这些变量间存在着一定的联系，如：降水和径流、上下游的洪水、同一断面的水位与流量等，它们之间都存在着一定的联系。相关分析就是要研究两个或多个随机变量之间的联系，以便于用一种资料来插补延长另一种资料。

在相关分析时，必须先分析它们在成因上是否确有联系，如果把毫无关联的变量，只凭其数字上的偶然巧合，硬凑出它们之间的相关关系，那是毫无意义的。

一、相关关系的概念

分析和建立随机变量之间相互关系的过程称为相关分析。

1. 相关分析及其目的

相关分析可以用来延长和插补短系列资料。

相关分析目的：利用相关关系插补延长资料，依据长系列的观测资料来展延短系列的资料，以提高系列的代表性，增加设计成果的可靠性。

2. 相关分析的种类

两个变量之间的关系有 3 种情况：即完全相关、零相关、统计相关。

（1）完全相关（函数关系）。两变量 x 与 y 之间，如果每给定一个 x 值，就有一个完全确定的 y 值与之对应，则这两个变量之间的关系就是完全相关（或称函数关系）。完全相关的形式有直线关系和曲线关系两种，如图 3-7-1 所示。

（2）零相关（没有关系）。如果两变量之间毫无联系或相互独立，则称为零相关或没有关系（图 3-7-2）。

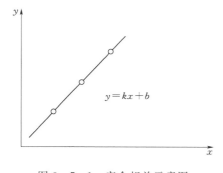

图 3-7-1　完全相关示意图

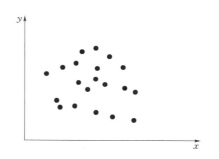

图 3-7-2　零相关示意图

（3）统计相关。若两个变量之间的关系界于完全相关和零相关之间，则称为统计相关。在水文计算中，由于影响水文现象的因素错综复杂，有时为简便起见，只考虑其中最主要的一个因素而略去其次要因素。例如，径流与相应的降水量之间的关系，或同一断面的流量与相应水位之间的关系等。如果把它们的对应数值点绘在方格纸上，便可看出这些点虽有些散乱，但其关系有一个明显的趋势，这种趋势可以用一定的曲线（包括直线）来配合，如图 3-7-3所示，这便是简单的统计相关关系。

研究两个变量的相关关系，一般称为简单相关。若研究 3 个或 3 个以上变量（现象）的相关关系，则称为复相关。在相关关系的图形上可分为直线相关和曲线相关两类。本节主要介绍简单直线相关，并简述复相关。

二、简单直线相关

（一）图解法

图解法步骤如下：①把 x、y 系列对应的资料数据点绘在方格纸上，分析是否具有直线

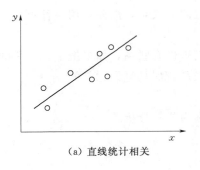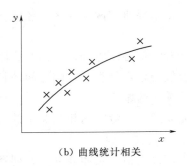

（a）直线统计相关　　　　　　（b）曲线统计相关

图 3-7-3　统计相关示意图

分布趋势。若无则停止分析；②若有，则通过均值点和点群中心，目估画出一条直线；③写出直线方程，$y=a+bx$，其中 x 为自变量，a 为待定系数，有了方程给出一个自变量值就能算出倚变量值，然后利用相关关系，把 y 的资料插补延长了。

　　图解法的方法简单，且可对个别点据进行专门分析；但图解法的主观任意性较强，不同人员所得到的相关关系可能差别较大。

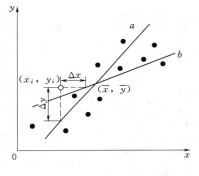

图 3-7-4　相关分析法示意图

（二）相关分析法

　　避免图解法的主观任意性，可采用分析法来确定相关线的方程，即回归方程。设直线方程的形式为

$$y=a+bx \qquad (3-7-1)$$

式中　　x——自变量；

　　　　y——倚变量；

　　　　a、b——待定常数。

　　假设点 (x_i, y_i) 为实测点，点 $(x_i, \hat{y}_i)$ 为最佳拟合直线上的理论点，则从图 3-7-4 可以看出，观测点与理论点在纵轴方向的离差为

$$\Delta y_i = y_i - \hat{y}_i = y_i - a - bx_i$$

　　要使直线拟合"最佳"，需使离差 Δy_i 的平方和为"最小"，即使式（3-7-2）取值最小：

$$\sum_{i=1}^{n} (\Delta y_i)^2 = \sum_{i=1}^{n} (y_i - \hat{y}_i)^2 = \sum_{i=1}^{n} (y_i - a - bx_i)^2 \qquad (3-7-2)$$

欲使上式取得极小值，则其对 a、b 的一阶偏导数必须等于 0，即

$$\left. \begin{array}{l} \dfrac{\partial \sum\limits_{i=1}^{n} (y_i - a - bx_i)^2}{\partial a} = 0 \\[4mm] \dfrac{\partial \sum\limits_{i=1}^{n} (y_i - a - bx_i)^2}{\partial b} = 0 \end{array} \right\} \qquad (3-7-3)$$

求解上述方程组可得

$$b = \frac{\sum\limits_{i=1}^{n}(x_i - \overline{x})(y_i - \overline{y})}{\sum\limits_{i=1}^{n}(x_i - \overline{x})^2} = r\frac{\sigma_y}{\sigma_x} \qquad (3-7-4)$$

$$a = \overline{y} - b\,\overline{x} = \overline{y} - r\frac{\sigma_y}{\sigma_x}\overline{x} \qquad (3-7-5)$$

$$r = \frac{\sum\limits_{i=1}^{n}(x_i - \overline{x})(y_i - \overline{y})}{\sqrt{\sum\limits_{i=1}^{n}(x_i - \overline{x})^2 \sum\limits_{i=1}^{n}(y_i - \overline{y})^2}} = \frac{\sum\limits_{i=1}^{n}(K_{x_i} - 1)(K_{y_i} - 1)}{\sqrt{\sum\limits_{i=1}^{n}(K_{x_i} - 1)^2 \sum\limits_{i=1}^{n}(K_{y_i} - 1)^2}} \qquad (3-7-6)$$

式中 $\overline{x}$、$\overline{y}$——x、y 系列的均值；

σ_x、σ_y——x、y 系列的均方差；

r——相关系数，表示 x、y 之间关系的密切程度。

将式（3-7-4）、式（3-7-5）代入式（3-7-1）中，得

$$y - \overline{y} = r\frac{\sigma_y}{\sigma_x}(x - \overline{x}) \qquad (3-7-7)$$

式（3-7-7）称为 y 倚 x 的回归方程式，它的图形称为 y 倚 x 的回归线。

$r\frac{\sigma_y}{\sigma_x}$ 是回归线的斜率，一般称为 y 倚 x 的回归系数，并记为 $R_{y/x}$，即

$$R_{y/x} = r\frac{\sigma_y}{\sigma_x} \qquad (3-7-8)$$

必须注意，由回归方程所定的回归线只是观测资料平均关系的配合线，观测点不会完全落在此线上，而是分布于两侧，说明回归线只是在一定标准情况下与实测点据的最佳配合线。

以上讲的是 y 倚 x 的回归方程，即 x 为自变量，y 为倚变量，应用于由 x 求 y。若以 y 求 x，则要应用 x 倚 y 的回归方程。同理，可推得 x 倚 y 的回归方程为

$$x - \overline{x} = R_{x/y}(y - \overline{y}) \qquad (3-7-9)$$

$$R_{x/y} = r\frac{\sigma_x}{\sigma_y} \qquad (3-7-10)$$

一般 y 倚 x 与 x 倚 y 的相关线并不重合，而是相交于一点 $(\overline{x},\ \overline{y})$，当 x 与 y 之间完全相关的时候，两者重合。

（三）相关分析的误差

1. 回归线的误差

回归线仅是观测点据的最佳配合线，因此回归线只反映两变量之间的平均关系，利用回归线来插补延长系列时，总有一定的误差。这种误差有大有小，如用 S_y 表示 y 倚 x 回归线的均方误，y_i 为观测点据的纵坐标，$\hat{y}_i$ 为由 x_i 通过回归线求得的纵坐标，n 为观测项数，则 y 倚 x 回归线的均方误为

$$S_y = \sqrt{\frac{\sum\limits_{i=1}^{n}(y_i - \hat{y}_i)^2}{n-2}} \qquad (3-7-11)$$

同样，x 倚 y 回归线的均方误 S_x 为

$$S_x = \sqrt{\dfrac{\sum\limits_{i=1}^{n}(x_i - \hat{x}_i)^2}{n-2}} \qquad (3-7-12)$$

式（3-7-11）、式（3-7-12）均为无偏估值公式。

回归线的均方误 S_y、S_x 与变量的均方差 σ_y、σ_x，从性质上讲是不同的。前者是由观测点与回归线之间的离差求得，而后者则由观测点与它的均值之间的离差求得。根据统计学上的推理，可以证明二者具有下列关系：

$$S_y = \sigma_y \sqrt{1-r^2} \qquad (3-7-13)$$

$$S_x = \sigma_x \sqrt{1-r^2} \qquad (3-7-14)$$

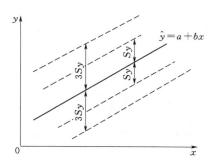

图 3-7-5　y 倚 x 回归线的误差范围

如上所述，由回归方程式算出的 $\hat{y}_i$ 值，仅仅是许多个 y_i 的一个"最佳"拟合或平均趋势值。由正态分布的性质可知，相关方程的误差不超过 S_y 的概率为 68.3%，不超过 $3S_y$ 的概率为 99.7%，如图 3-7-5 所示。

在讨论上述误差时，没有考虑样本的抽样误差。事实上，只要用样本资料来估计回归方程中的参数，抽样误差就必然存在。可以证明，这种抽样误差在回归线的中段较小，而在上下段较大，在使用回归线时，对此必须给予注意。

2. 相关系数及其误差

式（3-7-13）、式（3-7-14）给出了 S 与 σ、r 的关系。令 y 倚 x 时的相关系数记为 $r_{y/x}$，x 倚 y 时的相关系数记为 $r_{x/y}$，则

$$r_{y/x} = \pm\sqrt{1-\dfrac{S_y^2}{\sigma_y^2}} \qquad (3-7-15)$$

$$r_{x/y} = \pm\sqrt{1-\dfrac{S_x^2}{\sigma_x^2}} \qquad (3-7-16)$$

由式（3-7-15）、式（3-7-16）可以看出有 $r^2 \leqslant 1$，而且有以下几种情况。

（1）若 $r^2 = 1$，说明所有观测点都位于一直线上，均方误 S_y 或 S_x 等于 0，两变量间具有函数关系，即完全相关。

（2）若 $r^2 = 0$，说明两变量间不具有直线相关关系，均方误达到最大值，$S_y = \sigma_y$（或 $S_x = \sigma_x$）。

（3）若 $0 < r^2 < 1$，说明两变量间具有直线相关关系。r 的绝对值越大，其相关程度越密切，均方误 S_y 或 S_x 的值越小。

需要说明的是，相关系数 r 反映的是两变量之间直线相关的密切程度，如果 $r = 0$，表示两变量间无直线相关关系，但可能存在曲线相关关系。相关系数是根据有限的样本资料计算出来的，必然存在抽样误差，用相关系数的均方误 σ_r 来表示，σ_r 可由式（3-7-17）

计算：

$$\sigma_r = \frac{1-r^2}{\sqrt{n}} \qquad\qquad (3-7-17)$$

在进行相关分析时，首先应分析两变量是否存在物理成因上的联系，参证系列要有足够长的观测资料，并且两系列之间同期观测资料不能太少，一般要求样本容量大于12。对于相关系数 $|r| \geqslant 0.8$，回归线的均方误 S_y 小于 $\bar{y}$ 的 15%，相关系数的均方误 σ_r 小于 r 的 5% 的相关分析成果方能采用。在插补延长系列时，应注意回归线外延不应过长。

（四）相关系数的显著性检验

两个变量建立直线相关时，按公式总可以计算出一个相关系数，如果两个变量总体为零相关，但取一部分样本分析时，计算出的 r 绝对值不一定为零。应该找一个判断方法判断 r 的代表性。为此，需要对相关系数进行显著性检验。

检验的方法是：选一个临界相关系数 r_a，与样本的相关系数相比较，如果 r 的绝对值大于 r_a，则具有相关关系。r_a 可以根据样本项数和信度 α 从已制成的相关系数检验表中查取。若计算的相关系数 r 大于表中的相关系数 r_a，则在信度为 α 的水平下可排除零相关；否则，判断为零相关。r_a 可以根据样本项数 n 和信度 α 从已制成的相关系数检验表中查取。

例如，根据15年的同步观测资料，计算出年降水量和年径流量之间的相关系数 r 为 0.86，若选定置信水平 $\alpha = 0.05$，则查表 3-7-1，$r_a = 0.5139$，这表明 r 的绝对值要超过 0.5139 才能比较可靠的排除不相关，计算所得相关系数 r 为 0.86，因此可以排除两者是不相关的，即推断两者是相关的。但这种推断，失误的可能性为 5%。

表 3-7-1　　　　　　　　不同信度水平下相关系数最低值 r_a 表

$n-2$ ＼ α	0.1	0.05	0.02	0.01	$n-2$ ＼ α	0.1	0.05	0.02	0.01
1	0.98769	0.99692	0.99951	0.99988	17	0.38870	0.45550	0.52850	0.57510
2	0.90000	0.95000	0.98000	0.99000	18	0.37830	0.44380	0.51550	0.56140
3	0.80540	0.87830	0.93433	0.95873	19	0.36870	0.43290	0.50340	0.54370
4	0.72930	0.81140	0.88220	0.91720	20	0.35980	0.42270	0.49210	0.53680
5	0.66940	0.75450	0.83290	0.87450	25	0.32330	0.38090	0.44510	0.48690
6	0.62150	0.70670	0.78870	0.83430	30	0.29600	0.34940	0.40930	0.44870
7	0.58220	0.66640	0.74980	0.79770	35	0.27460	0.32460	0.38100	0.41820
8	0.54940	0.63190	0.71550	0.76460	40	0.25730	0.30440	0.35780	0.39320
9	0.52140	0.60210	0.68510	0.73480	45	0.24380	0.28750	0.33840	0.37210
10	0.49730	0.57600	0.65810	0.70790	50	0.23060	0.27320	0.32180	0.35410
11	0.47620	0.55290	0.63390	0.68350	60	0.21080	0.25000	0.29480	0.32480
12	0.45750	0.53240	0.61200	0.66140	70	0.19540	0.23190	0.27370	0.30170
13	0.44090	0.51390	0.59230	0.64110	80	0.18290	0.21720	0.25650	0.28300
14	0.42590	0.49730	0.57420	0.62260	90	0.17260	0.20500	0.24220	0.26730
15	0.41240	0.48210	0.55770	0.60550	100	0.16380	0.19460	0.23010	0.25400
16	0.40000	0.46830	0.54250	0.58970					

（五）直线相关分析应注意的问题

（1）两个变量要存在密切的物理成因联系，不能盲目进行相关分析。

（2）同期观测资料不能太少，点据至少有 12 个以上，否则抽样误差太大，会影响成果的可靠性。

（3）要有较大的相关系数。前面讨论的相关系数应进行统计检验，要求 r 的绝对值大于 r_a（水文学要求信度取 0.01），仅是为了排除总体不相关，从而推论总体是相关的。然而，当总体相关系数虽不为零，但绝对值很小时，用相关法展延资料，不能提高设计成果的精度。换言之，要确定一个总体相关系数的下界，只有当总体相关系数的绝对值大于这个下界时，插补延长才是有意义的，一般认为这个下界值是 0.8。

（4）被插补的系列是倚变量 y。

（5）相关线易于内插不易外延（两端误差较大）

【例 3-7-1】 已知某站 1995—2014 年降水量与 2000—2014 年径流量资料，试利用如表 3-7-2 中第（2）、（3）栏所列的同期观测资料进行相关计算，展延短系列的年径流量资料。

表 3-7-2　　　　　　　　某水文站年降水量与年径流量相关计算表

年份	年降水量 x/mm	年径流量 y/(m³/s)	K_x	K_y	K_x-1	K_y-1	$(K_x-1)^2$	$(K_y-1)^2$	(K_x-1) $\times(K_y-1)$
(1)	(2)	(3)	(4)	(5)	(6)	(7)	(8)	(9)	(10)
2000	1200	760	1.252	1.445	0.252	0.445	0.0637	0.1977	0.1122
2001	689	300	0.719	0.570	−0.281	−0.430	0.0789	0.1847	0.1207
2002	870	536	0.908	1.019	−0.092	0.019	0.0085	0.0000	(0.0017)
2003	904	392	0.943	0.745	−0.057	−0.255	0.0032	0.0649	0.0144
2004	1139	715	1.189	1.359	0.189	0.359	0.0356	0.1290	0.0678
2005	725	275	0.757	0.523	−0.243	−0.477	0.0592	0.2278	0.1162
2006	997	466	1.040	0.886	0.040	−0.114	0.0016	0.0130	(0.0046)
2007	853	334	0.890	0.635	−0.110	−0.365	0.0121	0.1333	0.0401
2008	1341	788	1.399	1.498	0.399	0.498	0.1596	0.2479	0.1989
2009	900	541	0.939	1.028	−0.061	0.028	0.0037	0.0008	(0.0017)
2010	707	289	0.738	0.549	−0.262	−0.451	0.0687	0.2031	0.1181
2011	1033	688	1.078	1.308	0.078	0.308	0.0061	0.0948	0.0240
2012	1201	868	1.253	1.650	0.253	0.650	0.0642	0.4225	0.1647
2013	1006	534	1.050	1.015	0.050	0.015	0.0025	0.0002	0.0008
2014	808	405	0.843	0.770	−0.157	−0.230	0.0246	0.0530	0.0361
合计	14373	7891	15.000	15.000	0.000	0.000	0.5922	1.9727	1.0059
平均	958.20	526.07							

因为年降水量系列长，故以年降水量为自变量 x，年径流量为倚变量 y。计算结果列于表 3-7-2。由表中计算结果，可得

1) 均值：

$$\bar{x} = \frac{14373}{15} = 958.20(\text{mm}); \bar{y} = \frac{7891}{15} = 526.07(\text{m}^3/\text{s})$$

2) 均方差：

$$\sigma_x = \bar{x} \sqrt{\frac{\sum\limits_{i=1}^{n}(K_{xi}-1)^2}{n-1}} = 958.20\sqrt{\frac{0.5922}{15-1}} = 197.07(\text{mm})$$

$$\sigma_y = \bar{y} \sqrt{\frac{\sum\limits_{i=1}^{n}(K_{yi}-1)^2}{n-1}} = 526.07\sqrt{\frac{1.9727}{15-1}} = 197.47(\text{m}^3/\text{s})$$

3) 相关系数：

$$r = \frac{\sum\limits_{i=1}^{n}(K_{x_i}-1)(K_{y_i}-1)}{\sqrt{\sum\limits_{i=1}^{n}(K_{x_i}-1)^2 \sum\limits_{i=1}^{n}(K_{y_i}-1)^2}} = \frac{1.0059}{\sqrt{0.5922 \times 1.9727}} = 0.931 > 0.8$$

$\alpha = 0.01$，查表 $3-7-1$，$r_a = 0.6411$，$r > r_a$

4) 回归系数：

$$R_{y/x} = r\frac{\sigma_y}{\sigma_x} = 0.931 \times \frac{197.47}{197.07} = 0.933$$

5) y 倚 x 回归方程：

$$y = \bar{y} + r\frac{\sigma_y}{\sigma_x}(x-\bar{x}) = 0.933x - 367.5$$

6) 回归直线的均方误：

$$S_y = \sigma_y \sqrt{1-r^2} = 197.47\sqrt{1-0.931^2} = 72.25(\text{m}^3/\text{s})$$

S_y 占 $\bar{y}$ 的 13.7%（小于 15%）。

7) 相关系数的误差：

$$\sigma_r = \frac{1-r^2}{\sqrt{n}} = \frac{1-(0.931)^2}{\sqrt{15}} = 0.034$$

σ_r 占 r 的 3.7%（小于 5%）。

把 1995—1999 年降水量代入回归方程中，可以算出对应年的年径流量，见表 $3-7-3$，从而使年径流量资料系列与年降水量资料系列具有同样的长度（1995—2014 年）。

表 $3-7-3$　　　　　　　某水文站由年降水量展延长年径流量计算成果表

年份	1995	1996	1997	1998	1999
年降水量/mm	716	672	519	1267	818
年径流量/(m³/s)	301	259	117	823	396

三、曲线相关

许多水文现象间的关系，并不表现为直线关系而具有曲线相关的形式。水文上常采用幂函数、指数函数两种曲线，基本做法是将其转换为直线，再进行直线回归分析。

1．幂函数

幂函数的一般形式为

$$y = ax^n \qquad (3-7-18)$$

式中　a、n——待定常数。

对式（3-7-18）两边取对数，并令 $\lg y = Y$，$\lg a = A$，$\lg x = X$，则原方程转换为

$$Y = A + nX \qquad (3-7-19)$$

即 X 和 Y 是直线关系，可利用前述方法对其作直线相关分析。

2．指数函数

指数函数的一般形式为

$$y = a e^{bx} \qquad (3-7-20)$$

式中　a、b——待定常数。

对上式两边取对数，已知 $\lg e = 0.4343$，所以：

$$\lg y = \lg a + 0.4343bx \qquad (3-7-21)$$

令 $\lg y = Y$，则有

$$Y = \lg a + 0.4343bx \qquad (3-7-22)$$

即 x 和 Y 是直线关系，可利用前述方法对其作直线相关分析。

习题与思考题

3-1　什么是概率、频率？两者有什么关系？

3-2　分布函数与密度函数有什么区别和联系？

3-3　不及制累积概率与超过制累积概率有什么区别和联系？

3-4　什么叫总体？什么叫样本？为什么能用样本的频率分布推估总体的概率分布？

3-5　皮尔逊Ⅲ型概率密度曲线的特点是什么？

3-6　何为经验频率？经验频率曲线如何绘制？

3-7　重现期（T）与频率（P）有何关系？$P = 80\%$ 的枯水年，其重现期（T）为多少年？含义是什么？

3-8　简述三点法的具体做法与步骤？

3-9　权函数法为什么能提高偏态系数 C_s 的计算精度？

3-10　何谓抽样误差？如何减小抽样误差？

3-11　现行水文频率计算配线法的实质是什么？简述配线法的方法步骤？

3-12　统计参数 $\bar{x}$、C_v、C_s 含义及其对频率曲线的影响如何？

3-13　用配线法绘制频率曲线时，如何判断配线是否良好？

3-14　相关分析在水文计算中有什么作用？用相关分析法如何插补、展延短系列资料？

3-15　利用相关分析插补延长系列应注意哪些问题？

3-16　某站年最大洪峰流量 Q_m 及年最大 3 日洪量 W_3 的对应实测资料共 17 组，见表 3-1所列。求出 W_3 倚 Q_m 的回归线方程，并用此方程求 1954 年缺测最大 3 日洪量（已知 1954 年的最大洪峰流量由洪水调查得 $Q_m = 4500 \text{m}^3/\text{s}$）。

表 3 - 1　　　　　　　　　　某站最大洪峰流量与最大 3 日洪量表

年份	1957	1958	1959	1960	1961	1962
$Q_m/(m^3/s)$	1170	3090	1500	3540	1430	3920
$W_3/亿\ m^3$	1.01	2.66	1.48	5.00	1.70	3.31
年份	1963	1964	1965	1966	1967	1968
$Q_m/(m^3/s)$	1650	1300	295	1720	1640	339
$W_3/亿\ m^3$	2.40	2.10	2.10	1.58	1.94	0.57
年份	1969	1970	1971	1972	1973	
$Q_m/(m^3/s)$	3010	2810	1450	77	4950	
$W_3/亿\ m^3$	2.27	2.27	1.78	0.08	4.70	

第四章　设计年径流及其年内分配

在水资源开发利用中常需要修建水利工程，要想科学合理地确定工程规模，就必须进行水文计算，水文计算的两大任务为年径流分析计算和设计洪水分析计算，对于多沙河流还要进行泥沙分析计算，本章介绍年径流分析计算的方法及泥沙分析计算方法，对于具有长期实测资料、具有短期实测资料及缺乏实测资料的不同情况，分别采用不同的计算方法。

在一个年度内，通过河流出口断面的水量，称为该断面以上流域的年径流量。它常用年平均流量、年径流深、年径流总量或年径流模数表示。我国水文年鉴中提供的年径流量是按照日历年统计的，而设计年径流计算中的年径流，其统计年度常采用水文年度和水利年度，具体采用哪一年度，和水文计算所服务的对象有关。在计算流域水量平衡关系时，或针对的研究对象是河流时，最好采用水文年度。当进行水库兴利调节计算时，为便于水资源的调度运用，常采用水利年度。

水文年度是针对于河流而言的，常把河流涨水日期作为起始日，长度等于日历年长度。在南方，以一年的雨季来临河水上涨时开始，到次年枯水期终了为止，作为一个水文年度。

水利年度按水库蓄泄情况划分，常把蓄水日期作为起始日，放空日期作为年底。长度等于日历年长度。

第一节　年径流变化及其影响因素

一、径流的年内变化和年际变化

1. 径流的年内变化

河川径流的主要来源为大气降水。降水在年内分配是不均匀的，有多雨季节和少雨季节，径流也随之呈现出丰水期（或洪水期）和枯水期，或汛期与非汛期。径流在一年内的这种变化称为年内变化。

2. 径流的年际变化

河川径流不仅在一年之内有较大的变化，在年与年之间的变化也是很大的。有些河流丰水年径流量可达平水年的 2～3 倍，而枯水年径流仅为平水年的 0.1～0.2 倍，可见不同年份年径流量的变化较大。水文上通常把年平均流量较大的那些年份称为丰水年，年平均流量较小的那些年份称为枯水年，年平均流量接近于多年平均值的那些年份称为中水年，径流的这种变化称为年际变化。

3. 径流的多年变化

河川径流有丰水年组和枯水年组交替出现的变化规律。如黄河陕县站曾出现过连续 11 年的枯水年组和连续 15 年的丰水年组；新安江也出现过连续 13 年的枯水年组。但是由于水文系列观测太短，目前还难以断定年径流量是否存在周期变化。

二、影响年径流的因素

在水文计算中，研究年径流的影响因素是十分必要的。一方面，可以从物理成因上深入探讨径流的变化规律。另一方面，在径流资料短缺时，可以用径流与有关因素之间的相关关系来推估径流特征值。

研究影响年径流量的因素，可以从流域水量平衡方程着手。以年为时段的流域水量平衡方程式为

$$R = P - E + \Delta U + \Delta W \tag{4-1-1}$$

由式（4-1-1）可知，年径流深 R 取决于年降水量 P、年蒸发量 E、时段始末的流域蓄水量变化 ΔW 和流域之间的水量交换 ΔU 这 4 项因素，等号右端的前两项属于流域的气候因素，后两项属于下垫面因素及人类活动。对于闭合流域，有

$$R = P - E + \Delta W \tag{4-1-2}$$

当流域完全闭合时，$\Delta U = 0$，影响因素只有 P、E、ΔW 3 项。

1. 气候因素

降水 P 与蒸发 E 属于气候因素，气候条件对年径流量起着决定性作用，降水多产生的径流多。在湿润地区，降水较多，其中大部分形成了径流，年径流系数较高，年降水量与年径流量之间具有较密切的关系；在干旱地区，降水量少，且极大部分耗于蒸发，年径流系数很低，年降水量与年径流量的关系不很密切。对于高山积雪和冰川补给的河流，年径流的变化除了与前一年的降雪量有关外，还与当年气温有关。

2. 下垫面因素

流域下垫面因素包括地形地貌、土壤、地质、植被、湖泊、沼泽和流域面积等。这些因素对年径流的影响，一方面表现在流域蓄水能力上，另一方面通过对降水和蒸发等气候条件的改变间接地影响年径流。

（1）流域的地形地貌。包括地面的高程、坡度、坡向、坡长等。流域的地形地貌一方面通过影响气候（如降水、蒸发、气温）间接影响径流，一方面直接影响汇流条件。一般来说，流域高程增加，气温降低，蒸发损失减小，汇流增加。山地对水汽的抬升和阻滞作用使迎风坡多形成地形雨，降水量增加。坡度大的流域，汇流快，易形成陡涨陡落的洪水。

（2）流域的大小形状。一般随流域面积的增大，径流量增大，流域调蓄能力增强，径流的年内、年际变化趋于均匀。扇形河系各支流洪水较集中地汇入干流，流量过程线陡涨陡落，较易发生洪涝灾害。羽状河系各支流的洪水顺序而下，洪水遭遇的机会少，流量过程线平缓。

（3）植被。植被覆盖率高，流域总蒸发蒸腾量大，降水入渗水量相对较大。植被对径流也有调蓄效应，使径流的年内分配趋于均匀。

（4）湖泊与沼泽。湖泊、沼泽的存在增加了流域的水面面积，使得流域总蒸发量增加，年径流减小。由于湖泊等水体的调蓄作用，使得径流的年内分配趋于均匀。

（5）土壤和地质。土壤的结构和透水岩层的厚度，直接影响地下水储量的大小和调节能力的大小，从而影响年径流的年内分配过程。对于含水层较厚且土壤渗透能力较强的大流域，地下水库的调节作用较大，反之较小。

3. 人类活动

人类活动对年径流的影响，包括直接与间接两个方面。

直接影响如跨流域引水，将本流域的水量引到另一流域，或将另一流域的水引到本流域，都直接影响河川的年径流量。

间接影响如修建水库、塘堰等水利工程，旱地改水田，坡地改梯田，浅耕改深耕，植树造林等措施，这些主要是通过改造下垫面的性质而影响年径流量。一般地说，这些措施都将使蒸发增加，从而使年径流量减少。

三、年径流分析计算的目的和内容

1. 年径流分析计算的目的

年径流分析计算是水资源利用工程规划中最重要的工作之一。设计年径流是衡量工程规模和确定水资源利用程度的重要指标。推求不同保证率的年径流量及其分配过程，就是设计年径流分析计算的主要目的。

设计保证率：水资源利用工程包括水库蓄水工程、供水工程、水力发电工程和航运工程等，其设计标准，用保证率表示，反映对水利资源利用的保证程度，即工程规划设计的既定目标不被破坏的年数占总运用年数的百分比。

在分析枯水径流和时段最小流量时，还可用破坏率反映水资源利用程度，破坏率常用破坏年数占运用年数的百分比来表示，在概念上更为直观。

保证率和破坏率的换算：设保证概率为 p，破坏概率为 q，则 $p=1-q$。

2. 设计年径流分析计算的内容

(1) 基本资料信息的搜集和复查。

(2) 年径流量的频率分析计算。

(3) 提供设计年径流的时程分配。

(4) 对分析成果进行合理性检查。

第二节 具有长期实测径流资料时设计年径流的分析计算

所谓有长期实测径流资料，是指资料长度不小于规范规定的年数，即不应小于 30 年。如实测系列小于 30 年，应设法将系列加以延长。具有长期实测径流资料时，设计年径流的分析计算有以下方法。

对于水库工程，计算设计年径流的主要目的之一就是确定水库兴利库容，确定兴利库容的方法可分为代表年法和长系列法，其中代表年法又分为设计代表年法和实际代表年法。设计代表年法采用设计年径流资料作为来水、未来某一水平年的用水作为用水，对来水和用水进行兴利调解计算即可确定兴利库容；实际代表年法是选用某一年实际发生的来水和用水做兴利计算，从而确定兴利库容；此外还可采用长系列操作法。中大型工程常采用设计代表年法，对于小型工程，兴利库容的计算还可采用长系列操作法与实际代表年法。

一、数理统计法确定设计年径流

(一) 资料审查

1. 可靠性审查

可靠性审查的目的是鉴别资料的真伪性，进行去伪存真的处理。审查的重点是政治动乱年代及大水年份的资料。

径流资料是通过测验和整编取得的，可靠性审查应从审查测验方法、测验成果、整编方法及成果等着手。一般应注意以下几种情况。

（1）水位观测的方法、精度，水位过程线有无反常情况。

（2）流速测验及流量计算的方法。如高水测流时采用的浮标系数过高或过低，均会导致汛期流量偏大或偏小。

（3）水位流量关系曲线的绘制及延长方法，历年水位流量关系曲线受河道变迁引起的变化情况。

（4）水量平衡的审查。上、下游站的水量应符合水量平衡原则。

2．一致性审查

应用数理统计法进行年径流的分析计算时，一个重要的前提是年径流系列应具有一致性。就是说组成该系列的流量资料，应是在同样的气候条件、同样的下垫面条件和同一测流断面上获得的。其中气候条件变化极为缓慢，一般可以不加考虑。人类活动影响下垫面的改变，有时却很显著，为影响资料一致性的主要因素，需要重点进行考虑。若发现资料一致性存在问题时，需要进行还原计算。还原计算就是估算影响一致性的因素，还原到天然状态的情况。

3．代表性审查

年径流系列的代表性，是指该样本对总体的相似程度，若系列的代表性好，则频率分析成果的精度较高，反之较低。

由于总体分布参数是未知的，样本分布参数的代表性不能通过它自身相比较获得检验，通常是看系列中是否包括丰、中、枯各种年份；另外找一个与设计变量系列有成因联系的更长系列进行类比计算，看一看参证变量长系列的分布参数与设计变量同期的参证变量短系列的分布参数是否接近。如选择不到合适的参证变量，也可以通过历史旱涝现象的调查和对气候特性的分析来论证年径流系列的代表性。

（二）推求设计年径流量

1．计算时段径流量

计算时段的确定与工程要求有关。设计灌溉工程时，一般取灌溉期作为计算时段，也可以取灌溉期内主要需水期为计算时段。设计水电工程时，因为枯水期水量和年水量决定着发电效益，采取枯水期或年作为计算时段。

以年为计算时段时，要注意"年度"的选择，年度常有日历年度、水利年度和水文年度之分，《水文年鉴》上刊布的资料是按日历年统计的，即每年 1 月 1 日—12 月 31 日为一个完整的年份。但是在年径流资料统计时，要根据服务的对象正确选择统计时长。

当进行水库兴利调节计算时，为便于水资源的调度运用，常采用水利年度，有时亦称为调节年度。它不是从 1 月份开始，而是将水库调节库容的最低点（汛前某一月份，各地根据入汛的迟早具体确定）作为一个水利年度的起始点，周而复始加以统计，建立起一个新的年径流系列。

当年径流系列较长时，用上述日历年度、水文年度或水利年度所获得的系列做出的频率分析成果是很接近的。

2．频率计算

将时段径流量按大小次序排列，构成计算系列，计算经验频率点据，并在频率格纸绘出；然后选定水文频率分布线型，一般选用皮尔逊Ⅲ型；采用矩法或其他方法估计出频率曲

线参数均值和 C_v 的初估值，对于设计径流计算，C_s 凭经验一般取 $C_s = 2 \sim 3C_v$，根据 3 个统计参数查 Φ 值表或 K 值表，计算出各频率对应的变量值，点绘出一条皮尔逊 Ⅲ 型理论频率曲线，将此线画在绘有经验点据的图上；分析理论频率曲线与经验点据的拟合情况，如果满意，则该曲线对应的 3 个统计参数就作为总体参数的估计值。如果不满意，则修改参数，再重新配线，直到满意为止；最后求指定频率的设计时段径流量。

适线时要考虑全部经验点据，如点据与曲线拟合不佳时，对于设计径流计算，应侧重考虑中、下部点据，适当照顾上部点据。

（三）推求设计年的年内分配

在水文计算中，一般采用缩放代表年径流过程线的方法来确定设计年径流量的年内分配。其方法如下。

1. 选取代表年

从实测的年径流过程线中选择代表年径流过程线，可按下列原则进行。

（1）选取的代表年年径流量应接近于设计年径流量。

（2）选取对工程较不利的代表年径流过程线。如何选择较不利的代表年径流过程线，对于灌溉工程，一般来说，应选取灌溉需水季节径流比较枯的年份，而对水电工程，则应选取枯水期较长、径流又较枯的年份。对灌溉工程一般只选枯水年为代表年；对水电工程一般选丰水、平水、枯水 3 个代表年。

2. 径流年内分配计算

按上述原则选定代表年径流过程线后，将设计时段径流按代表年的月径流过程进行分配，有同倍比和同频率两种方法，分述如下。

（1）同倍比法。常见的有按年水量控制和按供水期水量控制的两种同倍比法。用设计年水量（$Q_{年,P}$）与代表年的年水量（$Q_{年,代}$）比值 $K_年$ 或用设计的供水期水量（$Q_{供,P}$）与代表年的供水期水量（$Q_{供,代}$）之比值 $K_供$，即

$$K_年 = \frac{Q_{年,P}}{Q_{年,代}} \quad 或 \quad K_供 = \frac{Q_{供,P}}{Q_{供,代}} \qquad (4-2-1)$$

然后，以 $K_年$ 或 $K_供$ 值乘以代表年的逐月平均流量，即得设计年径流的年内分配过程。

同倍比法简单易行，计算出来的年径流过程仍保持原代表年的径流分配形式，但求出的设计年径流过程，只是计算时段（年或某一时段）的径流量符合设计频率的要求。

（2）同频率法。同频率法的基本思想是所求的设计年内分配的各个时段径流量都能符合设计频率。可采用各时段不同倍比缩放代表年的逐月径流，以获得同频率的设计年内分配。具体步骤如下。

1）根据要求选定几个时段，如最小 1 个月、最小 3 个月、最小 7 个月、全年 4 个时段。

2）做各个时段的水量频率曲线，并求得设计频率的各个时段径流量，如最小 1 个月的设计流量 $Q_{1,P}$，最小 3 个月的设计流量之和 $Q_{3,P}$。

3）按选代表年的原则选取代表年，在代表年的逐月径流过程上，统计最小 1 个月的流量 $Q_{1,代}$，最小连续 3 个月的流量之和 $Q_{3,代}$，……，并要求长时段的水量包含短时段的水量在内，即 $Q_{3,代}$ 应包含 $Q_{1,代}$，$Q_{7,代}$ 应包含 $Q_{3,代}$，如不能包含，则应另选典型。

4）确定放大倍比。

最小 1 个月放大倍比为

$$k_1 = \frac{Q_{1,\text{代}P}}{Q_{1,\text{代}d}} \qquad\qquad (4-2-2)$$

最小 3 个月中除最小 1 个月以外，其余 2 个月的放大倍比为

$$k_{3-1} = \frac{Q_{3,\text{代}P} - Q_{1,\text{代}P}}{Q_{3,\text{代}d} - Q_{1,\text{代}d}} \qquad\qquad (4-2-3)$$

同理，在放大最枯 7 个月中，其余 4 个月的放大倍比为

$$k_{7-3} = \frac{Q_{7,\text{代}P} - Q_{3,\text{代}P}}{Q_{7,\text{代}d} - Q_{3,\text{代}d}} \qquad\qquad (4-2-4)$$

其余依次类推。

5）将选取的代表年径流过程乘上相应的放大倍比，即得设计年径流过程。

（四）成果的合理性分析

主要检查统计参数的合理性。

（1）均值检查：多年平均年径流深具有地区相似性，可与临近流域进行比较，不应相差太大。

（2）C_v 检查：C_v 也有地区分布规律，各省、市、自治区一般都有根据多年资料绘制的年径流量系列的 C_v 等值线图，可在图上查出 C_v 值，与计算的 C_v 值比较。注意：大流域 C_v 值应小于小流域 C_v 值，等值线图是根据中等流域资料绘制的，应用时应考虑设计流域的大小进行比较。

（3）C_s 值检查：C_s/C_v 的值具有地区规律，同一地区应该一致，不能相差太大。

以上介绍的是广泛应用的数理统计法步骤，对于小型工程，兴利库容的计算还可采用"长系列操作法"与"实际代表年法"。

【例 4-2-1】　某水库实测的年、月径流资料见表 4-2-1。并已计算获取设计保证率 P＝90% 的年最小 3 个月、最小 5 个月的设计径流量见表 4-2-2。试利用同频率法计算设计年径流的年内分配过程。

表 4-2-1　　　　　　　　　　　**某站历年逐月平均流量表**　　　　　　　　　　单位：m³/s

月份 年份	3	4	5	6	7	8	9	10	11	12	1	2	年均流量	各月流量之和
1958—1959	16.5	22.0	43.0	17.0	4.63	2.46	4.02	4.84	1.98	2.47	1.87	21.6	11.9	142.4
1959—1960	7.25	8.69	16.3	26.1	7.15	7.5	6.81	1.86	2.67	2.73	4.2	2.03	7.8	93.3
1960—1961	8.21	19.5	26.4	24.6	7.35	9.62	3.2	2.07	1.98	1.9	2.35	13.2	10.0	120.4
1961—1962	14.7	17.7	19.8	30.4	5.2	4.87	9.1	3.46	3.42	2.92	2.48	1.62	9.6	115.7
1962—1963	12.9	15.7	41.6	50.7	19.4	10.4	7.48	2.97	5.3	2.67	1.79	1.8	14.4	172.7
1963—1964	3.2	4.98	7.15	16.2	5.55	2.28	2.13	1.27	2.18	1.54	6.45	3.87	4.7	56.8
1964—1965	9.91	12.5	12.9	34.6	6.9	5.55	2.0	3.27	1.62	1.17	0.99	3.06	7.9	94.5
1965—1966	3.9	26.6	15.2	13.6	6.12	13.4	4.27	10.5	8.21	9.03	8.35	8.48	10.4	127.7
1966—1967	9.52	29.0	13.5	25.4	25.4	3.58	2.67	2.23	1.93	2.76	1.41	5.3	10.2	122.7
1967—1968	13.0	17.9	33.2	43.0	10.5	3.58	1.67	1.57	1.82	1.42	1.21	2.36	10.9	131.2
1968—1969	9.45	15.6	15.5	37.8	42.7	6.55	3.52	2.54	1.84	2.68	4.25	9.0	12.6	151.4
1969—1970	12.2	11.5	33.9	25.0	12.7	7.3	3.65	4.96	3.18	2.35	3.88	3.57	10.3	124.2

年份＼月份	3	4	5	6	7	8	9	10	11	12	1	2	年均流量	各月流量之和
1970—1971	16.3	24.8	41.0	30.7	24.2	8.3	6.5	8.75	4.52	7.96	4.1	3.8	15.1	180.9
1971—1972	5.08	6.1	24.3	22.8	3.4	3.45	4.92	2.79	1.76	1.3	2.23	8.76	7.2	86.9
1972—1973	3.28	11.7	37.1	16.4	10.2	19.2	5.75	4.41	4.53	5.59	8.47	8.89	11.3	135.5
1973—1974	15.4	38.5	41.6	57.4	31.7	5.86	6.56	4.55	2.59	1.63	1.76	5.21	17.7	212.8
1974—1975	3.28	5.48	11.8	17.1	14.4	14.3	3.84	3.69	4.67	5.16	6.26	11.1	8.4	101.1
1975—1976	22.4	37.1	58.0	23.9	10.6	12.4	6.26	8.51	7.3	7.54	3.12	5.56	16.9	202.7

注 "⋯⋯"表示供水期。

表 4－2－2　　　　　某水库时段径流量频率计算成果（$P=90\%$）　　　　单位：m^3/s

时段	均值	C_v	C_s/C_v	Q_P	时段	均值	C_v	C_s/C_v	Q_P
12 个月	131.0	0.32	2.0	81.8	最小 3 个月	9.1	0.50	2.0	4.00
最小 5 个月	18.0	0.47	2.0	8.45					

解：

1. 同倍比法

（1）按主要控制时段的水量相近来选代表年，选 1964—1965 年和 1971—1972 年作为枯水代表年。

（2）缩放倍比 K，计算设计年径流量与代表年年径流量之比作为缩放比例：

$$K_{64-65}=\frac{Q_{年,P}}{Q_{年,代}}=\frac{81.8}{94.5}=0.8656$$

$$K_{71-72}=\frac{Q_{年,P}}{Q_{年,代}}=\frac{81.8}{86.9}=0.9413$$

（3）计算设计枯水年年内分配，用各自的缩放倍比乘以对应的代表年的各月流量而得，成果见表 4－2－3。

表 4－2－3　　　　某站同频率法 $P=90\%$ 设计枯水年年内分配计算表　　　单位：m^3/s

年份＼月份	3	4	5	6	7	8	9	10	11	12	1	2	各月流量之和
1964—1965	9.91	12.5	12.9	34.6	6.9	5.55	2.0	3.27	1.62	1.17	0.99	3.06	94.5
设计枯水年	8.58	10.82	11.17	29.95	5.97	4.80	1.73	2.83	1.40	1.01	0.86	2.65	81.8
1971—1972	5.08	6.1	24.3	22.8	3.4	3.45	4.92	2.79	1.76	1.3	2.23	8.76	86.9
设计枯水年	4.78	5.74	22.87	21.46	3.20	3.25	4.63	2.63	1.66	1.22	2.10	8.25	81.8

2. 同频率法

（1）按主要控制时段的水量相近来选代表年，选 1964—1965 年和 1971—1972 年作为枯水代表年。

（2）求各时段的缩放倍比 K。

对 1964—1965 代表年：

$$K_3 = \frac{Q_{3,P}}{Q_{3,代}} = \frac{4.00}{3.78} = 1.06$$

$$K_{5-3} = \frac{Q_{5,P} - Q_{3,P}}{Q_{5,代} - Q_{3,代}} = \frac{8.45 - 4.00}{9.05 - 3.78} = 0.844$$

$$K_{12-5} = \frac{Q_{12,P} - Q_{5,P}}{Q_{12,代} - Q_{5,代}} = \frac{81.8 - 8.45}{94.5 - 9.05} = 0.858$$

式中　$Q_{3,P}$、$Q_{3,代}$——设计和代表年的最小 3 个月的月均流量之和，其他符号意义类同前。

同理，可以计算出 1971—1972 代表年的缩放倍比分别为 $K_3 = 0.756$，$K_{5-3} = 0.577$，$K_{12-5} = 0.993$。

（3）计算设计枯水年年内分配，用各自的缩放倍比乘以对应的代表年的各月流量而得，成果见表 4-2-4。

表 4-2-4　　　　　　某站同频率法 $P=90\%$ 设计枯水年年内分配计算表

月份	3	4	5	6	7	8	9	10	11	12	1	2	各月流量之和
代表年 (1964—1965) $Q_月$ /(m³/s)	9.91	12.5	12.9	34.6	6.9	5.55	2.0	3.27	1.62	1.17	0.99	3.06	94.5
缩放比 K	0.858	0.858	0.858	0.858	0.858	0.858	0.844	0.844	1.06	1.06	1.06	0.858	
设计枯水年 $Q_月$ /(m³/s)	8.50	10.7	11.3	29.7	5.92	4.76	1.69	2.76	1.71	1.24	1.05	2.62	81.8
代表年 (1971—1972) $Q_月$ /(m³/s)	5.08	6.1	24.3	22.8	3.4	3.45	4.92	2.79	1.76	1.30	2.23	8.76	86.9
缩放比 K	0.993	0.993	0.993	0.993	0.993	0.993	0.577	0.577	0.756	0.756	0.756	0.993	
设计枯水年 $Q_月$ /(m³/s)	5.04	6.05	24.1	22.6	3.37	3.42	2.84	1.61	1.33	0.98	1.69	8.70	81.8

二、长系列操作法

按水利年度（把水库蓄水的平均时刻作为起始日，长度与日历年相同）整理资料。可从长系列中选取一个代表段，包括丰、中、枯各种年份，然后，根据每个年度来水、用水进行水量平衡计算，求出各年度所需的兴利库容 V_i，将兴利库容从小到大排队编号，计算经验频率，点绘在几率格纸上，绘出经验频率曲线；再用设计保证率 P 查曲线求出设计的兴利库容 V_p。这样，就确定出工程规模。

三、实际代表年法

实际代表年法就是从实测年、月径流系列中，选取一个实际的干旱年作为代表年，用其年径流分配过程与该年的用水过程相配合而进行调节计算，求出调节库容，来确定工程规模。选出的年份称为实际代表年，其年、月径流量，就是实际代表年的年、月径流量。

用这种方法求出的调节库容，不一定符合规定的设计保证率。但由于曾经发生的干旱年份给人以深刻的印象，认为只要这样年份的供水得到保证，就达到修建水库工程的目的。实际代表年法比较直观，在小型灌溉工程设计中应用较广。

第三节 有短期实测径流资料时设计年径流的分析计算

当设计代表站实测资料不足 30 年时或虽有 30 年但系列不连续或代表性不足，此时的求解思路是通过相关分析插补延长径流系列，将短期资料展延为长期资料，以提高资料系列的代表性。当年径流系列适当延长以后，其频率分析方法与本章第二节所述完全一样。延长后再按长系列资料的方法分析计算。

由于该方法的关键是系列的展延，因此本节主要学习径流系列的展延方法，寻求与设计断面径流有密切关系并有较长观测系列的参证变量，通过设计断面年径流与其参证变量的相关关系，将设计断面年径流系列适当地加以延长至规范要求的长度。

一、参证变量的选择

参证变量应具备下列条件。

（1）参证变量与设计断面径流量在成因上有密切关系。

（2）参证变量与设计断面径流量有较多的同步观测资料。

（3）参证变量的系列较长，并有较好的代表性。

最常采用的参证变量有：设计断面的水位、上下游测站或邻近河流测站的径流量、流域的降水量。

二、年径流系列的展延

1. 利用本站的水位资料延长年径流系列

主要采用资料为水位流量关系曲线，如图 4-3-1 所示。

2. 利用径流系列（参证站）延长径流系列（设计站）

（1）利用年径流系列展延（图 4-3-2）。当设计站上游或下游站有充分实测年径流资料时，往往可以用上、下游站的年径流资料来展延设计站的年径流量系列。如果设计站与参证站所控制的流域面积相差不多，一般可获得良好的结果。当自然地理条件和气候条件在地区上的变化很大时，两站年径流量间的相关关系可能不好。这时，可以在相关图中引入反映区间径流量（或区间降水量）的参变量，来改善相关关系。

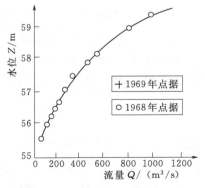
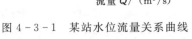
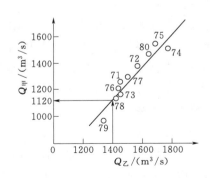

图 4-3-1 某站水位流量关系曲线　　图 4-3-2 甲站与乙站年径流量相关图

当设计站上、下游无长期测站时，经过分析，可利用自然地理条件相似的邻近流域的年径流量作为参证变量。

（2）以月径流量展延月径流量系列。当设计站实测年径流系列过短，难以建立年径流量相关关系时，可以利用设计站与参证站月径流量（或季径流量）之间的关系来展延系列。由于影响月径流量相关的因素较年径流量相关的因素要复杂，因此月径流量之间的相关关系不如年径流量相关关系好，一般误差较大。

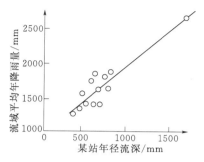

图 4-3-3　某站年降雨径流相关图

3. 利用年降水资料延长设计断面的年径流系列

径流是降水的产物。流域的年径流量与流域的年降水量往往有良好的相关关系。又因降水观测系列在许多情况下较径流观测系列长，因此降水系列常被用来作为延长径流系列的参证变量（图 4-3-3）。

（1）以年降雨径流相关法展延年径流量系列。在湿润地区，如我国长江流域及南方各省，由于年径流系数较大，年径流量 $y_年$ 与年降水量 $x_年$ 之间往往存在着较好的相关关系，这种情况在中小河流的水文计算中经常遇到。但对于干旱地区，年径流量与年降水量之间的关系不太密切，难以利用这个关系来展延年径流系列。

当设计站的实测年径流量系列过短，不足以建立年降雨与年径流之间的相关关系时，也可用月降雨量与月径流量之间的关系来展延月、年径流量系列。但两者关系一般不太密切，有时点据甚至离散到无法确定相关线的程度。

（2）利用确定性的降雨-径流模型插补年、月径流。月降雨径流关系点据离散的原因在于没有考虑流域蒸发和降雨月内分配对径流的影响。应用降雨-径流的蓄满产流方程计算径流深，考虑流域蒸发和降雨过程，可以提高插补年、月径流深的精度。

$$R = P - E - (W_m - W_0) \qquad (4-3-1)$$

式中　R——径流深，mm；

　　　P——流域平均雨量，mm；

　　　E——流域蒸发量，mm；

　　　W_m——流域平均蓄水容量，即田间持水量，mm；

　　　W_0——降雨开始时的流域平均蓄水量，mm。

三、注意事项

利用参证变量延长设计断面的年径流系列时，应特别注意下列问题：①尽量避免远距离测验资料的辗转相关；②系列外延的幅度不宜过大，一般以控制在不超过实测系列的 50% 为宜。

第四节　缺乏实测径流资料时设计年径流的估算

在中小型水利工程规划设计中，经常遇到实测资料系列太短，或资料完全缺乏的情况，此时设计年径流的分布参数就不能直接求出，而要设法确定流域年径流量的 3 个参数，有了参数就能画出一条 P-Ⅲ 曲线，查出设计频率的值。常用的方法有等值线图法、经验公式法和水文比拟法等。

一、等值线图法

水文特征值的等值线图是用来表示水文特征值的地理分布规律的。我国已绘制了全国和分省（区）的水文特征值等值线图，其中年径流深等值线图及 C_v 等值线图，可供中小流域设计年径流量估算时直接采用。图 4－4－1 为河南省平均年径流深等值线图，图 4－4－2 为河南省年径流 C_v 等值线图。

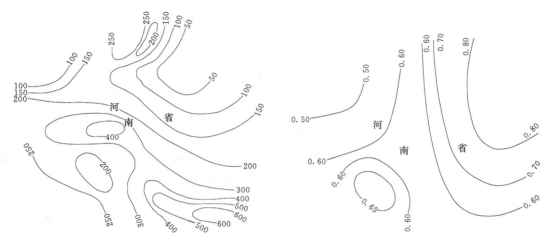

图 4－4－1　河南省多年平均年径流深等值线图　　　图 4－4－2　河南省年径流 C_v 等值线图

1. 年径流均值的估算

根据多年平均年径流深等值线图，可以查得设计流域年径流深的均值，然后乘以流域面积，即得设计流域的年径流量。

如果设计流域内通过多条年径流深等值线，可以用面积加权法推求流域的平均径流深，见图 4－4－3。计算公式为

$$R = \sum_{i=1}^{n} R_i A_i \Big/ \sum_{i=1}^{n} A_i \qquad (4-4-1)$$

式中　R_i——分块面积的平均径流深，mm；

　　　A_i——分块面积，km^2；

　　　R——流域平均径流深，mm。

其中流域顶端的分块，可能会在流域以外的一条等值线之间，如图 4－4－3 中的 $R_n A_n$。

在小流域中，流域内通过的等值线很少，甚至没有一条等值线通过，可按通过流域重心的直线距离比例内插法，计算流域平均径流深，见图 4－4－4。

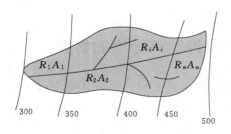

图 4－4－3　用面积加权法求流域平均径流深

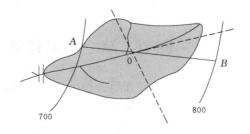

图 4－4－4　用直线内插法求流域平均径流深

年径流深均值确定以后，可通过下列关系确定年径流量：

$$W = KRA \qquad\qquad (4-4-2)$$

式中　　W——年径流量，m^3；

　　　　R——年径流深，mm；

　　　　A——流域面积，km^2；

　　　　K——单位换算系数，采用上述各单位时，$K=1000$。

2. 年径流 C_v 值的估算

年径流深的 C_v 值，也有等值线图可供查算，方法与年径流均值估算方法类似，但可更简单一点，即按比例内插出流域重心的 C_v 值就可以了。

3. 年径流 C_s 值的估算

年径流的 C_s 值，一般采用 C_v 的倍比。按照规范规定，一般可采用 $C_s=(2\sim3)C_v$。

在确定了年径流的均值、C_v、C_s 后，便可借助于 Φ 值表或 K 值表，绘制出年径流的频率曲线，确定设计频率的年径流值。

二、经验公式法

年径流的地区综合，也常以经验公式表示。这类公式主要是与年径流影响因素建立关系。例如，多年径流均值的经验公式有如下类型：

$$\overline{Q} = b_1 A n_1 \qquad\qquad (4-4-3)$$

或

$$\overline{Q} = b_2 A n_2 \overline{P}^m \qquad\qquad (4-4-4)$$

式中　　$\overline{Q}$——多年平均流量，m^3/s；

　　　　A——流域面积，km^2；

　　　　$\overline{P}$——多年平均降水量，mm；

b_1、b_2、n_1、n_2、m——参数，通过实测资料分析确定，或按已有分析成果采用。

不同设计频率的设计流量 Q_p，也可以建立类似的关系，只是其参数的定量亦各有不同。

这类方法的精度，一般较等值线图法低。但在进行流域初步规划，需要快速估算流域的地表水资源量及水力蕴藏量时，有实用价值。

三、水文比拟法

水文比拟法的基本思路是将气候条件和下垫面条件相似的参证流域的水文资料或有关参数移置到设计流域上。使用本方法最关键的问题在于选择恰当的参证流域。

1. 参证流域选取原则

（1）参证流域与设计流域必须在同一气候区，且下垫面条件相似。

（2）参证流域应具有长期实测径流资料系列，且代表性好。

（3）参证流域与设计流域面积相差不能太大。

2. 多年平均年径流量的计算

（1）直接移用。当设计站与参证站处于同一河流的上、下游，且参证流域面积与设计流域面积相差不大时，或两站虽不在一条河流上，但气候和下垫面条件相似时，可以直接把参证流域的多年平均年径流深 $\overline{R}_参$ 移用过来，作为设计流域的多年平均年径流深 $\overline{R}_设$，即

$$\overline{R}_设 = \overline{R}_参 \qquad\qquad (4-4-5)$$

（2）修正移用。当两个流域面积相差较大，或气候与下垫面条件有一定差异时，要将参

证流域的多年平均年径流量 $\overline{Q}_参$ 修正后再移用过来，即

$$\overline{Q}_设 = K\overline{Q}_参 \tag{4-4-6}$$

式中　K——考虑不同因素影响的修正系数。

如果只考虑面积不同的影响，则

$$K = \frac{F_设}{F_参} \tag{4-4-7}$$

如果考虑设计流域与参证流域上多年平均降水量的不同，即 $\overline{x}_设$ 不等于 $\overline{x}_参$，但径流系数接近时，其修正系数为

$$K = \frac{\overline{P}_设}{\overline{P}_参} \tag{4-4-8}$$

式中　$F_设$、$F_参$——设计流域、参证流域的流域面积；

$\overline{P}_设$、$\overline{P}_参$——设计流域、参证流域的多年平均年降水量。

3. 年径流变差系数 C_v 的估算

移用参证流域的年径流量 C_v 值时要求：①两站所控制的流域特征大致相似；②两流域属于同一气候区。如果考虑影响径流的因素有差异，可采用修正系数 K，则设计流域年径流深变差系数：

$$C_{vR设} = KC_{vR参} \tag{4-4-9}$$

式中　$K = \dfrac{C_{vP设}}{C_{vP参}}$；

$C_{vP设}$、$C_{vP参}$——设计流域、参证流域年降水量的变差系数，可从水文手册中查得。

4. 年径流量偏态系数 C_s 的估算

年径流量的 C_s 值一般通过 C_s 与 C_v 的比值定出。可以将参证站 C_s 与 C_v 的比值直接移用或作适当的修正。在径流计算中，常采用 $C_s = 2C_v$。

第五节　流域输沙量的估算

河流泥沙可分为悬移质、推移质、河床质三种。悬移质悬浮于水中，并随水流一起运动，可以进行观测，水文测算一般都有悬移质观测资料。推移质颗粒较大，在水流冲击下沿河底滚动或移动，观测较为困难。河床质是相对静止在河床上的泥沙，需要时可进行颗粒分析等观测。三者之间的划分以水中运动状态而定，可以互相转化。一般工程要求估算悬移质输沙量和推移质输沙量。

一、多年平均悬移质输沙量的推求

1. 具有长期资料情况

当某断面具有长期实测流量及悬移质输沙量资料时，可直接用这些资料算出各年的悬移质年输沙量，然后用式（4-5-1）计算多年平均悬移质输沙量，即

$$\overline{W}_s = \frac{1}{n}\sum_{i=1}^{n} W_{si} \tag{4-5-1}$$

式中 $\overline{W}_s$——多年平均悬移质输沙量，t；

  W_{si}——各年的悬移质输沙量，t；

  n——年数。

2. 资料系列较短的情况

若某断面具有长期年径流量资料和短期悬移质年输沙量资料系列，可以建立相关关系，由长期年径流资料插补延长悬移质年输沙量系列，然后求其多年平均年悬移质输沙量；若悬移质输沙量实测资料系列很短，不能建立相关关系时，可用式（4-5-2）估算多年平均年悬移质输沙量：

$$\overline{W}_s = \frac{\overline{W}}{W_i}W_{si} \qquad (4-5-2)$$

式中 $\overline{W}$——多年平均径流量，m^3/s；

  W_i——第 i 年的年径流量，m^3/s；

  W_{si}——第 i 年的悬移质输沙量，t。

3. 缺乏实测资料情况

我国各省市自治区的水文手册中，一般均有多年平均悬移质侵蚀模数分区图，可在图上查出设计流域形心处的 MS 值，乘以设计流域的面积，即为多年平均年悬移质输沙量。侵蚀模数 MS 表示单位流域面积多年平均悬移质产沙量，单位是 t/km^2。

缺乏实测资料时，也可采用经验公式估算多年平均年悬移质输沙量：

$$\overline{W}_s = \frac{\alpha \overline{W}}{100}\sqrt{J} \qquad (4-5-3)$$

式中 $\overline{W}$、$\overline{W}_s$——符号含义同前；

  α——侵蚀系数，与流域冲刷程度有关，一般可取 $\alpha = 0.5 \sim 10.0$；

  J——河床比降。

二、多年平均推移质输沙量的估算

具有多年推移质资料时，求其算术平均值，即为推移质泥沙多年平均年输沙量。当缺乏实测推移质资料时，常用系数法进行估算，即假定推移质与悬移质在数量上具有一定的比例关系：

$$\overline{W}_b = \beta \overline{W}_s \qquad (4-5-4)$$

式中 $\overline{W}_b$——推移质多年平均年输沙量，t；

  $\overline{W}_s$——符号含义同前；

  β——推移质输沙量与悬移质输沙量的比值。可参考下列数值选用：平原地区河流 $\beta = 0.01 \sim 0.05$，丘陵地区河流 $\beta = 0.05 \sim 01.15$，山区河流 $\beta = 0.15 \sim 0.30$。

求出悬移质和推移质的多年平均年输沙量后，将它们相加，即可求得通过河流设计断面的多年平均年输沙量。

三、悬移质输沙量的年际变化

1. 有长期资料时

类似设计年径流计算，采用适线法推求悬移质的理论频率曲线和设计值。

2. 缺乏泥沙资料时

由年径流的离差系数 $C_{v,Q}$ 估计输沙量的离差系数 $C_{v,s}$。

$$C_{v,s} = KC_{v,Q} \tag{4-5-5}$$

式中 K——系数，由水文手册查取；

C_s 一般取 C_v 的两倍。

3. 悬移质输沙量的年内分配

有资料时，和年径流年内分配计算类似，可选具有代表性的丰沙年、平沙年、枯沙年作为代表年，利用同倍比放大法进行放大。

缺乏资料时，可以采用选取参证流域的输沙月分配过程进行计算。

习题与思考题

4-1 何为年径流？它的表示方法和度量单位是什么？

4-2 日历年、水文年、水利年的含义是什么？

4-3 人类活动对年径流有哪些方面的影响？其中间接影响如修建水利工程等措施的实质是什么？如何影响年径流及其变化？

4-4 何为保证率？若某水库在运行 100 年中有 85 年保证了供水要求，其保证率为多少？破坏率又为多少？

4-5 年径流有哪些变化特征，其主要影响因素有哪些？

4-6 水文资料的"三性"审查指的是什么？如何审查资料的代表性？

4-7 如何分析判断年径流系列代表性的好坏？怎样提高系列的代表性？

4-8 有短期实测径流资料时，如何推求设计年径流？无实测径流资料时，如何推求设计年径流？

4-9 简述具有长期实测资料情况下，用设计代表年法推求年内分配的方法步骤？

4-10 推求设计年径流量的年内分配时，应遵循什么原则选择典型年？

4-11 某水库坝址处的年平均流量资料见表 4-1。求设计丰水年 $P=10\%$，设计平水年 $P=50\%$，设计枯水年 $P=90\%$ 的设计年径流量。

表 4-1　　　　　　　　　　某水库坝址处年平均流量表　　　　　　　　单位：m^3/s

年份	1959	1960	1961	1962	1963	1964	1965	1966	1967	1968
年平均流量 $\overline{Q}$	11.9	7.78	10.0	9.64	14.4	4.73	7.83	10.4	10.2	10.9
年份	1969	1970	1971	1972	1973	1974	1975	1976	1977	1978
年平均流量 $\overline{Q}$	12.6	10.3	15.1	7.24	11.3	11.7	8.42	16.9	6.82	5.74

4-12 某水库坝址处有 21 年平均流量资料，已算出 $\sum\limits_{i=1}^{21} Q_i = 2898 m^3/s$，$\sum\limits_{i=1}^{21}(k_i-1)^2 = 0.80$。

求：(1) 年径流量均值 $\overline{Q}$，C_v，均方差 σ；

(2) 假定 $C_s = 2C_v$，P-Ⅲ曲线与经验点配合较好，试推求设计保证率为 90% 的设计年径流量。

4-13 某流域设计枯水年径流量为 $405 m^3/s$，偏枯年份的逐月流量资料见表 4-2，求设计枯水年的年内分配。

表 4 - 2 某流域枯水年份逐月流量资料 单位：m³/s

水利年度 \ 月份	6	7	8	9	10	11	12	1	2	3	4	5	年平均
1976—1977	681	782	710	637	449	279	188	141	138	257	389	604	438
1977—1978	504	851	520	739	442	231	183	124	109	172	200	450	377
1970—1971	483	893	733	621	390	259	329	187	106	129	321	360	396

4-14 某水库多年平均流量 $\overline{Q}=15\text{m}^3/\text{s}$，$C_v=0.25$，$C_s=2.0C_v$，年径流理论频率曲线为 P-Ⅲ型。

(1) 求该水库设计频率为 90% 的年径流量（可查表 4-3）；

(2) 表 4-4 为选定的代表年年内分配典型，求设计枯水年年径流的年内分配。

表 4 - 3 P-Ⅲ型频率曲线模比系数 K_p 值表（$C_s=2.0C_v$）

C_v \ P/%	20	50	75	90	95	99
0.20	1.16	0.99	0.86	0.75	0.70	0.89
0.25	1.20	0.98	0.82	0.70	0.63	0.52
0.30	1.24	0.97	0.78	0.64	0.56	0.44

表 4 - 4 枯水代表年年内分配典型

月份	1	2	3	4	5	6	7	8	9	10	11	12	年
年内分配/%	1.0	3.3	10.5	13.2	13.7	36.6	7.3	5.9	2.1	3.5	1.7	1.2	100

4-15 资料情况及测站分布见表 4-5 和图 4-1，已知甲、乙、丙三站的流域自然地理条件近似，试简要说明插补丙站流量资料的可能方案有哪些。

表 4 - 5 测 站 资 料 情 况 表

测站	流域面积/km²	实测资料年限
甲	5100	流量 1964—1985
乙	2000	流量 1965—1985
丙	2500	流量 1966—1968，1971—1983 水位 1966—1968，1971—1985 雨量 1966—1985
丁		雨量 1966—1985

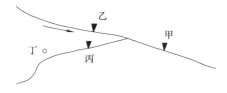

图 4-1 测站分布图

4-16 设有甲乙两个水文站，设计断面位于甲站附近，但只有 1971—1980 年实测径流资料。其下游的乙站却有 1961—1980 年实测径流资料，见表 4-6。两站 10 年同步年径流观测资料对应关系较好，试将甲站1961—1970年缺测的年径流插补出来。

表4-6 　　　　　　　　　　　　　某河流甲乙两站年径流资料 　　　　　　　单位：m³/s

年份	1961	1962	1963	1964	1965	1966	1967	1968	1969	1970
乙站	1400	1050	1370	1360	1710	1440	1640	1520	1810	1410
甲站										
年份	1971	1972	1973	1974	1975	1976	1977	1978	1979	1980
乙站	1430	1560	1440	1730	1630	1440	1480	1420	1350	1630
甲站	1230	1350	1160	1450	1510	1200	1240	1150	1000	1450

4-17　某设计流域如图4-2虚线所示，其出口断面为B点，流域重心为C点，试用年径流深均值等值线图确定该流域的多年平均径流深。

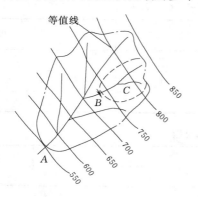

图4-2　年径流等值线图

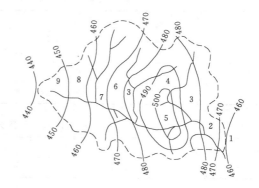

图4-3　某流域多年平均年径流深等值线图

4-18　某流域多年平均年径流深等值线图如图4-3所示，要求：

（1）用加权平均法求流域的多年平均径流深，其中部分面积值见表4-7；

（2）用内插法查得流域重心附近的年径流深代表全流域的多年平均径流深；

（3）试比较上述两种成果，哪一种比较合理？理由何在？在什么情况下，两种成果才比较接近？

表4-7 　　　　　　　　　　　　　　径流深等值线间部分面积表

部分面积编号	1	2	3	4	5	6	7	8	9	全流域
部分面积/km²	100	1320	3240	1600	600	1840	2680	1400	680	13460

第五章 由流量资料推求设计洪水

第一节 概 述

一、设计洪水

设计洪水不是真实发生的洪水，而是某种概率意义下可能出现的洪水，是指水利水电工程规划、设计中所指定的各种设计标准的洪水，如百年一遇洪水、千年一遇洪水。在进行水利水电工程设计时，为了建筑物本身的安全和防护区的安全，必须按照某种标准的洪水进行设计，标准越高，洪水越稀遇，设计的工程就越安全，被洪水破坏的风险就越小，耗资相对也大；反之，标准越低，耗资越少，但安全程度也随之降低，承担的风险加大。

二、水工建筑物的等级和防洪标准

国家根据工程效益、政治及经济各方面的因素综合考虑，颁布了按工程规模分类的工程等别和按建筑物划分的防洪标准，这就是国家《防洪标准》（GB 50201—2014）和水利部2017年颁发的《水利水电工程等级划分及洪水标准》（SL 252—2017）。在具体确定实际工程的防洪标准时，应参照相应规范来进行。

1. 水利水电工程等别的确定

水利水电工程的等别，应根据工程规模、效益和在经济社会中的重要性，按其承担的任务和功能类别予以确定。表5-1-1～表5-1-4分别对防洪、治涝工程，供水、灌溉、发电工程，通航工程的等别，水库、拦河水闸、灌排泵站和引水枢纽工程的等别划分进行了规定。

2. 水利水电工程建筑物级别确定

在工程等别确定之后，依据工程的等别确定水利水电工程建筑物的级别，见表5-1-5。

表 5-1-1 防洪、治涝工程的等别

工程等别	防 洪		治 涝
	城镇及工矿企业的重要性	保护农田/万亩❶	治涝面积/万亩
Ⅰ	特别重要	≥500	≥200
Ⅱ	重要	<500，≥100	<200，≥60
Ⅲ	比较重要	<100，≥30	<60，≥15
Ⅳ	一般	<30，≥5	<15，≥3
Ⅴ		<5	<3

---

❶ 1亩≈666.67m²。

表 5-1-2　　　　　　　　　　　　供水、灌溉、发电工程的等别

工程等别	工程规模	防　　洪			灌溉	发电
		供水对象的重要性	引水流量/(m³/s)	年引水量/亿 m³	灌溉面积/万亩	装机容量/万 kW
I	大（1）型	特别重要	≥50	≥10	≥150	≥1200
II	大（2）型	重要	<50，≥10	<10，≥3	<150，≥50	<1200，≥300
III	中型	比较重要	<10，≥3	<3，≥1	<50，≥5	<300，≥50
IV	小型	一般	<3，≥1	<1，≥0.3	<5，≥0.5	<50，≥10
V			<1	<0.3	<0.5	<10

注　1. 跨流域、水系、区域的调水工程纳入供水工程统一确定。

　　2. 供水工程的引水流量指渠首设计引水流量，年引水量指多年平均年引水量。

　　3. 灌溉面积指设计灌溉面积。

表 5-1-3　　　　　　　　　　　　通 航 工 程 的 等 别

工程等级	航道等级	设计通航船舶吨级/t	工程等级	航道等级	设计通航船舶吨级/t
I	I	3000	IV	V	300
II	II	2000	V	VI	100
	III	1000		VII	50
III	IV	500			

注　1. 设计通航船舶吨级是指通过通航建筑物的最大船舶载重吨，当为船队通过时指组成船队的最大驳船载重吨。

　　2. 跨省 V 级航道上的渠化枢纽工程等别提高一等。

表 5-1-4　　　　　　　水库、拦河水闸、灌排泵站和引水枢纽工程的等别

工程等别	工程规模	水库工程	拦河水闸工程	灌溉与排水工程		
				泵站工程		引水枢纽
		总库容/亿 m³	过闸流量/(m³/s)	装机流量/(m³/s)	装机功率/MW	引水流量/(m³/s)
I	大（1）型	≥10	≥5000	≥200	≥30	≥200
II	大（2）型	<10，≥1	<5000，≥1000	<200，≥50	<30，≥10	<200，≥50
III	中型	<1，≥0.1	<1000，≥100	<50，≥10	<10，≥1	<50，≥10
IV	小（1）型	<0.1，≥0.01	<100，≥20	<10，≥2	<1，≥0.1	<10，≥2
V	小（2）型	<0.01，≥0.001	<20	<2	<0.1	<2

表 5-1-5　　　　　　　　　　　　永久性水工建筑物级别

工程等级	水 工 建 筑 物 级 别		工程等级	水 工 建 筑 物 级 别	
	主要建筑物	次要建筑物		主要建筑物	次要建筑物
I	1	3	IV	4	5
II	2	3	V	5	5
III	3	4			

　　3. 水利水电工程建筑物防洪标准的确定

　　在工程设计中，设计标准由国家制定，以设计规范给出。规划中按工程的种类、大小和重要性，将水工建筑物划分为若干等级，按不同等级给出相应的设计标准。

对永久性建筑物，采用二级标准：正常运用情况，即设计标准；非正常运用情况，即校核标准。建筑物的尺寸由设计洪水确定，当这种洪水发生时，建筑物应处于正常运用状态。校核洪水起校核作用，当其来临时，其主要建筑物要确保安全，但工程可处在非常情况下运行，即允许保持较高水位，电站、船闸等正常工作允许遭到破坏。

由《防洪标准》（GB 50201—2014）可知，水工建筑物的防洪标准与该建筑物的具体级别及主要特性有关，具体参见表5-1-6～表5-1-11。

（1）水库工程水工建筑物防洪标准确定。水库工程水工建筑物的防洪标准，应根据其级别和坝型，按表5-1-6确定。

表5-1-6　　　　　　　　　　水库工程水工建筑物的防洪标准

水工建筑物级别	防洪标准（重现期/年）				
	山区、丘陵区			平原区、滨海区	
	设计	校核		设计	校核
		混凝土坝、浆砌石坝	土坝、堆石坝		
1	1000～500	5000～2000	可能最大洪水或10000～5000	300～100	2000～1000
2	500～100	2000～1000	5000～2000	100～50	1000～300
3	100～50	1000～500	2000～1000	50～20	300～100
4	50～30	500～200	1000～300	20～10	100～50
5	30～20	200～100	300～200	10	50～20

（2）水电站厂房防洪标准确定。河床式水电站厂房作为挡水建筑物时，其防洪标准应与主要挡水建筑物的防洪标准一致。水电站副厂房、主变压器场、开关站和进厂交通等建筑物的防洪标准可按表5-1-7进行。

表5-1-7　　　　　　　　　　水电站厂房的防洪标准

水工建筑物级别	防洪标准（重现期/年）		水工建筑物级别	防洪标准（重现期/年）	
	设计	校核		设计	校核
1	200	1000	4	50～30	100
2	200～100	500	5	30～20	50
3	100～50	200			

（3）拦河水闸及挡潮闸工程防洪标准确定。拦河水闸工程水工建筑物的防洪标准，应根据其级别并结合所在流域防洪规划规定的任务，按表5-1-8确定。

表5-1-8　　　　　　　　　　拦河水闸工程水工建筑物的防洪标准

水工建筑物级别	防洪标准（重现期/年）		水工建筑物级别	防洪标准（重现期/年）	
	设计	校核		设计	校核
1	100～50	300～200	4	20～10	50～30
2	50～30	200～100	5	10	30～20
3	30～20	100～50			

挡潮闸工程水工建筑物的防潮标准，应根据其级别按表5-1-9确定。

表 5 - 1 - 9　　　　　挡潮闸工程主要建筑物的防潮标准

水工建筑物级别	设计防潮标准（重现期/年）	水工建筑物级别	设计防潮标准（重现期/年）
1	≥100	4	20～10
2	100～50	5	10
3	50～20		

（4）灌溉与排水工程防洪标准确定。灌溉与排水工程中调蓄水库的防洪标准，应按表 5 - 1 - 6 确定，灌排工程中引水枢纽、泵站等主要建筑物的防洪标准，应根据其级别按表 5 - 1 - 10 进行。

表 5 - 1 - 10　　　　　引水枢纽、泵站等主要建筑物的防洪标准

水工建筑物级别	防洪标准（重现期/年）		水工建筑物级别	防洪标准（重现期/年）	
	设计	校核		设计	校核
1	100～50	300～200	4	20～10	50～30
2	50～30	200～100	5	10	30～20
3	30～20	100～50			

（5）供水工程水工建筑物防洪标准确定。供水工程中调蓄水库的防洪标准，应按表 5 - 1 - 6 确定，供水工程中引水枢纽、输水工程、泵站等主要建筑物的防洪标准，应根据其级别按表 5 - 1 - 11 进行。

表 5 - 1 - 11　　　　　供水工程水工建筑物的防洪标准

水工建筑物级别	防洪标准（重现期/年）		水工建筑物级别	防洪标准（重现期/年）	
	设计	校核		设计	校核
1	100～50	300～200	4	20～10	50～30
2	50～30	200～100	5	10	30～20
3	30～20	100～50			

（6）堤防工程防洪标准确定。堤防工程的防洪标准，应根据其保护对象或防洪保护区的防洪标准以及流域规划的要求分析确定。堤防工程上的闸、涵、泵站等建筑物及其他构筑物的设计防洪标准，不应低于堤防工程的防洪标准。

（7）下游防护对象的防洪标准确定。下游防护对象的防洪标准根据防护对象的重要性选取。因为没有水库的安全，也就谈不上下游防护对象的安全，因此水库洪水标准一般都高于其防护对象的防洪标准。城市、乡村防护区的防护等级和防洪标准分别见表 5 - 1 - 12 和表 5 - 1 - 13。

表 5 - 1 - 12　　　　　城市防护区的防护等级和防洪标准

防护等级	重要性	常住人口/万人	当量经济规模/万人	防洪标准（重现期/年）
Ⅰ	特别重要	≥150	≥300	≥200
Ⅱ	重要性	<150，≥50	<300，≥100	200～100
Ⅲ	比较重要	<50，≥20	<100，≥40	100～50
Ⅳ	一般	<20	<40	50～20

注　当量经济规模为城市防护区人均 GDP 指数与人口的乘积，人均 GDP 指数为城市防护区人均 GDP 与同期全国人均 GDP 的比值。

表 5 - 1 - 13　　　　　　　　　　乡村防护区的防护等级和防洪标准

防护等级	人口/万人	耕地面积/万亩	防洪标准（重现期/年）
I	≥150	≥300	100～50
II	<150，≥50	<300，≥100	50～30
III	<50，≥20	<100，≥30	30～20
IV	<20	<30	20～10

【例 5 - 1 - 1】　有关三峡大坝的防洪问题，近年来多家媒体进行了报道，有热心的网友将其标题汇总到一起，质疑三峡大坝的防洪标准缩水，如图 5 - 1 - 1 所示，试根据已学的知识对其进行解释。

为了正确理解这个问题，首先需要了解三峡大坝的防洪标准：三峡大坝是按千年一遇设计，万年一遇校核，其下游对象的防护标准为百年一遇。

"三峡大坝固若金汤，可以抵挡万年一遇洪水"，讲的是三峡大坝枢纽工程的设计技术标准，是按"万年一遇"洪水流量来校核的，通俗地说，就是碰到"万年一遇"洪水时不会发生垮坝事故。"三峡大坝今年起可防千年一遇洪水"，发表于 2007 年 5 月，缘由是三峡总公司副总经理曹广晶说："今年三峡枢纽的防洪标准定位为'千年一遇'…"，是在 2007 年三峡大坝已经全线达到设计高程的情

图 5 - 1 - 1　关于三峡大坝防洪标准的新闻标题

况下，意指大坝枢纽工程已达到抵挡"千年一遇"洪水的能力。"三峡大坝可抵御百年一遇特大洪水"，是 2008 年 10 月，三峡工程（包括三峡水库和三峡大坝）通过了国务院蓄水验收，已经从法律意义上具备了蓄水到设计高程 175m 的条件，意指从 2009 年汛期开始，三峡大坝在遭遇百年一遇洪水时，可以保证下游防洪对象的防洪安全；"长江水利委：不能把希望都寄托在三峡大坝上"，这是长江水利委员会主任蔡其华在回答记者提问时，对长江流域发生"全流域洪水"时对三峡工程作用的评述后，记者所报道的新闻。客观地说，对于任何一个水利工程，它只能控制大坝上游河段的部分洪水，控制或者减轻下游洪水灾害，而对上游地区洪灾是无能为力的，甚至还存在一定的副作用，三峡工程当然也不能例外。以上标题可能给人们造成误导，认为三峡大坝的防洪标准在不断缩水，实际上是不同情况下对工程不同防洪任务的表述，只要正确理解了水利工程防洪标准的概念及组成，就不难理解这个问题。

三、设计洪水三要素

一次洪水过程可用 3 个控制性要素加以描述，常称为设计洪水三要素，即：

（1）设计洪峰流量 $Q_m(m^3/s)$，为设计洪水过程线的最大流量。

（2）设计洪水总量 $W(m^3)$，为设计洪水的径流总量，如图 5 - 1 - 2 所示，从起涨点 A 上涨，到达峰顶 B 后流量逐渐减小，到达 C 点退水结束，流量过程线 ABC 下的面积就是洪

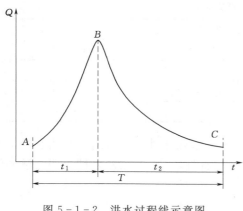

图 5-1-2　洪水过程线示意图

水总量 W。

（3）设计洪水过程线，洪水从 A 到 B 点的时距 t_1 为涨水历时，从 B 到 C 点的时距 t_2 为退水历时，一般情况下，$t_2 > t_1$。$T = t_1 + t_2$，称为洪水历时。

四、设计洪水计算的基本方法和内容

1. 我国推求设计洪水的方法

（1）历史最大洪水加成法。以历史上发生过的最大洪水再加一个成数作为设计洪水。

此法有两个缺点：①没有考虑未来洪水超过历史最大洪水的可能性，使人们产生不安全感；②对大小不同，重要性不同的工程采用一个标准，显然不合理。

如葛洲坝枢纽：选用 1788 年洪水作为设计洪水 $Q_m = 8600 \mathrm{m}^3/\mathrm{s}$；选用 1870 年洪水作为校核洪水 $Q_m = 110000 \mathrm{m}^3/\mathrm{s}$。

（2）频率计算法。以符合某一频率的洪水作为设计洪水，如百年一遇洪水、千年一遇洪水等。

此法把洪水作为随机事件，根据概率理论由已发生的洪水来推估未来可能发生的符合某一频率标准的洪水作为设计洪水，它可以克服历史最大洪水加成法存在的缺点，根据工程的重要性和工程规模选择不同的标准，适用面较宽，在我国水利、电力、公路桥涵、航道、堤防设计中广泛应用。

（3）水文气象法。因频率计算缺乏成因概念，如资料系列太短，用于推求稀遇洪水根据就很不足。且近年来，我国一再出现超标准的特大洪水，使设计标准一再提高。水文气象法从物理成因入手，根据水文气象要素推求一个特定流域在现代气候条件下，可能发生的最大洪水作为设计洪水。

设计标准是一个关系到政治、经济、技术、风险和安全的极其复杂的问题，要综合分析，权衡利弊，根据国家规范合理选定。

（4）地区综合法推求设计洪水。当设计流域缺乏降雨、径流资料时，可根据水文地区变化规律，采用该法推求设计洪水。

实际应用中，为保证设计成果的可靠性，对于重要工程的设计洪水，应视水文资料情况，采用多种途径，及时相互比较，充分论证，合理采用。

2. 设计洪水的内容

设计洪水计算包括推求设计洪峰流量、不同时段设计洪水总量及设计洪水过程线。

对于桥涵、堤防、调节性能小的水库，一般可只推求设计洪峰，如葛洲坝电站为低水头（设计水头 $H = 18.6 \mathrm{m}$）径流式电站，调节库容（15.8 亿 m^3）很小，只能起抬高水头的作用，故其泄洪闸以设计洪峰流量（$Q_m = 110000 \mathrm{m}^3/\mathrm{s}$）控制。

对于大型水库，调节性能高，可以洪量控制，即库容大小主要由洪水总量决定。如：三峡水库拦洪库容 300.2 亿 m^3，龙羊峡总库容 247 亿 m^3，丹江总库容 209 亿 m^3。一般水库都以峰和量同时控制。

第二节　设计洪峰流量及设计洪量的推求

由流量资料推求设计洪峰及不同时段的设计洪量，一般使用数理统计方法，计算符合设计标准的数值，称为洪水频率计算。洪水频率计算要经过资料审查、选样、频率计算和成果合理性分析几个步骤。

一、资料审查

洪水资料是设计洪水的基础，在应用资料之前，应首先对原始的水文资料进行审查。在实际工作中十分重视对洪水系列的资料审查，资料审查主要包括可靠性审查、一致性审查和代表性审查。

1. 资料可靠性的审查与改正

资料的可靠性是指资料的正确与否，对于实测洪水资料，要从流量资料的测验方法、水位流量关系、整编精度和水量平衡等方面进行检查。审查重点放在观测与整编质量较差的年份、发生大洪水的年份以及政治动乱的年份。如发现问题，应会同原整编单位进一步审查和做必要的修改。

对于历史洪水资料，一是调查计算的洪峰流量可靠性；二是审查洪水发生的年份的准确性。

2. 资料一致性的审查与还原

所谓洪水资料的一致性，就是产生各年洪水的流域产流和汇流条件在调查观测期中应基本相同，即产生资料系列的条件要一致，同样的气候条件、同样的下垫面条件。因气候条件变化缓慢，故主要从人类活动影响和下垫面的改变来审查。

如果发生了较大的变化，需要将变化后的资料还原到原先天然状态的基础上，以保证抽样的随机性（减少人为的干扰），和能与历史资料组成一个具有一致性的系列。例如上游建了比较大的水库，则应把建库后的资料通过水库调洪计算，修正为未建库条件下的洪水。

3. 资料代表性的审查与插补延长

洪水系列的代表性，是指该洪水样本的频率分布与其总体概率分布的接近程度，如接近程度较高，则系列的代表性较好，频率分析成果的精度较高，反之较低。在水文数据资料分析时，古洪水的研究、历史洪水的调查、考证历史文献和插补延长等增加洪水系列的信息量是提高洪水系列代表性的基本途径。

样本对总体代表性的高低，可通过对两者统计参数的比较加以判断。但总体分布是未知的，无法直接对比，人们只能根据对洪水规律的认识，与更长的相关系列对比，进行合理性分析与判断。常采用如下方法。

（1）与水文条件相似的参证站长系列洪水资料比较。例如甲乙两站在同一条河流上或在同一个水文区内，而且所控制的流域面积相差不大。设甲站有 1979—2010 年 32 年的洪水资料，而乙站有 1876—2010 年共 135 年的洪水资料。把乙站 135 年的洪峰资料作为总体，配线得均值、C_v、C_s，将乙站 1979—2010 年的洪峰资料作为样本，配线计算得均值、C_v、C_s，如果两者的结果比较接近，则认为乙站 1876—2010 的样本可以代表总体，则甲站 1979—2010 年的样本也可以代表总体。

（2）与本区域较长的降水资料比较。若该流域附近有一观测时间较长的雨量站，则可将它视为参证站，采取本站长系列的降水资料，利用上述方法，判别本站系列的代表性。

实际工作中要求连续实测的洪水年数一般不少于30年，并有特大洪水加入。当实测洪水资料缺乏代表性时，应插补延长和补充历史特大洪水，使之满足代表性的要求。一般采用以下方法插补延长资料。

（1）根据上下游测站的洪水特征值相关关系进行插补展延。点绘同次洪水相应洪峰或洪量（一年可取一次或几次）的相关图，就可根据参证站的洪水数据，通过相关图推算出设计站的洪水数据。如果设计站的洪水由其上游的几个干支流测站的洪水组成，则应将上游干支流测站的同次洪水错开传播时间叠加后，再与下游设计站的洪水点绘相关关系，进行插补展延。

（2）利用本站峰量关系进行插补展延。通常根据调查到的历史洪峰或由相关法求得缺测年份的洪峰流量，利用峰量关系可以推求相应的洪水总量。也可以先由流域暴雨径流关系推求出洪量，再插补其相应的洪峰。

对于面积较小的流域，暴雨分布较均匀，汇流时间也较短，峰量关系常呈现单一关系。但对于面积较大的流域，峰量关系一般要受到降雨历时、暴雨分布等的影响，峰量关系不够密切，这时可引入适当的参数，以改善其相关关系。常用的参数有峰形、暴雨中心位置、降雨历时等。

（3）利用暴雨洪水关系插补展延。最好的办法是通过扣损汇流计算，推求相应于一次暴雨过程的洪水过程线，进而计算其洪峰和洪量。简化的办法是建立某一定时段的流域平均暴雨量与洪峰、洪量的相关关系，由暴雨资料插补洪水资料。

（4）根据相邻河流测站的洪水特征值进行展延。若有与设计流域自然地理特征相似、暴雨洪水成因一致的邻近流域，如果资料表明该流域同次洪水的各种特征值，与设计流域的洪水特征之间确实存在良好的相关关系，也可用来插补延长。

二、选样

河流上一年内要发生多次洪水，每次洪水具有不同历时的流量变化过程，如何从历年洪水系列资料中选取表征洪水特征值的样本，是洪水频率计算的首要问题。

1. 常用的选样方法

1）年最大值法。每年选取一个最大值，n年资料可选出n项年极值，包括洪峰流量和各种时段的洪量。同一年内，各种洪水的特征值可以在不同场洪水中选取，以保证"最大"选样原则。

2）一年多次法。每年选取最大的k项，则由n年资料可选出nk项样本系列。k对各年取固定值，如三次、五次等，可根据当地洪水特性确定。

3）超定量法。各年出现大洪水的次数是不同的，根据当地洪水特性，分别选定洪峰流量和时段洪量的阈值Q_{m0}、W_{t0}，超过该阈值的洪水特征均选作样本。这样，某些年的洪水可能没被选取，而有些年有多次洪水入选。选取的样本容量不一定等于n。

4）超大值法。把n年资料看作一连续过程，从中选出最大的n项洪水特征。此法相当于以第n项洪水作为超定量选样的阈值。这样选取的样本系列，会出现个别年份有多场洪水入选，个别年份无洪水入选的情况。

2. 我国水利水电工程常用选样方法

根据《水利水电工程设计洪水计算规范》（SL 44—2006）的规定，对于水利水电工程，目前采用年最大值法选样，即从资料中逐年选取一个最大流量和固定时段的最大洪水总量，组成洪峰流量和洪量系列。年最大值法的选样准则是每年只选一个最大洪峰流量及某一历时的最大洪量。此方法简单，操作容易，样本独立性好。

对于洪峰选样，选取年最大值；对于洪量选样，选取固定时段年最大值。固定时段一般采用 1d、3d、5d、7d、15d、30d、45d。对于大流域，调洪能力大的工程，设计时段可以取得长些；小流域、调洪能力小的工程，设计时段可以取得短一些。同一年内所选取的不同时段洪量，可能发生在同一次洪水中，也可能发生在不同场次的洪水中，关键是选取其最大值。图 5-2-1 中最大 1d 洪量与 3d、5d 洪量不属于同一次洪水。

年最大洪峰流量可以从水文年鉴上直接查得，而年最大各历时洪量则要根据洪水水文要素摘录表的数据用梯形面积法计算。

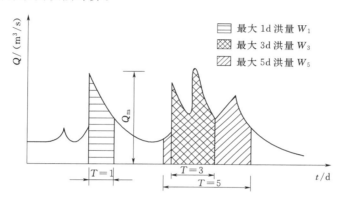

图 5-2-1　年最大洪峰、洪量选样示意图

年最大值选样法符合破坏率的概念，即工程一旦遭受破坏，损失巨大，且洪灾所造成的损失很难在一年内得到恢复，故一年内只要在一个瞬时工程遭受破坏，这一年就算作"破坏"。

而对于市政排水或厂矿排水等工程，由于出现超过设计频率的暴雨洪水所造成的损失能够较快得到恢复，在一年内洪灾损失与洪水发生的超标准的洪水次数有关，此时，宜采用一年多次法或超定量值选样法，美国的工程设计多用超定量值选样法。

三、特大洪水

1. 特大洪水的研究意义

目前我国河流的实测流量资料和雨量资料一般都不长，即使通过插补展延后的资料长度（n）也仅约 30～50 年。根据这样短的资料系列来推算百年以上一遇的稀遇洪水，可能存在较大的抽样误差。如果能在实测系列之外，调查到 $N(N \gg n)$ 年内的特大洪水，那么将这些洪水加入频率计算，等于在频率曲线的上端增加了一个控制点，提高了系列的代表性，将使计算成果更加合理可靠。

2. 特大洪水的定义

比系列中一般洪水大得多，并且通过洪水调查考证可以确定其量值大小及其重现期的洪水称为特大洪水。历史上的一般洪水没有文字记载，没有留下洪水痕迹，只有特大洪水才有文献记载或洪水痕迹可供查证，所以调查到的历史洪水一般就是特大洪水，如图 5-2-2 所示。

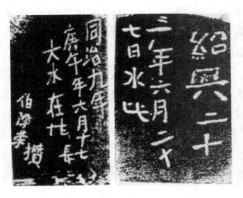

图 5-2-2 长江历史特大洪水石刻

特大洪水可以发生在实测系列 n 年之内，也可以发生在实测系列 n 年之外，前者称资料内特大洪水，如图 5-2-3 所示，后者称资料外特大洪水或历时特大洪水，如图 5-2-4 所示。一般特大洪水流量 Q_N 与 n 年实测系列平均流量 $\overline{Q_n}$ 之比大于 3 时，Q_N 可以考虑作为特大洪水处理。

3. 特大洪水重现期的确定

水文上除采用洪水频率衡量洪水的大小外，也常用重现期（以年为单位）来表示，重现期是指某量级的洪水在很长时期内平均多少年出现一次的概念。重现期超过 50 年的洪水，为特大洪水。要准确地定出特大洪水的重现期 N 是相当困难的，目前，一般是根据历史洪水发生的年代来大致推估。

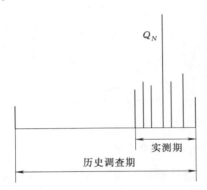

图 5-2-3 资料内特大洪水

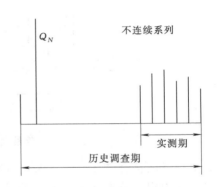

图 5-2-4 资料外特大洪水（历史特大洪水）

（1）从发生年代至今为最大：$N=$ 工程设计年份－发生年份＋1。

（2）从调查考证的最远年份至今为最大：$N=$ 工程设计年份－调查考证期最远年份＋1。

这样确定特大洪水的重现期具有相当大的不稳定性，要准确地确定重现期就要追溯到更远的年代，但追溯的年代越久，河道情况与当前差别越大，记载越不详尽，计算精度越差，一般以明、清两代 600 年、700 年为宜。

【例 5-2-1】 某河某站具有 1955—2016 年的实测洪峰流量资料，调查考证得 1890 年最大洪峰流量 18000m³/s 为 1890—2016 年最大，其重现期是多少？

解：$N=2016-1890+1=127$ 年

【例 5-2-2】 确定特大洪水重现期实例。

解：1992 年由于工程设计需要，对长江重庆——宜昌河段进行洪水调查，同治九年（1870 年）川江发生特大洪水，沿江调查到石刻 91 处，推算得宜昌洪峰流量 $Q_m=110000$m³/s。

如此洪水自 1870 年以来为最大，则工程设计之时，重现期 $N=1992-1870+1=123$（年）。

又经调查，忠县东云乡长江岸石壁有两处宋代石刻，记述"绍兴二十三年癸酉六月二十六日水泛涨。"这是长江干流上发现最早的洪水题刻。据洪痕实测资料显示，忠县洪峰水位

为 155.6m。又据历史洪水调查，宜
昌站洪峰水位为 58.06m，推算流量
为 92800m³/s，3d 洪量为 232.7 亿
m³。宋绍兴 23 年即 1153 年，该次洪
水，也小于 1870 年洪水，可以肯定
自 1153 年以来 1870 年洪水为最大，
见图 5-2-5，故 1870 年洪水的重现
期为 $N=1992-1153+1=840$ （年）

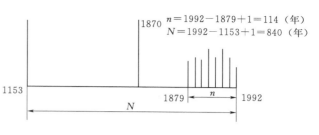

图 5-2-5　洪水系列示意图

【例 5-2-3】 1955 年规划河北省滹沱河黄壁庄水库时，按当时具有的 1919—1955 年
期间 20 年实测洪水资料推求千年一遇设计洪峰流量 $Q_m=7500m³/s$。1956 年发生了一次洪
峰流量为 13100m³/s 的特大洪水，显然原设计成果值得怀疑。将 1956 年特大洪水直接加入
实测系列组成 21 年的样本资料，对此样本直接进行频率计算也是不合适的，而应结合历
史洪水调查，对特大洪水进行处理，提高样本的代表性，使得成果稳定、可靠。后在滹沱河调
查到 1794 年、1853 年、1917 年和 1939 年 4 次特大洪水，再将 1956 年洪水和历史调查洪水
作为特大值处理，得千年一遇设计洪峰 $Q_m=22600m³/s$，比原设计值大 80%，1963 年又发
生了一次大洪水，洪峰流量为 12000m³/s，若将其作为特大洪水也加入样本，得千年一遇设
计洪峰流量 $Q_m=23500m³/s$。这次计算的洪峰流量只变化了 4%，显然设计值已趋于稳定。
由此可看出特大洪水处理的重要性。

四、考虑特大洪水后经验频率和统计参数的计算

1. 洪水经验频率的估算

特大洪水加入系列后成为不连续系列，即由大到小排位序号不连续，其中一部分属于漏
缺项位，其经验频率和统计参数计算与连续系列不同。这样，就要研究有特大洪水时的频率
计算方法，称为特大洪水处理。

考虑特大洪水时经验频率的计算基本上是采用将特大洪水的经验频率与一般洪水的经验
频率分别计算的方法。设调查及实测（包括空位）的总年数为 N 年，连续实测期为 n 年，
共有 a 次特大洪水，其中有次发生在实测期，a 次是历史特大洪水。目前国内有两种计算特
大洪水与一般洪水经验频率的方法。

（1）独立样本法。此法是把包括历史洪水的长系列（N 年）和实测的短系列（n 年）看
作是从总体中随机抽取的两个独立样本，各项洪峰值可在各自所在系列中排位。因为两个样
本来自同一总体，符合同一概率分布，故适线时仍可把经验频率绘在一起，共同适线。

特大洪水的经验频率为

$$P_M = \frac{M}{N+1} (M=1,2,\cdots,a) \tag{5-2-1}$$

一般洪水的经验频率为

$$P_m = \frac{m}{n+1} (m=l+1,l+2,\cdots,n) \tag{5-2-2}$$

式中　M——特大洪水的排序；

　　　m——实测期内一般洪水的排序。

　　　l——实测期内特大洪水的场次。

（2）统一样本法。将实测一般洪水系列与特大值系列共同组成一个不连序系列作为代表总体的样本，不连序系列的各项可在调查期限 N 年内统一排位。特大洪水的经验频率为

$$P_M = \frac{M}{N+1}(M=1,2,\cdots,a) \tag{5-2-3}$$

实测系列中有 l 项特大洪水，其余的 $n-l$ 项一般洪水，假定其均匀地分布在第 a 项频率 P_{Ma} 以外的范围内，即 $1-P_{Ma}$，如图 5-2-6 所示。一般洪水的经验频率为

$$P_m = P_{Ma} + (1-P_{Ma})\frac{m-l}{n-l+1}(m=l+1,l+2,\cdots,n) \tag{5-2-4}$$

式中 $P_{Ma}=a/(N+1)$——N 年中末位特大洪水的经验频率；

　　　$1-P_{Ma}$——N 年中一般洪水（包括空位）的总频率；

　　　$(m-l)/(m-l+1)$——实测期一般洪水在 n 年（去了 l 项）内排位的频率。

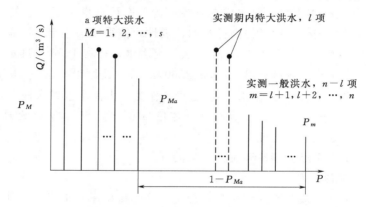

图 5-2-6　统一样本法频率计算示意图

上述两种方法，我国目前都在使用。一般说，独立样本法把特大洪水与实测一般洪水视为相互独立的，这在理论上有些不合理，但比较简便，在特大洪水排位可能有错漏时，并不影响其他洪水经验频率的计算结果，这方面讲则是比较合适的。当特大洪水排位比较准确时，理论上说，用统一样本法更好一些。

【例 5-2-4】 某站自 1935—1972 年的 38 年中，有 5 年因战争缺测，故实有洪水资料 33 年。其中 1949 年为最大，经考证应作为特大值处理。另外，查明自 1903 年以来的 70 年间，为首的三次大洪水，其大小排位依次为 1921 年、1949 年、1903 年，并能判断不会遗漏掉比 1903 年更大的洪水。同时，还调查到在 1903 年以前，还有 3 次大于 1921 年的特大洪水，其序位为 1867 年、1852 年、1832 年，但因年代久远，小于 1921 年的洪水则无法查清。现按上述两种方法估算各项经验频率。

解：根据上述情况，实测洪水 $n=33$，调查期分作两个时期：其一是 1832—1972 年，记为 $N_2=141$ 年，在此期间能够进行排位的有 1832 年、1852 年、1867 年和 1921 年洪水，顺序为 1867 年、1852 年、1832 年、1921 年，而 1949 年、1903 年则不能在这一调查期中排位；其二是 1903—1972 年，记为 $N_1=70$ 年，其中仅有 1903 年、1921 年、1949 年的洪水能在 N_1 中排位，它们的大小顺序为 1921 年、1949 年、1903 年，见图 5-2-7。频率计算见表 5-2-1。

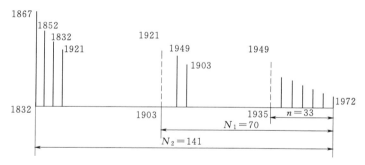

图 5-2-7　洪水排位示意图

表 5-2-1　　　　　　　　　　　　　洪水系列经验频率计算表

调查或实测期	系列年数		洪水序位		洪水年份	经验频率 P	
	n（实测）	N（调查）	m（实测）	M（调查）		独立样本法	统一样本法
调查期 N_2		141 （1832—1972 年）		1	1867	$p_{M.2-1}=\dfrac{1}{141+1}=0.0071$	同独立样本法
				2	1852	$p_{M.2-2}=\dfrac{2}{142}=0.0141$	
				3	1832	$p_{M.2-3}=\dfrac{3}{142}=0.0211$	
				4	1921	$p_{M.2-4}=\dfrac{4}{142}=0.0282$	
调查期 N_1		70 （1903—1972 年）		1	1921	已抽到上栏一起排位	
				2	1949	$p_{M.1-1}=\dfrac{2}{70+1}=0.0282$	$p_{M.1-2}=0.0282+(1-0.0282)$ $\times\dfrac{2-1}{70-1+1}=0.042$
				3	1903	$p_{M.1-2}=\dfrac{3}{71}=0.0423$	$p_{M.1-3}=0.0282+(1-0.0282)$ $\times\dfrac{2}{72}=0.0559$
实测期 n	33 （1935—1972 年，缺 5 年）		1		1949	已抽到上栏一起排位	
			2		1940	$p_{m.2}=\dfrac{2}{33+1}=0.0588$	$p_{m.2}=0.0559+(1-0.0559)$ $\times\dfrac{2-1}{33-1+1}=0.0845$
			⋮		⋮	⋮	
			33		1968	$p_{m.33}=\dfrac{33}{34}=0.969$	$p_{m.33}=0.0559+(1-0.0559)$ $\times\dfrac{33}{34}=0.970$

2.考虑特大洪水时统计参数的确定

考虑特大洪水时统计参数的确定仍采用配线法，参数值的初估常用矩法或三点法进行，此处介绍矩法。

假设系列中 $n-l$ 年的一般洪水的均值为 x_{n-l}、均方差为 σ_{n-l}，它们与除去特大洪水后的 $N-a$ 年总的一般洪水系列的均值 x_{N-a}、均方差 σ_{N-a} 相等，即

$$\overline{x}_{N-a}=\overline{x}_{n-l},\sigma_{N-a}=\sigma_{n-l} \tag{5-2-5}$$

则可导出：

$$\overline{x}=\frac{1}{N}\left(\sum_{j=1}^{a}x_j+\frac{N-a}{n-l}\sum_{i=l+1}^{n}x_i\right) \tag{5-2-6}$$

$$C_v = \frac{1}{\overline{x}} \sqrt{\frac{1}{N-1}\left[\sum_{j=1}^{a}(x_j - \overline{x})^2 + \frac{N-a}{n-l}\sum_{i=l+1}^{n}(x_i - \overline{x})^2\right]} \qquad (5-2-7)$$

式中　x_i——一般洪水；

　　　x_j——特大洪水。

五、频率曲线线型的选择

对于洪水变量等水文变量，目前还无法从理论上证明其服从何种分布，应该采用何种频率曲线线型描述其统计规律。为了使设计工作规范化，使各地设计洪水成果具有可比性和便于综合协调，世界上大多数国家都根据当地长期洪水系列经验点据拟合情况，选择一种能较好地拟合大多数系列的理论曲线。

国际上关于线型的选用差别很大，常用的线型达 20 余种之多，包括极值Ⅰ和Ⅱ型分布、广义极值分布（GEV）、对数正态分布（L-N）、皮尔逊Ⅲ型分布（P-Ⅲ）以及对数皮尔逊Ⅲ型分布等。我国曾采用皮尔逊Ⅲ型和克里茨基-曼开里型作为洪水特征的频率曲线线型，为了使设计工作规范化，自 20 世纪 60 年代以来，通过对我国洪水极值资料的验证，认为 P-Ⅲ型曲线能较好地拟合我国大多数河流的洪水系列，此后，我国一直采用皮尔逊Ⅲ型曲线作为洪水频率计算的依据。但对于特殊情况，经分析研究，也可采用其他线型。

六、推求设计洪峰和设计洪量

有关水文频率计算方法已在第三章做了具体介绍，但未涉及特大洪水处理问题，本节将用一个实例，考虑加入特大洪水，具体说明应用三点法推求设计洪峰流量及设计洪量的方法。

【例 5-2-5】 某河水文站实测洪峰流量资料共 30 年［表 5-2-2 第（2）栏］，历史特大洪水 2 年［表 5-2-2 第（2）栏］，历史考证期 102 年，试用矩法初选参数进行配线，推求该水文站 200 年一遇的洪峰流量。

（1）计算经验频率，并点绘经验频率曲线，见图 5-2-8。

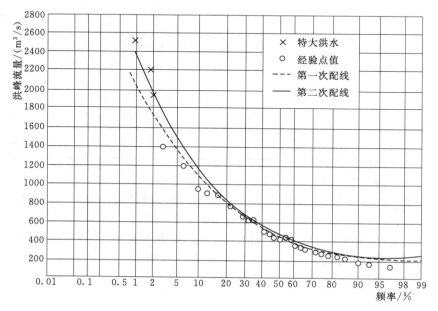

图 5-2-8　某站洪峰流量频率曲线

利用式（5-2-1）计算特大洪水的经验频率，式中 $N=102$，计算成果列入表5-2-2第（3）栏。

表5-2-2　　　　　　　　　某河水文站洪峰流量经验频率计算表

序号	洪峰流量/（m³/s）	$P_{Ma}=M/(N+1)$	$m/(n+1)$	$(1-P_{ma})m/(n+1)$	$P_M=P_{Ma}+(1-P_{Ma})m/(n+1)$
（1）	（2）	（3）	（4）	（5）	（6）
Ⅰ	2520	0.010			
Ⅱ	2200	0.019			
1	1400		0.032	0.032	0.050
2	1210		0.065	0.065	0.083
3	960		0.097	0.097	0.114
4	920		0.129	0.129	0.146
5	890		0.161	0.161	0.177
6	880		0.194	0.194	0.209
7	790		0.226	0.226	0.241
8	784		0.268	0.268	0.272
9	670		0.290	0.290	0.303
10	650		0.323	0.323	0.336
11	638		0.355	0.355	0.367
12	590		0.387	0.387	0.399
13	520		0.419	0.419	0.430
14	510		0.452	0.452	0.462
15	480		0.484	0.484	0.494
16	470		0.516	0.516	0.525
17	462		0.548	0.548	0.557
18	440		0.581	0.581	0.589
19	386		0.613	0.613	0.620
20	368		0.645	0.645	0.652
21	340		0.677	0.677	0.683
22	322		0.710	0.710	0.716
23	300		0.742	0.742	0.747
24	288		0.774	0.774	0.778
25	262		0.806	0.806	0.810
26	240		0.839	0.839	0.842
27	220		0.871	0.871	0.873
28	200		0.903	0.903	0.905
29	186		0.935	0.935	0.936
30	160		0.968	0.968	0.969

分别用式（5-2-2）、式（5-2-4）计算一般洪水的经验频率，式中 $P_{Ma}=P_{M2}$，计算成果列入表5-2-2第（4）栏和第（6）栏。

（2）用矩法计算统计参数。用式（5-2-6）计算年最大洪峰流量的均值，式中 $N=102$、$n=30$、$a=2$、$l=0$，得

$$\overline{x} = \frac{1}{N}\left(\sum_{j=1}^{a} x_j + \frac{N-a}{n-l}\sum_{i=l+1}^{n} x_i\right) = \frac{1}{102}\times\left(4720+\frac{100}{30}\times 16542\right) = 587\,(\mathrm{m^3/s})$$

用式（5-2-7）计算年最大洪峰流量的变差系数 C_v（表5-2-3、表5-2-4），得

$$C_v = \frac{1}{\overline{x}}\sqrt{\frac{1}{N-1}\left[\sum_{j=1}^{a}(x_j-\overline{x})^2 + \frac{N-a}{n-l}\sum_{i=l+1}^{n}(x_i-\overline{x})^2\right]}$$

$$= \frac{1}{587}\times\sqrt{\frac{1}{102-1}\times\left(6338258+\frac{100}{30}\times 2885110\right)} = 0.68$$

表5-2-3　　　　　　　　　　　　变差系数计算表1

序号	$x_j,\ x_i$	$x_j-\overline{x}$	$(x_j-\overline{x})^2$
I	2520	1933	3736489
II	2200	1613	2601769
Σ			6338258

表5-2-4　　　　　　　　　　　　变差系数计算表2

序号	x_j	$x_j-\overline{x}$	$(x_j-\overline{x})^2$	序号	x_i	$x_i-\overline{x}$	$(x_i-\overline{x})^2$
1	1400	813	660969	17	462	−125	15625
2	1210	623	388129	18	440	−147	21609
3	960	373	139129	19	386	−201	40401
4	920	333	110889	20	368	−219	47961
5	890	303	91809	21	346	−241	58081
6	880	293	85849	22	322	−265	70225
7	790	203	41209	23	300	−287	82369
8	784	197	38809	24	288	−299	89401
9	670	83	6889	25	262	−325	105625
10	650	63	3969	26	240	−347	120409
11	638	51	2601	27	220	−367	134689
12	590	3	9	28	200	−387	149769
13	520	−67	4489	29	186	−401	160801
14	510	−77	5929	30	160	−427	182329
15	480	−107	11449	Σ	16542		2885110
16	470	−117	13689				

（3）选配洪水频率曲线。根据统计参数计算成果，取 $C_v=0.7$，$C_s=3C_v$，查附表2得出相应于不同频率 P 的 K_p 值，列入表5-2-5第（2）栏，乘以 $\overline{Q}$ 得相应的 Q_p 值，列入表5-2-5第（3）栏。

表5-2-5 频率曲线配线计算表

频率	第一次配线 $Q = 587\mathrm{m}^3/\mathrm{s}$ $C_\mathrm{v} = 0.7$ $C_\mathrm{s} = 3C_\mathrm{v}$		最终配线成果 $Q = 587\mathrm{m}^3/\mathrm{s}$ $C_\mathrm{v} = 0.8$ $C_\mathrm{s} = 3.5C_\mathrm{v}$	
$P/\%$	K_p	$Q_p/(\mathrm{m}^3/\mathrm{s})$	K_p	$Q_p/(\mathrm{m}^3/\mathrm{s})$
（1）	（2）	（3）	（4）	（5）
0.01	6.90	4050	8.91	5236
0.1	5.23	3070	6.53	3833
0.2	4.73	2776	5.81	3410
0.5	4.06	2383	4.87	2859
1	3.56	2090	4.18	2454
2	3.05	1790	3.49	2049
5	2.40	1409	2.61	1532
10	1.90	1115	1.97	1156
20	1.41	828	1.37	804
50	0.78	458	0.70	411
75	0.50	294	0.49	288
90	0.39	229	0.44	258
95	0.36	211	0.43	252
99	0.34	200	0.43	252

将表5-2-5中第（1）、（3）栏的对应数值点绘成曲线，可见点绘的频率曲线中下段与经验频率点据配合较好，但中上段偏离特大洪水点子下方较多，因此，必须进行调整。

第二次配线时适当将 C_v 增大，经数次配线后，最终选取 $C_\mathrm{v} = 0.8$，并取 $C_\mathrm{s} = 3.5C_\mathrm{v}$，使曲线中上部与经验点据靠近，再查附表2，得相应于不同 P 值的 K_p 值，并计算相应的 Q_p 值，列于表5-2-5第（4）、（5）栏，此时曲线与经验点据配合较好，可作为采用的洪水频率曲线，查 $P = 0.5\%$ 对应的 K_p，得 $K_p = 4.87$，按 $Q_p = K_p\overline{Q}$ 算得：$Q_p = 4.87 \times 587 = 2859$ （m^3/s），即为所求的该水文站200年一遇的洪峰流量。

【例5-2-6】 某水库坝址处具有1968—1995年共28年实测洪峰流量资料，通过历史洪水调查得知，1925年发生过一次大洪水，坝址洪峰流量6100m^3/s，实测系列中1991年为自1925年以来的第二大洪水，洪峰流量4900m^3/s。试用矩法初估参数推求坝址千年一遇设计洪峰流量。

（1）按独立样本法计算经验频率，见表5-2-6。历史调查洪水的重现期为 $N = 1995 - 1925 + 1 = 71$ 年，实测洪水样本容量 $n = 1995 - 1968 + 1 = 28$ 年。

（2）在经验频率曲线上依次读出 $P = 5\%$、$P = 50\%$ 和 $P = 95\%$ 三点的纵标：$Q_{5\%} = 3900$，$Q_{50\%} = 850$，$Q_{95\%} = 100$，计算 $S = (3900 + 100 - 2 \times 850)/(3900 - 100) = 0.605$，由 S 查 $S = f(C_\mathrm{s})$ 关系表得 $C_\mathrm{s} = 2.15$。由 C_s 查离均系数 Φ 值表得：$\Phi_{5\%} = 2.0$，$\Phi_{50\%} = -0.325$，$\Phi_{95\%} = -0.897$。计算得：$\sigma = 1312\mathrm{m}^3/\mathrm{s}$，$\overline{Q} = 1275\mathrm{m}^3/\mathrm{s}$，$C_\mathrm{v} = 1.03$。

（3）经多次配线，最后取 $\overline{Q} = 1275\mathrm{m}^3/\mathrm{s}$，$C_\mathrm{v} = 1.05$，$C_\mathrm{s} = 2.5C_\mathrm{v}$ 配线结果较好，故采用之，见图5-2-9中实线所示。

表 5-2-6　　　　　　　　　　　　某水库坝址洪峰流量频率计算表

序号		洪峰流量 /(m³/s)	P/%		序号		洪峰流量 /(m³/s)	P/%	
M	m		P_M	P_m	M	m		P_M	P_m
Ⅰ		6100	1.4		15		860		51.7
Ⅱ		4900	2.8		16		670		55.2
	2	3400		6	17		600		58.6
	3	2880		10.3	18		553		62.1
	4	2200		13.8	19		512		65.5
	5	2100		17.2	20		500		69
	6	1930		20.7	21		400		72.4
	7	1840		24.1	22		380		75.9
	8	1650		27.6	23		356		79.3
	9	1560		31	24		322		82.8
	10	1400		34.5	25		280		86.2
	11	1230		37.9	26		255		89.7
	12	1210		41.4	27		105		96.6
	13	920		44.8	28		91		
	14	900		48.3					

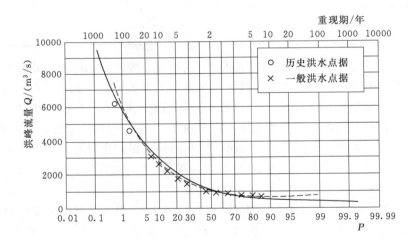

图 5-2-9　某水库坝址处年最大洪峰流量频率曲线

（4）计算千年一遇设计洪峰流量为

$$Q_{0.1\%} = \overline{Q}(C_v \varphi + 1) = 1275 \times (1.05 \times 6.7 + 1) = 10245 (\text{m}^3/\text{s})$$

七、洪水设计值的安全保证值

频率计算是用有限样本估算总体的参数，必然存在误差。由频率计算所得的洪水设计值也存在误差或不确定性。通常采用设计洪水值抽样分布的均方误来表征误差，即

$$\sigma_{x_p} = \frac{\overline{x} C_v}{\sqrt{n'}} B \tag{5-2-8}$$

或

$$\sigma'_{x_p} = \frac{\sigma_{x_p}}{x_p} \times 100\% = \frac{C_v}{K_p \sqrt{n'}} B \times 100\% \tag{5-2-9}$$

式中　$\bar{x}$、C_v——为总体参数的估值；

　　　　　n'——折算年数（若系列连续则采用资料长度，不连续则采用介于 n 与 N 的一个值）；

　　　　　K_p——为指定频率 P 的模比系数；

　　　　　B——C_s 和设计频率 P 的函数。已制成 P-C_s-B 图（也称为诺模图）可供查用，如图 5-2-10 所示。

对于有一个或若干个特大和大洪水资料的系列，样本容量就不宜再用连续资料的年限 n，当然也不得以历史洪水调查考证期 N 计算，而应采用介于 n 和 N 之间的某一数值 n' 称为折算年数。有时采用如下经验公式计算：

$$n'=n+(c+d)(N-n)$$

式中　c——反映（$N-n$）年调查洪水项数的系数，一项洪水时，$c=0.2$；两至三项洪水时，$c=0.3$；三项洪水以上时，$c=0.4$；

　　　d——反映调查洪水精度的系数，精度要求一般时，$d=0.2$；要求可靠时，$d=0.3$；要求精确时，$d=0.4$。

如果一个洪水设计值的抽样均方误小，则认为该估计值的有效性好、精度高；反之，有效性差，精度低。

《水利水电工程设计洪水计算规范》（SL 44—2006）规定，对大型工程或重要的中型工程，用频率分析计算的校核标准洪水，应计算抽样误差。经综合分析检查后，如成果有偏小的可能，应加安全修正值，一般不超过计算值的 20%。

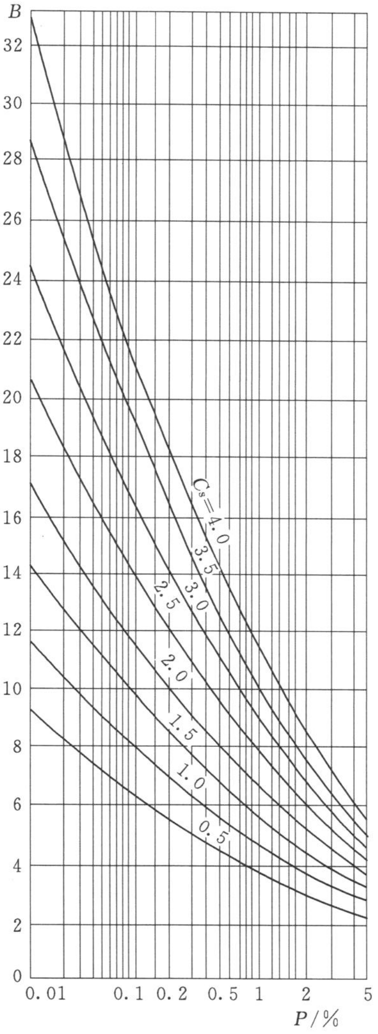

图 5-2-10　诺模图

八、计算成果的合理性分析

1. 成果误差来源

计算成果的误差来源主要有以下几条：①资料误差；②计算误差；③计算方法不完善。

2. 检查方法

在洪水频率计算中，由于资料系列不长，常使计算所得的各项统计参数（$\bar{x}$、C_v、C_s）及各种频率的设计值 x_p 存在误差。为了防止因各种原因带来的差错，必须对计算结果进行合理性检查，以便提高计算精度。检查工作一般从以下几个方面进行。

（1）根据本站频率计算成果，检查洪峰、各时段洪量的统计参数与历时之间的关系。一般来说，随着历时的增加，洪量的均值也逐渐增大，时段平均流量的均值则随历时的增长而减小。

C_v 一般随历时的增加而减小。但对于调蓄作用大且连续暴雨次数多的河流，随着历时的增加，C_v 反而增大，至某一历时达到最大值，然后再逐渐减小。

C_s 值由于观测资料短，计算成果误差很大，因此规律不明显。一般的概念是随着历时的增加，其值逐渐减小。

另外还可以从各种历时的洪量频率曲线作对比分析，要求各种曲线在使用范围内不应有交叉现象。

（2）根据上下游站、干支流站及邻近地区各河流洪水的频率分析成果进行比较，如气候、地形条件相似，则洪峰、洪量的均值自上游向下游递增，其模数则由上游向下游递减。

如将上下游站、干支流站同历时最大洪量的频率曲线绘在一起，下游站、干流站的频率曲线应高于上游站和支流站，曲线间距的变化也有一定规律。

（3）暴雨径流之间关系的分析。暴雨统计参数与相应时段洪量统计参数之间是有关系的，一般而言，洪量的 C_v 应大于相应时段暴雨量的 C_v。

以上介绍的设计成果合理性分析方法所依据的是洪水在时空变化上的一般统计特性，由于影响洪水的因素错综复杂，所以在分析时务必结合暴雨特性、下垫面条件、资料质量等多方面进行论证。

第三节　设计洪水过程线的推求

设计洪水过程线是指具有某一设计标准的洪水过程线。但是，洪水过程线的形状千变万化，且洪水每年发生的时间也不相同，是一种随机过程，目前尚无完善的方法直接从洪水过程线的统计规律求出一定标准的过程线。尽管有人提出以建立的洪水随机模型模拟出大量洪水过程线作为工程未来运营期内可能遭遇到的各种洪水情势的预估，以代替设计洪水过程线，但目前尚未达到可以方便使用的地步。

为了适应工程设计的要求，目前仍采用放大典型洪水过程线的方法，使设计过程线的洪峰流量和时段洪水总量的数值等于设计值，其出现的频率等于设计标准，即认为所得的过程线是待求的设计洪水过程线。

一、典型洪水过程线的选取

典型洪水过程线是放大的基础，从实测洪水中选出和设计要求相近的洪水过程线作为典型时，资料要可靠，同时应考虑下列原则。

（1）资料完整，精度较高，峰高量大的实测大洪水过程线。

（2）具有较好的代表性，即它的发生季节、地区组成、峰型、主峰位置、峰量关系等能代表设计流域大洪水的特性。

（3）从防洪安全着眼，选择对工程防洪不利的典型，如峰型比较集中、主峰靠后的洪水过程。如水库下游有防洪要求，应考虑与下游洪水遭遇的不利典型。

一般按上述原则初步选取几个典型，分别放大，并经调洪计算，取其中偏于安全的作为设计洪水过程线的典型。

二、典型洪水过程线的放大

目前采用的典型洪水的放大方法有同倍比放大法和同频率放大法。

1. 同倍比放大法

同倍比放大法是按同一个倍比放大典型洪水过程线的各点纵坐标值，从而求得设计洪水过程线。此法的关键是如何确定放大倍比值。常用的有按峰控制放大倍比和按量控制放大倍比。

如果以洪峰控制，称为"峰比"放大，其放大倍比为

$$K_{Q_m} = \frac{Q_{m_p}}{Q_m} \qquad (5-3-1)$$

式中 K_{Q_m}——以峰控制的放大系数；

Q_m——典型洪水过程线的洪峰。

如果以量控制，称为"量比"放大，其放大倍比为

$$K_{W_t} = \frac{W_{t_p}}{W_t} \qquad (5-3-2)$$

式中 K_{W_t}——以量控制的放大系数；

W_{t_p}——控制时段 t 的设计洪量；

W_t——典型过程线在控制时段 t 的最大洪量。

按式（5-3-1）或式（5-3-2）计算放大倍比，然后与典型洪水过程线流量坐标相乘，就得到设计洪水过程线。按峰放大后的洪峰流量等于设计洪峰流量 Q_{m_p}，按时段洪量放大后的洪量等于相同时段的设计洪量。

实际的设计洪水过程线推求，是选择用峰控制还是用量控制，关键要看峰、量哪个起主要作用；对于桥梁、涵洞、堤防等过水建筑物，主要考虑能否宣泄洪峰流量，而与洪水总量关系不大。对于洪量起决定影响的工程，如分洪区、排涝工程等，只考虑能容纳和排出多少水量，而与洪峰无多大关系，可用这种按量放大的方法。对于水库等蓄水建筑物，应峰量同时考虑，此时多采用同频率放大法。

"以峰控制"，则洪峰等于设计值，洪量不一定等于设计值；"以量控制"，则时段洪量等于设计值，而洪峰不一定等于设计值。

2. 同频率放大法

在放大典型过程线时，按洪峰和不同历时的洪量分别采用不同倍比，使放大后的过程线的洪峰及各种历时的洪量分别等于设计洪峰和设计洪量。也就是说，经放大后的过程线，其洪峰流量和各种历时洪水总量的频率都符合同一设计标准，称为"峰、量同频率放大"，简称同频率放大。

洪峰的放大倍比 K_{Q_m}：

$$K_{Q_m} = \frac{Q_{m_p}}{Q_m} \qquad (5-3-3)$$

最大 1d 洪量的放大倍比 k_1：

$$k_1 = \frac{W_{1p}}{W_{1d}} \qquad (5-3-4)$$

式中 W_{1p}——最大 1d 设计洪量；

W_{1d}——典型洪水的最大 1d 洪量。

按式（5-3-4）放大后，可得到设计洪水过程中最大 1d 的部分。对于其他历时，如最大 3d，其 1d 的洪水过程按 k_1 放大，其余 2d 的洪量，按照 k_{3-1} 放大，依次类推。放大后的这 2d 洪量 W_{3-1} 与 W_{1p} 之和，恰好等于 W_{3p}，即

$$W_{3-1} = W_{3p} - W_{1p} \qquad (5-3-5)$$

所以，最大 3d 洪量中除最大 1d 以外，其余 2d 的放大倍比为

$$k_{3-1} = \frac{W_{3p} - W_{1p}}{W_{3d} - W_{1d}} \qquad (5-3-6)$$

同理，在放大最大 7d 中，3d 以外的 4d 的放大倍比为

$$k_{7-3} = \frac{W_{7p} - W_{3p}}{W_{7d} - W_{3d}} \qquad (5-3-7)$$

依次可得其他历时的放大倍比，如

$$k_{15-7} = \frac{W_{15p} - W_{7p}}{W_{15d} - W_{7d}} \qquad (5-3-8)$$

其他依次类推。

在典型洪水过程线放大中，由于在两种历时衔接的地方放大倍比 k 不一致，因而放大后在交界处产生不连续现象，使过程线呈锯齿形。此时可徒手修匀，使其成为光滑曲线，修匀时需要保持设计洪峰和各时段的设计洪量不变。修匀后的过程线即为设计洪水过程线 $Q_p(t)$。

3. 两种放大方法的比较

同倍比放大法计算简便，常用于峰量关系较好的河流，以及水工建筑物的防洪安全主要由洪峰流量或某时段洪量起控制作用的工程。对长历时、多峰型的洪水过程，或要求分析洪水地区组成时，同倍比放大法比同频率放大法更为适用。此外，同倍比放大后，设计洪水过程线保持典型洪水过程线的形状不变。

同频率放大法成果较少受所选典型不同的影响，常用于峰量关系不够好、洪峰形状差别大的河流，以及峰量均对水工建筑物的防洪安全起控制作用的工程。目前大中型水库的规划设计主要采用此法。

【例 5-3-1】　经过对某水库实测和调查洪水的分析，初步确定 1971 年 8 月的一次洪水为典型洪水，其洪峰、各时段洪量及设计洪峰、洪量见表 5-3-1，洪水过程见表 5-3-2。要求用同频率放大法，推求 $P=1\%$ 的设计洪水过程线。

表 5-3-1　　　　　　　　　　某水库典型及设计洪峰、洪量统计表

时段/d	设计洪水 $W_{t1\%}/(10^6 m^3)$	典型洪水 1971 年 3 日 0 时—9 日 24 时	
		起讫时间	洪量 $W_{td}/(10^6 m^3)$
1	60.5	4 日 0 时—4 日 24 时	47.7
3	90.5	4 日 0 时—6 日 24 时	70.9
7	116	3 日 0 时—9 日 24 时	92.3
洪峰流量/(m³/s)	$Q_{m1\%}=1460$	$Q_{md}=1066$	

解：

首先，计算洪峰和各时段洪量的放大倍比：

$$K_{Q_m} = \frac{1460}{1066} = 1.37$$

$$k_1 = \frac{60.5}{47.7} = 1.27$$

$$k_{3-1} = \frac{90.5 - 60.5}{70.9 - 47.7} = 1.29$$

$$k_{7-3}=\frac{116-90.5}{92.3-70.9}=1.19$$

表 5-3-2　　　　　　　　　同频率法设计洪水过程线计算表

典型洪水过程线			放大倍比	放大后流量 /(m³/s)	修匀后的流量 /(m³/s)	典型洪水过程线			放大倍比	放大后流量 /(m³/s)	修匀后的流量 /(m³/s)
时间		流量 /(m³/s)				时间		流量 /(m³/s)			
日	时					日	时				
(1)		(2)	(3)	(4)	(5)	(1)		(2)	(3)	(4)	(5)
3	0	30	1.19	35.7	35	6	5	130	1.29	168	168
3	12	40	1.19	47.6	48	6	16	82	1.29	106	106
4	0	60	1.19/1.27	71.4/76.2	72	6	19	80	1.29	103	103
4	4	130	1.27	165	160	6	20	82	1.29	106	106
4	12	894	1.27	1135	1135	7	0	135	1.29/1.19	174/161	171
4	14	980	1.27	1244	1244	7	1	140	1.19	167	167
4	15	1066	1.37	1460	1460	7	3	170	1.19	202	202
4	16	950	1.27	1206	1206	7	11	125	1.19	149	149
4	21	480	1.27	610	605	8	0	70	1.19	83.3	83
5	0	350	1.27/1.29	445/451	446	8	5	55	1.19	65.5	66
5	3	240	1.29	310	310	8	13	46	1.19	54.7	55
5	8	167	1.29	215	215	9	0	40	1.19	47.6	47
5	11	139	1.29	179	179	9	10	36	1.19	42.8	43
5	20	107	1.29	138	138	9	24	31	1.19	36.9	36
6	0	115	1.29	148	148						

其次，将这些放大倍比按它们的放大时段填入表 5-3-2 中的第（3）栏中，然后分别乘以第（2）栏中的流量值，其值填入第（4）栏中。

最后，由于时段放大倍比不同，时段分界处出现不连续现象，经过修匀后，其值填入第（5）栏中。

典型洪水过程线和设计洪水过程线如图 5-3-1 所示。

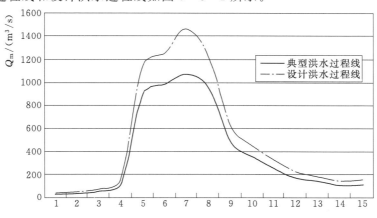

图 5-3-1　某水库工程百年一遇的设计洪水过程线

第四节　入库设计洪水

一、入库洪水的概念

入库洪水是指水库建成后，通过各种途径进入水库回水区的洪水。入库洪水一般由三部分组成，见图 5-4-1。

（1）水库回水末端干支流河道断面的洪水，见图 5-4-1 中由 A、B、C 断面汇入的上游干支流洪水。

（2）水库区间陆面洪水，即 A、B、C 断面以下至水库周边的区间陆面上所产生的洪水。

（3）库面洪水，即库面降水直接转化为径流的洪水。

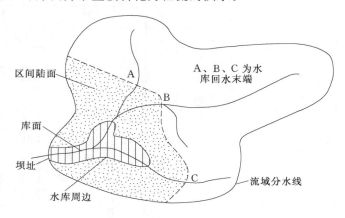

图 5-4-1　入库洪水示意图

由于建库后形成了库区，流域的产汇流条件都有所改变，通过周边进入水库的入库洪水与建库前坝址断面的洪水是有区别的，其差异主要体现在以下 3 个方面。

（1）库区产流条件改变，使入库洪水的洪量增大。水库建成后，水库回水淹没区由原来的陆面变为水面，产流条件相应发生了变化，在洪水期间库面由陆地产流变为水库水面直接承纳降水，汇流速度更快，由原来的陆面蒸发损失变为水面蒸发损失。

（2）流域汇流时间缩短，入库洪峰流量出现时间提前，涨水段的洪量增大。建库后，洪水由干支流的回水末端和水库周边入库，洪水在库区的传播时间比原河道的传播时间短。因此，流域总的汇流时间缩短，洪峰出现的时间相应提前，而库面降雨集中于涨水段，涨水段的洪量增大。

（3）河道被回水淹没成为库区。河槽调蓄能力丧失，再加上干支流和区间陆面洪水常易遭遇，使得入库洪水的洪峰增高，峰形更尖瘦。

二、入库洪水的计算方法

水库的入库洪水不能直接观测，只能用间接方法推求，一般是根据水库汇水特点、资料条件，采用合成流量法、马斯京根法、槽蓄曲线法、峰量关系法和水量平衡法等多种方法加以分析计算。

1. 合成流量法

如水库周边汇入的支流较多，干支流在入库点附近和坝址处均有较长的同步流量观测系列，则可将各入库点与区间的洪水过程线错开传播时间，叠加得到入库洪水。这种方法概念明确，只要坝址以上干支流有实测资料，区间洪水估计得当，一般计算成果较满意。

2. 马斯京根法

若入库点附近及坝址处资料系列较短，可根据坝址洪水资料利用马斯京根法，即反演进的方法推算入库洪水。用马斯京根法反演时，将其公式变换，按相反的程序演算。这种方法对资料的要求较少，计算也比较方便。

3. 水量平衡法

水库建成后，可用坝前水库水位、库容曲线和出库流量等资料用水量平衡法反推入库洪水。计算公式为

$$\overline{I} = \overline{O} + \frac{\Delta V_{损}}{\Delta t} + \frac{\Delta V}{\Delta t} \qquad (5-4-1)$$

式中　$\overline{I}$——时段平均入库流量；

　　　$\overline{O}$——时段平均出库流量；

　　$\Delta V_{损}$——水库损失水量；

　　ΔV——时段始、末水库蓄水量变化值；

　　Δt——计算时段。

平均出库流量包括溢洪道泄量、泄洪洞泄量及发电流量等，也可采用坝下游实测流量资料作为出库流量。水库损失水量包括水库的水面蒸发和枢纽、库区渗漏损失等，一般情况下，在洪水期间，此项数值不大，可忽略不计。

水库蓄水量变化值，一般可用时段始、末的坝前水位和静库容曲线确定，如动库容（受库区流量的影响，库区水面线不是水平的，此时水库的库容称动库容）较大，对推算洪水有显著影响，宜改用动库容曲线推算。

三、入库设计洪水的推求

我国《水利水电工程设计洪水计算规范》（SL 44—2006）规定：“水利水电工程设计洪水一般可采用坝址洪水。对具有水库的工程，若建库后产汇流条件有明显改变，采用坝址设计洪水对调洪结果影响较大时，应以入库设计洪水作为设计依据。”推求入库设计洪水的方法有以下几种。

1. 频率分析法

当具有长期入库洪水系列时，可采用一般的频率分析法直接推求各种标准的入库设计洪水。其中，入库洪水系列根据资料情况不同，可参照以下方法选取。

（1）当水库回水末端附近的干流和主要支流有长期的洪水资料时，可用合成流量法推求历年入库洪水，再用年最大值法选取入库洪水系列。

（2）当坝址洪水系列较长，而入库干支流资料缺乏时，可将一部分年份或整个坝址洪水系列，用马斯京根法或槽蓄曲线法转换为入库洪水系列。若只推算部分年份的入库洪水时，可先根据推算的成果，建立入库洪水与坝址洪水的关系，再将未推算的其余年份，根据上述关系转换为入库洪水，与推算的年份共同组成入库洪水系列。

2. 根据坝址设计洪水推算入库设计洪水

当由于资料条件的限制不能推算出入库洪水系列时，可按一般的频率分析先计算坝址各种设计标准的设计洪水过程线，再用马斯京根法或槽蓄曲线法，将已计算的坝址设计洪水反

演得到入库设计洪水过程线。

3. 同倍比放大法

推求坝址设计洪水，并选择典型坝址洪水及相应的典型入库洪水。以坝址设计洪水的放大倍比放大典型入库洪水，作为设计入库洪水。

入库设计洪水的计算方法还很不成熟，尚处于研究阶段。入库洪水与坝址洪水之间的差异，对于大中型水库的影响较小，大型水库库容大，入库洪水所占比例较小，不足以造成威胁；对于小型水库的影响相对较大。

第五节　分 期 设 计 洪 水

一、分期设计洪水的概念

分期设计洪水是指一年中某个时期所拟定的设计洪水。因为在水库管理调度运行和施工期防洪中，各分期的洪水成因和洪水大小不同。必须分别计算各时期的设计洪水，以满足施工期水工建筑物防洪和水工建筑物建成后管理调度的运用需要。

二、分期的划分

划定分期洪水时，应对设计流域洪水季节性变化规律进行分析，并结合工程的要求来考虑。一般，可根据设计流域的实测洪水资料，点绘洪水年内分布图，并描绘平顺的外包线，见图 5-5-1。

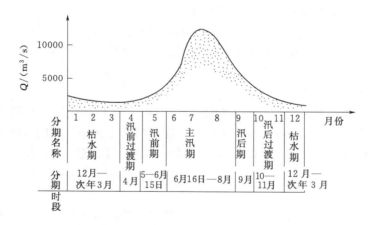

图 5-5-1　某站洪水年内分布及分期

分期一般原则：应按洪水成因和出现季节划定分期，分期一般不短于 1 个月。考虑到洪水发生的随机性，分期年最大洪水选样时，可跨期选样，跨期一般为 5 天，最多不超过 10 天。

三、分期设计洪水的计算

（1）划定分期。

（2）分期洪水选样，仍采用分期内年最大值法。

（3）对各分期洪水样本系列进行频率计算，推求各分期设计洪水过程线，方法同前。

（4）成果合理性检查：可将分期洪水的峰量频率曲线和全年最大洪水的峰量频率曲线画在同一张频率格纸上，检查其相互关系是否合理；一般情况下，分期洪水的变化幅度比年最大洪水的变化幅度更大，分期洪水系列的 C_V 应大于年最大洪水的 C_V。

第六节 设计洪水的地区组成

为研究流域开发方案，计算水库对下游的防洪作用，以及进行梯级水库或水库群的联合调度计算等问题，需要分析设计洪水的地区组成。

由于暴雨分布不均，各地区洪水来量不同，各干支流来水的组合情况十分复杂，因此洪水地区组成的研究方法与固定断面设计洪水的研究方法不同，必须根据实测资料，结合调查资料和历史文献，对流域内洪水地区组成的规律进行综合分析。分析时应着重暴雨、洪水的地区分布及其变化规律；历史洪水的地区组成及其变化规律；各断面峰量关系以及各断面洪水传播演进的情况等。为了分析设计洪水不同的地区组成对防洪的影响，通常需要拟定若干个以不同地区来水为主的计算方案，并经调洪计算，从中选定可能发生而又能满足设计要求的成果。

现行洪水地区组成的计算常用典型年法和同频率地区组成法。

一、典型年法

典型年法是从实测资料中选择几次有代表性、对防洪不利的大洪水作为典型，以设计断面的设计洪量作为控制，按典型年的各区洪量组成的比例计算各区相应的设计洪量。

本方法简单、直观，是工程设计中常用的一种方法，尤其适用于分区较多、组成比较复杂的情况。但此法因全流域各分区的洪水均采用同一个倍比放大，可能会使某个局部地区的洪水放大后其频率小于设计频率，值得注意。

二、同频率地区组成法

同频率地区组成法是根据防洪要求，指定某一分区出现与下游设计断面同频率的洪量，其余各分区的相应洪量按实际典型组成比例分配。一般有以下两种组成方法。

（1）当下游断面发生设计频率为 P 的洪水 $W_{下P}$ 时，上游断面也发生频率为 P 的洪水 $W_{上P}$，而区间为相应的洪水 $W_区$，即

$$W_区 = W_{下P} - W_{上P} \tag{5-6-1}$$

（2）当下游断面发生设计频率为 P 的洪水 $W_{下P}$ 时，区间也发生频率为 P 的洪水 $W_{区P}$，上游断面为相应的洪水 $W_上$，即

$$W_上 = W_{下P} - W_{区P} \tag{5-6-2}$$

必须指出，同频率地区组成法适用于某分区的洪水与下游设计断面的相关关系比较好的情况。由于河网调节作用等因素的影响，一般不能用同频率地区组成法来推求设计洪峰流量的地区组成。

习题与思考题

5-1 什么是设计洪水？什么是设计标准？设计洪水有哪些计算任务与途径？

5-2 由流量资料推求设计洪峰、洪量有哪些主要步骤？

5-3 不连续系列的经验频率如何计算？

5-4 "三点法"适线有哪些要点？

5-5 典型洪水过程线的选择应该注意哪些方面？

5-6 典型洪水过程线的放大有哪些方法？各有什么优缺点？

5-7 什么是入库洪水？如何计算入库洪水？

5-8 什么是分期设计洪水？如何选样？

5-9 为什么要考虑设计洪水的地区组成？如何分析计算？

5-10 若某流域有实测洪峰流量资料30年，其中1975年的为近500年来第二大洪峰，1958年为30年实测资料中次大洪峰，1872年的为近500年中最大洪峰。请确定三次洪峰的经验频率。

5-11 某站具有1952—1983年的实测洪水资料（表5-1），另调查到1878年的洪峰流量为18300m³/s，1935年的洪峰流量为12500m³/s。求 $P=1\%$ 和 $P=0.33\%$ 的设计洪峰流量。

表5-1   某 站 洪 峰 流 量

年份	1952	1953	1954	1955	1956	1957	1958	1959
$Q_\mathrm{m}/(\mathrm{m^3/s})$	6420	9320	7800	13600	5850	5060	6540	4370
年份	1960	1961	1962	1963	1964	1965	1966	1967
$Q_\mathrm{m}/(\mathrm{m^3/s})$	3990	9080	7430	4040	6770	3560	7290	10900
年份	1968	1969	1970	1971	1972	1973	1974	1975
$Q_\mathrm{m}/(\mathrm{m^3/s})$	9820	7490	10000	6080	3820	10300	4340	7470
年份	1976	1977	1978	1979	1980	1981	1982	1983
$Q_\mathrm{m}/(\mathrm{m^3/s})$	8630	5670	5680	5140	6230	6160	8550	7730

5-12 已知某站 $P=1\%$ 的设计洪峰流量，1日、3日、7日设计时段洪量和典型洪水过程（表5-2、表5-3），求 $P=1\%$ 的设计洪水过程线。

表5-2   某站 $P=1\%$ 的洪水峰量设计值

时段 t/d	1	3	7	Q_{mp}
洪量 $W_{t_p}/[(\mathrm{m^3/s)\cdot d}]$	13900	38500	64600	上题成果

表5-3   某站1955年典型洪水过程

月．日 时	6.19 0	6.19 6	6.19 12	6.19 18	6.20 0	6.20 6	6.20 12	6.20 18	6.21 0
$Q_\mathrm{m}/(\mathrm{m^3/s})$	1020	1630	3010	4860	6010	7250	8450	9580	10800
月．日 时	6.21 6	6.21 12	6.21 18	6.22 0	6.22 6	6.22 12	6.22 18	6.23 0	6.23 6
$Q_\mathrm{m}/(\mathrm{m^3/s})$	12000	12700	13300	13600	13500	13200	12600	11700	10700
月．日 时	6.23 12	6.23 18	6.24 0	6.24 6	6.24 12	6.24 18	6.25 0	6.25 6	6.25 12
$Q_\mathrm{m}/(\mathrm{m^3/s})$	9180	8500	7480	6420	5450	4500	3650	2760	2280
月．日 时	6.25 18	6.26 0							
$Q_\mathrm{m}/(\mathrm{m^3/s})$	1900	1600							

5-13 复杂工程问题实例——计算某水库坝址设计洪水。

（1）某水库A坝址处可整合出1955—1976年共22年观测数据，见表5-4。

（2）其上游 B 水库坝址处有 1919—1976 年最大洪峰洪量见表 5-4。

表 5-4   历 年 洪 量 表   洪量单位：亿 m³

年份	B 水库				A 水库	
	洪峰	5 日洪量	12 日洪量	45 日洪量	5 日洪量	12 日洪量
1843	36000	75.00	119			
1919	11200	23.82	51.7	153		
1920	5590	20.09	43.9	131		
1921	7850	24.42	52.7	160		
1922	5490	15.35	32.4	108		
1923	8220	20.05	40.7	127		
1924	3220	8.7	18.2	56.8		
1925	10700	21.7	37.9	118		
1926	5960	14.28	28.7	74.9		
1927	4520	13.05	27.6	92.2		
1928	3650	7.15	14.5	42.9		
1929	8500	21.75	38.7	108		
1930	5340	12.22	24.1	72.8		
1931	4240	14.14	26.5	85.6		
1932	8020	16.12	29.9	78.3		
1933	22000	61.81	101.8	220		
1934	8000	22.48	41.6	127		
1935	13300	25.06	49.8	160		
1936	12000	20.29	36.8	112		
1937	11500	31.49	68.0	210		
1938	8150	29.88	56.2	160		
1939	7290	21.88	48.4	116		
1940	10600	29.53	64.0	203		
1941	5220	13.13	26.2	84.9		
1942	17700	23.86	41.6	101		
1943	9690	26.30	61.5	152		
1944						
1945						
1946	10800	28.24	50.2	147		
1947						
1948						
1949	10800	42.16	81.4	199		
1950	6160	18.30	37.5	94.1		
1951	10500	21.00	40.7	121		

年份	B水库				A水库	
	洪峰	5日洪量	12日洪量	45日洪量	5日洪量	12日洪量
1952	5950	17.24	39.1	116		
1953	12100	16.83	30.8	99.5		
1954	13900	33.42	60.1	163		
1955	6960	20.72	44.8	137	21.4	47.1
1956	7330	19.34	39.0	109	19.0	39.0
1957	6400	21.67	43.1	87.4	22.0	43.0
1958	8790	32.30	65.8	190	33.6	64.6
1959	11900	27.58	56.6	159	26.0	56.7
1960	6080	13.52	28.2	94.8	14.2	26.6
1961	7920	18.60	42.5	134	20.0	44.5
1962	44100	16.78	34.2	95	17.9	37.0
1963	6120	19.53	40.6	127	19.1	41.9
1964	13400	26.38	56.0	182	29.5	58.4
1965	5400	14.57	26.9	69.2	15.2	26.7
1966	10500	21.75	48.6	138.2	22.4	48.9
1967	16000	26.30	61.1	193.5	25.4	58.8
1968	6750	23.06	50.9	159.5	25.3	52.4
1969	6600	13.34	26.1	67.7	14.4	26.6
1970	10900	22.66	40.9	104.4	23.5	42.8
1971	11300	14.94	34.1	103.8	15.5	35.2
1972	8900	10.46	24.1	68.8	10.2	23.4
1973	5080	18.19	40.6	116.5	18.1	39.8
1974	7040	14.49	27.5	79.3	14.7	26.6
1975	5910	25.14	48.4	159.9	25.1	49.5
1976	9220	36.9	73.3	194.4	37.4	75.0

（3）B水库千年及万年一遇下泄流量见表5-5。

表5-5　　　　　　　　B水库千年一遇及万年一遇下泄流量

时段（4h）		0	1	2	3	4	5	6	7	8	9	10	11	12
泄量/(m³/s)	P=0.1%	5710	6125	6540	6955	7370	7785	8200	8250	8300	8350	8400	8450	8500
	P=0.01%	5710	6258	6807	7355	7903	8452	9000	9317	9633	9950	10267	10583	10900
时段（4h）		13	14	15	16	17	18	19	20	21	22	23	24	25
泄量/(m³/s)	P=0.1%	8842	9183	9525	9867	10208	10550	10475	10400	10325	10250	10175	10000	9942
	P=0.01%	11017	11133	11250	11367	11485	11511	11585	11567	11550	11533	11517	11500	11417

时段（4h）		26	27	28	29	30	31	32	33	34	35	36	37	38
泄量/（m³/s）	$P=0.1\%$	9783	9625	9467	9308	9150	9108	9604	9025	8983	8942	8900	8883	8867
	$P=0.01\%$	11333	11250	11166	11083	11000	10950	10900	10850	10800	10750	10700	10692	10683
时段（4h）		39	40	41	42	43	44	45	46	47	48	49	50	51
泄量/（m³/s）	$P=0.1\%$	8850	8830	8817	8800	8867	8933	9000	9607	9133	9200	9433	9667	9900
	$P=0.01\%$	10675	10667	10685	10650	10775	10900	11025	11150	11275	11400	11600	11800	12000
时段（4h）		52	53	54	55	56	57	58	59	60	61	62	63	64
泄量/（m³/s）	$P=0.1\%$	10133	10367	10600	10733	10867	11000	11133	11267	11400	11533	11667	11800	11933
	$P=0.01\%$	12206	12400	12600	12700	12800	12900	13000	13100	13200	13292	13383	13475	13567
时段（4h）		65	66	67	68	69	70	71	72					
泄量/（m³/s）	$P=0.1\%$	12067	12200	12197	12193	12190	12187	12183	12180					
	$P=0.01\%$	13658	13858	13804	13815	13780	13725	13660	13600					

（4）区间的典型洪水过程见表 5-6。

表 5-6 两水库间典型流量过程

时段（4h）	0	1	2	3	4	5	6	7	8	9	10	11	12	13	14
流量/（m³/s）	150	390	3250	2180	350	70	8190	8870	3710	1170	60	20	20	20	20
时段（4h）	15	16	17	18	19	20	21	22	23	24	25	26	27	28	29
流量/（m³/s）	20	10	10	640	760	450	380	320	340	350	200	150	130	110	80
时段（4h）	30	31	32	33	34	35	36	37	38	39	40	41	42	43	44
流量/（m³/s）	130	160	120	90	30	70	70	30	20	50	120	210	220	440	260
时段（4h）	45	46	47	48	49	50	51	52	53	56	55	56	57	58	59
流量/（m³/s）	230	210	150	250	250	250	350	420	410	400	390	380	370	360	350
时段（4h）	60	61	62	63	64	65	66	67	68	69	70	71	72		
流量/（m³/s）	340	330	320	310	300	290	280	270	260	250	240	230	220		

（5）B 水库坝址处设计洪量见表 5-7。

表 5-7 三门峡设计洪量

频率 P	$P=0.1\%$	$P=0.01\%$
5 日洪量/亿 m³	76	96
12 日洪量/亿 m³	127	154

（6）特大洪水资料。1843 年洪水是 B 水库以上来水为主造成的一次特大洪水，经 1976 年和 1979 年两次分析、调查，推算其峰量情况见表 5-8。调查考证到 1099 年。

表 5 - 8　　　　　　　　　　**特 大 洪 水 资 料**　　　　单位：洪峰 m^3/s，洪量亿 m^3

水文站点	洪峰流量	5 日洪量	12 日洪量	重现期
B	36000	75	119	600～1000
A	35000	81	126	600～1000

利用以上所给资料，计算 A 水库坝址设计洪水。

提示：需明确坝址设计洪水与入库设计洪水的区别。

1）首先查规范，确定设计标准、校核标准。

2）其次认真研读资料，确定所采用的计算方法及计算思路，考虑采用洪水地区组成法，即 A 水库设计洪水由 B 水库下泄流量与区间洪水之和，千年及万年一遇的 B 水库下泄流量为已知，区间洪水可采用区间典型洪水放大的方法；由于 B 水库洪水汇流至 A 水库坝址处需要一定时间，可根据两地长度及洪峰流速，假定其在一定时间后流过小浪底坝址处。

3）然后推求区间设计洪水。

采用同频率放大法，求出不同时段区间设计洪量，区间设计洪量为 A 水库设计洪量与 B 水库设计洪量之差，其中 A 水库设计洪量可由适线法求得，由资料可知，A 水库资料洪量系列较短，考虑将 B 水库洪量作为自变量，A 水库洪量作为倚变量，找出两者相关关系后插补延长 A 水库洪量系列；再以插补延长后的 A 水库洪量为基础，利用适线法求得其水库设计洪量，进而求得区间设计洪量，利用公式求出区间洪水放大倍比，放大典型区间洪水过程，得到区间设计洪水。

4）最后根据洪水地区组成法求 A 水库坝址设计洪水，即 B 水库下泄流量过程与区间相应洪水过程的叠加。

第六章 流域产汇流分析计算

第二章已对径流的形成过程作了定性的描述，本章从定量的角度阐述降雨形成径流的原理和计算方法，它是以后学习由暴雨资料推求设计洪水、降雨径流预报等内容的基础。主要内容有产汇流计算过程中的相关资料的整理与分析、流域产流分析计算和流域汇流分析计算。产流计算是扣除降雨的各项损失，从而推求净雨过程的计算；汇流计算是利用净雨过程推求流量过程的计算。产汇流计算路线见图 6-0-1。

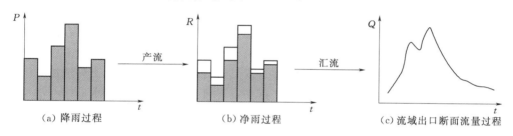

（a）降雨过程　　　　　　　（b）净雨过程　　　　　　（c）流域出口断面流量过程

图 6-0-1　产汇流计算路线

第一节　产汇流分析基础资料的整理与分析

产汇流计算的基本资料主要包括降水资料、蒸发资料、径流资料。其中降水部分，需要将各水文站观测得到的点雨量转换为流域面平均降水量，具体方法已在第二章涉及。本节主要介绍径流量的分割、流域前期影响雨量的计算。

一、径流的分割

若流域内发生一场暴雨，则可在流域出口断面观测到其形成的洪水过程线。实测的洪水过程中，包括本次暴雨所形成的地表径流、壤中流、浅层地下径流以及深层地下径流和前次洪水尚未退完的部分水量。产流计算需要将本次暴雨所形成的径流量分割独立开来并计算其径流深。

从径流形成过程分析可知，地表径流与壤中流汇流情况相近，出流快、退尽早，并在洪水总量中占比例较大，故常将二者合并分析计算，称之为地面径流。地面径流退尽后，洪水过程线只剩浅层地下径流和深层地下径流，流量明显减小，会使过程线退水段上出现一拐点。由于地下径流出流慢、退尽也慢，所以洪水过程线尾部呈缓慢下降趋势，常造成一次洪水尚未退尽，又遭遇另一次洪水的情况。所以，要想把一次降雨所形成的各种径流分割独立开，需要两种意义的分割：次洪水过程的分割与水源划分，见图 6-1-1。

二、次洪水过程的分割

次洪水过程分割的目的是把几次暴雨所形成的、混在一起的径流过程线独立分割开来。次洪水过程的分割常利用退水曲线进行。

1. 退水曲线及其获取

退水曲线是反映流域蓄水量消退规律的过程线，可综合多次实测流量过程线的退水段求得，具体操作如下：取若干条洪水过程线的退水段，采用相同的纵、横坐标比例尺，绘在透明纸上。绘制时，将透明纸沿时间坐标轴左右移动，使退水段的尾部相互重合，作出一条光滑的下包线，该下包线即为地下水退水曲线，反映地下径流的消退规律。以下包线为基础，地下径流退水曲线绘制过程，如图 6-1-2 所示。

图 6-1-1　次洪水水源组成及分割

2. 次洪的分割

次洪（本次洪水）的分割主要是把非本次降雨补给的深层地下径流及前期洪水未退完的部分水量割除。深层地下径流由承压水补给形成，其特点是小而稳定，常称为基流，用 Q_0 表示。可以通过分析、调查径流资料合理选定。选定基流流量后，可在洪水过程线底部用平行线割除基流，该线以下径流即为深层地下径流，此种分割径流的方法为水平线分割法。

前期洪水未退完的部分可用退水曲线作为工具进行分割，分割时，可将流域地下水退水曲线在待分割的洪水过程线的横坐标上水平移动，尽可能使某条地面退水曲线与洪水退水段吻合，沿该线绘出分割线即可。如图 6-1-3 所示流量过程线 aekhj，经水平线 bc 进行基流分割和退水曲线法进行次洪分割后，图中 aekdca 所包围的面积即为分割之后的本次洪水总量，具体作图成果详见图 6-1-4。

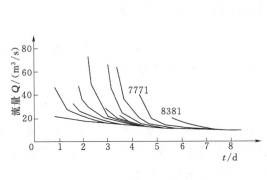

图 6-1-2　退水曲线示意图

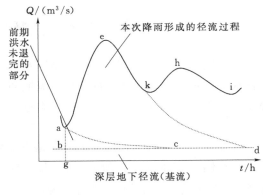

图 6-1-3　次洪水分割过程

注意：洪水过程线的纵、横坐标比例应与退水曲线一致。

3. 水源划分

次洪水过程的分割完成后，再进行地面径流、浅层地下径流的分割，即按水源进一步划分径流。

地面径流与浅层地下径流的分割常采用斜线分割法和直线分割法，其中斜线分割法用退水曲线确定洪水退水段上的拐点 k，从洪水起涨点 a 向 k 点画一斜线，该线以上为地面径流，该线与平行线之间为浅层地下径流（图 6-1-4、图 6-1-5）。直线分割法是从实测流量过程线的起涨点 a 作一水平线交过程线的退水段于 a′ 点，即把 a′ 点作为地表径流的终止点。水平线 aa′就是该次洪水的地表地下径流分割线。

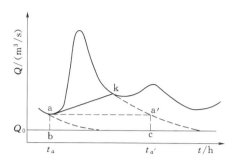
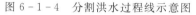

图 6-1-4　分割洪水过程线示意图

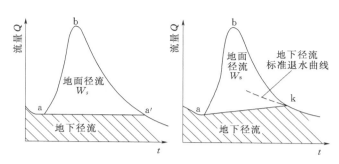

图 6-1-5　水平线分割法及斜线分割法

也可由经验公式估算出洪峰流量出现时刻至直接径流终止点的实距 N（日数），就可确定地面径流终止时间点。经验公式如下：

$$N=0.84F^{0.2} \tag{6-1-1}$$

式中　F——流域面积，km^2。

4. 径流量的计算

分割完成后，各种径流过程即可独立开，可计算其径流量，即求各自的面积。

关于地面径流量计算，即推求从 a 点至 k 点斜线以上洪水过程线包围的面积，可列表计算。

关于浅层地下径流量计算，可推求斜线、平行线及两条退水曲线之间的面积。由于退水过程缓慢，使计算较为困难，可从起涨点 a 做纵轴平行线，交水平线于 b 点，然后，从 a 作横轴平行线交退水段一点 a′，再从 a′做纵轴平行线，交水平线于 c 点，见图 6-1-4。假设 a 与 a′之后退水规律相同，只要计算 aka′cb 的面积即可。

径流量有时需要用径流深表示，径流深是把径流量平铺到流域面积上得到的水深，由求得的径流量除以流域面积即得径流深。计算公式如下：

$$R=\frac{3.6\sum Q\Delta t}{F} \tag{6-1-2}$$

式中　R——次洪径流深，mm；

　　　Q——每隔一个 Δt 的流量值，m^3/s；

　　　Δt——计算时段，h；

　　　F——流域面积，km^2；

　　　3.6——单位换算系数。

三、前期影响雨量的计算

降雨开始时，流域内包气带的土壤含水量是影响本次降雨产流量的一个重要因素，常用前期影响雨量 P_a 和初始土壤含水量 W_0 表示。前期影响雨量 P_a 反映本次降雨发生时，前期降雨滞留在土壤中的雨量。对于湿润地区来说，包气带较薄，故 P_a 有一上限值 I_m，I_m 称为流域最大蓄水容量，等于流域在十分干旱情况下，大暴雨产流过程中的最大损失量，包括植物截留、填注及渗入包气带被土壤滞留下的雨量。

1. I_m 的确定

I_m 可由实测雨、洪资料中选取久旱不雨，突然发生的大暴雨资料，计算其流域平均雨

量 $\overline{P}$ 及其所产生的径流深 R。因为久旱不雨可以认为 $P_a=0$，由流域水量平衡方程式求得

$$I_m=P-R-E \tag{6-1-3}$$

式中　P——流域平均降雨量，mm；

　　　R——P 产生的总径流深，mm；

　　　E——雨期蒸发，mm，如降雨时间短可忽略不计。

一个流域的最大蓄水量是反映该流域蓄水能力的基本特征，我国大部分地区的经验表明一般为 $80\sim120$mm，例如：广东为 $95\sim100$mm，福建为 $100\sim130$mm，湖北为 $70\sim110$mm，陕西为 $55\sim100$mm，黑龙江为 140mm 等。流域的实际蓄水量 W 范围为 $0\sim W_m$。

2. 消退系数 K

消退系数 K 综合反映流域蓄水量因流域蒸散发而减少的特性，通常采用气象因子确定。土壤含水量的消耗取决于流域的蒸、散发量。流域日蒸、散发量 Z_t 是该日气象条件（气温、日照、温度、风等）和土壤含水量 P_a 的函数。假定 t 日的蒸、散发量 Z_t 与流域土壤含水量 $P_{a,t}$ 为线性关系，因为 $P_a=0$ 时，$Z_t=0$；$P_a=I_m$ 时，$Z_t=Z_m$（最大日蒸发能力），故

$$\frac{Z_t}{Z_m}=\frac{P_{a,t}}{I_m}\text{或}\ Z_t=\frac{Z_m}{I_m}P_{a,t} \tag{6-1-4}$$

又

$$Z_t=P_{a,t}-P_{a,t+1}=(1-K)P_{a,t} \tag{6-1-5}$$

联立方程式（6-1-4）、式（6-1-5），可得

$$K=1-\frac{Z_m}{I_m} \tag{6-1-6}$$

其中，流域日蒸发能力并无实测值，经实际试验资料分析，80cm 口径套盆式蒸发皿的水面蒸发量的观测值可作为 Z_m 的近似值，此项蒸发量随着地区、季节、晴雨等条件不同而不同，一般按晴天或雨天采用月平均值计算 K 值。

3. P_a 值的计算

（1）逐日递推法。P_a 值的大小取决于前期降雨对土壤的补给量和蒸发对土壤含水量的消耗量，计算通常以 1d 为时段，逐日递推，一直计算到本次降雨开始前的 P_a 值为止。计算公式如下：

$$P_{a,t+1}=K_t(P_{a,t}+P_t-R_t) \tag{6-1-7}$$

式中　$P_{a,t}$——t 日开始时刻的土壤含水量，mm；

　　$P_{a,t+1}$——$t+1$ 日开始时刻的土壤含水量，mm；

　　　P_t——t 日降雨量，mm；

　　　R_t——t 日产流量，mm；

　　　K_t——t 日土壤含水量的日消退系数。

如 t 日无雨，则式（6-1-7）可写成：

$$P_{a,t+1}=K_t P_{a,t} \tag{6-1-8}$$

如 t 日有雨而不产流，则式（6-1-7）可写成：

$$P_{a,t+1}=K_t(P_{a,t}+P_t) \tag{6-1-9}$$

若计算过程中发现 $P_{a,t+1}>I_m$，则取 $P_{a,t+1}=I_m$，认为超过 I_m 的部分已变为产流量。即

做一次误差清除，使误差不致连续累积。

采用上述计算公式计算本次降雨开始时的 P_a，还需确定 P_a 从何时起算。一般根据两种情况确定：当前期相当长一段时间无雨时，可取 $P_a=0$；若一次大雨后产流，可取 $P_a=I_m$，然后以该 P_a 值为起始值，逐日往后计算至本次降雨开始这一天的 P_a 值，就是本次降雨的 P_a 值。

【例 6-1-1】 试求某流域 5 月 28 日和 6 月 3 日两次降雨的 P_a 值。

经分析，该流域 $I_m=100mm$，平均日蒸发能力 Z_m 在 5 月份晴天取 5mm/d，雨天取晴天的一半，为 2.5mm/d；6 月份晴天取 6.2mm/d，雨天取 3.1mm/d，由此计算各天的 K 值和 P_a 值，见表 6-1-1。

表 6-1-1 P_a 值 计 算

年　月　日	降雨量 P /mm	平均日蒸发能力 Z_m/mm	消退系数 $K=1-\dfrac{Z_m}{I_m}$	土壤含水量 P_a/mm
1965　5　18	78.2	2.5	0.975	
19	35.6	2.5	0.975	
20	15.1	2.5	0.975	100.0
21	1.2	2.5	0.975	100.0
22		5.0	0.950	98.7
23		5.0	0.950	93.8
24		5.0	0.950	89.1
25		5.0	0.950	84.6
26		5.0	0.950	80.4
27		5.0	0.950	76.4
28	21.4	2.5	0.975	72.6
29	35.3	2.5	0.975	91.6
30	0.8	2.5	0.975	100.0
31		5.0	0.950	98.3
6　1		6.2	0.938	93.4
2		6.2	0.938	87.6
3	8.5	3.1	0.969	82.2
4	49.7	3.1	0.969	87.9
5	16.8	3.1	0.969	100

由资料可知，5 月 18—20 日 3d 雨量很大，土壤完全湿润，产生了径流，可以取 20 日的 P_a 为 $I_m=100mm$，其后逐日的 P_a 值计算如下：

5 月 21 日　$P_a=0.975\times(100+15.1)>100(mm)$，取 100mm

5 月 22 日　$P_a=0.975\times(100+1.2)=98.7(mm)$

5 月 23 日　$P_a=0.950\times98.7=93.8(mm)$

……

直到 5 月 28 日的 $P_a=72.6$mm 就是 5 月 28—30 日这场雨的 P_a 值。同理，6 月 3 日的 $P_a=81.5$mm，就是 6 月 3—5 日这场雨的 P_a 值。

（2）经验公式法。逐日递推法需要逐日蒸发资料，当条件不具备时，可采用经验公式法确定 P_a 值，公式如下：

$$P_{a,t}=KP_1+K^2P_2+\cdots+K^nP_n \tag{6-1-10}$$

式中　P_1、P_2、$\cdots$、P_n——本次降雨前 1d、前 2d、$\cdots$、前 nd 的降雨量，mm；

　　　　K——日消退系数，可由资料率定，一般为 $0.85\sim0.95$；

　　　　n——一般取 15。

当计算的 $P_{a,t}>I_m$ 时，取 $P_{a,t}=I_m$。

经验公式法简便易行，应用较为普遍。

第二节　流域产流分析

一、包气带对降雨的调节与分配作用

包气带的上界面即地面，对降雨可起分配作用。若流域某一处、某时刻的地面下渗能力用 f_p 表示，该时刻的降雨强度用 i 表示，则容易想象：当 $i>f_p$ 时，降雨将能按 f_p 下渗，$i-f_p$ 的部分会形成地表径流；当 $i<f_p$ 时，全部降雨将都渗入土壤中。另外，降雨过程中会有一部分水量蒸发。天然降雨强度不均，有时大于 f_p，有时小于 f_p，因此包气带界面可把一场暴雨量划分成下渗水量、地表径流量、雨期蒸发量 3 部分。

由水量平衡原理可知：

$$P=I+RS+E_1 \tag{6-2-1}$$

式中　P——一次降雨总量，mm；

　　I——渗入包气带土壤中的水量，mm；

　RS——地表径流量，mm；

　E_1——雨期蒸发量，mm。

包气带土壤层对下渗水量可起进一步的调节与再分配作用。下渗到土壤中的水量，一部分被土壤吸收，成为土壤含水量增量；一部分以蒸散发方式返回大气，其量记为 E_2。包气带含水量达到田间持水量时的蓄水容量称为该处包气带的最大蓄水容量，记为 W'_m，包气带含水量达到田间持水量时，习惯上称为"蓄满"。当包气带未蓄满时，下渗水量将滞留在土壤中；当蓄满后，再渗入的水量在重力作用下产生壤中流 RG_1 和浅层地下径流 RG_2。所以，包气带土壤层把入渗水量划分成土壤含水量增量、土壤蒸散发量、壤中流流量和浅层地下径流流量几部分。记 W'_0 为该处初始土壤含水量，若入渗水量 $I\leqslant(W'_m-W'_0)+E_2$，则不产生壤中流和浅层地下径流；若入渗水量 $I>(W'_m-W'_0)+E_2$，将产生壤中流和浅层地下径流。

综上所述，在包气带的调节、分配作用下，降雨有两种产流方式（图 6-2-1）：包气带未蓄满产流方式和包气带蓄满产流方式。未蓄满产流方式习惯上称为超渗产流方式 [图 6-2-1（b）]，水量平衡方程为

$$P=E_1+(W'_e-W'_0)+RS \tag{6-2-2}$$

式中　P——一次降雨总量，mm；

E_1——雨期蒸发量，mm；

W_e'——降雨结束时的该处蓄水容量，mm；

W_0'——降雨开始时的该处蓄水容量，mm；

RS——地表径流量，mm。

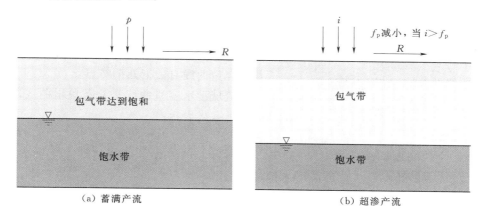

图 6-2-1 产流方式

蓄满产流方式水量平衡方程为

$$P = E_1 + E_2 + (W_m' - W_0') + RS + RG_1 + RG_2 \qquad (6-2-3)$$

式中 E_2——土壤蒸散发量，mm；

W_m'——该处最大蓄水容量，mm；

RG_1——壤中流径流量，mm；

RG_2——浅层地下径流径流量，mm；

其他符号含义同前。

一般认为，湿润地区的流域以蓄满产流方式为主，干旱地区的流域以超渗产流方式为主，可依此确定产流计算方案。

应该指出，对某个具体的流域，产流方式不是绝对的。湿润地区的流域，在长期干旱后，遇到雨强超过下渗能力的暴雨时，局部甚至全流域可能会以超渗产流方式产流；干旱地区的流域，在雨季局部甚至全流域也可能以蓄满产流方式产流。

二、产流面积的变化

以上分析的结论是以单元面积为对象得出的。对整个流域而言，各处的包气带厚薄、土壤性质、植被情况以及土壤含水量等并不相同，加上降雨量、降雨强度在空间上分布不均匀，流域各个单元面积的产流情况不一致。为便于分析，常将流域内产生径流的区域称为产流区，产流区的面积称为产流面积。一次降雨过程中，流域产流面积是变化的。

对于流域产流面积的时空变化特性目前尚无法准确获取，常采用统计模式法来进行研究，即应用反映产流面积的流域蓄水容量面积分配曲线和下渗能力面积分配曲线，来研究流域产流面积分布变化规律。

1. 流域蓄水容量面积分配曲线

简称流域蓄水容量曲线，常应用于蓄满产流模式的产流计算。因为流域内各点包气带的最大蓄水容量 W_m'（蓄水容量反映土壤所能持有的最大水量，约为田间持水量，单位为 mm）

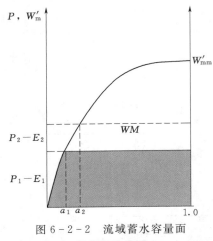

图 6-2-2　流域蓄水容量面
积分配曲线图

是不同的，将全流域各点的 W'_m 从小到大排列，计算小于或者等于某一 W'_m 值的各点面积之和 F_R 占全流域面积的比例 $\alpha(=F_\mathrm{R}/F)$，绘出 W'_m-α 关系曲线，如图 6-2-2 所示。该曲线即为流域最大蓄水容量面积分配曲线。图 6-2-2 中 W'_mm 为流域中最大的点蓄水容量。按蓄满产流的概念，包气带达到田间持水量即可产流，故 α 可反映产流面积的变化。

蓄水容量曲线有以下几个特点。

（1）流域蓄水容量曲线是一条单增曲线，可以用下列函数关系来表示：

$$\alpha=\varphi(W'_\mathrm{m}) \tag{6-2-4}$$

一个流域最小的 W'_m 一般为零，最大的 W'_m 一般为有限值。

（2）曲线上某点的横坐标代表流域中小于等于某一个 W'_m 值的流域面积占全流域面积的比重。

（3）整条曲线与横坐标以及 $\alpha=1.0$ 直线所围成的面积代表的水量等于流域各点达到田间持水量时的流域最大蓄水容量 WM，由于横坐标使用了相对面积，所以该值是以流域平均深度表示的水量。

$$WM = \int_0^{W'_\mathrm{mm}} [1-\varphi(W'_\mathrm{m})]\mathrm{d}W'_\mathrm{m} \tag{6-2-5}$$

最大蓄水容量是包气带达到田间持水量时的蓄水量与最干旱时蓄水量的差值。最大蓄水容量在数值上等于包气带最干旱时的缺水量，即最大缺水量。W'_mm 在数值上等于包气带最大的点缺水量，WM 等于全流域包气带各点平均最大缺水量，其数值与流域最大损失量 I_m 相等。流域的蓄水容量曲线也就是包气带最大缺水量分配曲线。

由于不可能通过测量或实验得到流域蓄水容量曲线，实际工作中一般是假定曲线方程形式，再用实际的降雨径流资料予以校验。我国常采用指数曲线或抛物线形式的曲线，其函数形式如下：

$$\alpha=\varphi(W'_\mathrm{m})=1-\left(1-\frac{W'_\mathrm{m}}{W'_\mathrm{mm}}\right)^B \quad \text{（抛物线型）} \tag{6-2-6}$$

$$\alpha=\varphi(W'_\mathrm{m})=1-\mathrm{e}^{-BW'_\mathrm{m}} \quad \text{（指数曲线型）} \tag{6-2-7}$$

式中　α——产流面积，$\alpha=F_\mathrm{R}/F$；

　　B——反映面积分配情况的指数；

　　W'_mm——流域中最大的点蓄水容量。

蓄满产流取决于包气带是否达到田间持水量。当流域某处包气带达到了田间持水量，该处就产流，否则不产流。

2. 流域下渗能力面积分配曲线

当流域是以超渗产流为主导产流机制时，其产流过程的发展主要受下渗规律的支配。流域各点因土壤性质不均一，土壤含水量各异，因而各点的下渗能力不一致。只有了解下渗能力在流域面上的分布，才能知道产流面积的发展过程。要取得大量的流域面上的下渗资料是困难的，可采用统计性质的流域下渗能力面积分配曲线来表达下渗能力在流域上的分布。

　　设想按照流域上各处的下渗特性，将全流域划分成很多单元面积，每一单元面积都有相应的下渗能力曲线，根据这些曲线，对于给定的前期土壤含水量，可求出各单元相应的下渗能力，然后统计并累加小于等于该下渗能力的所有单元面积，并以占全流域总面积的比值 $\alpha(=F_R/F)$ 表示产流面积，即可建立下渗能力 f_p 与相对面积 α 的关系曲线。下渗能力面积分配曲线定义为：流域内下渗能力小于等于给定值 f_p 的面积 α 与下渗能力的关系曲线。下渗能力面积分配曲线一般与流域初始土壤含水量有一定的关系，若以土壤含水量为参数，其曲线形式如图 6-2-3 所示。

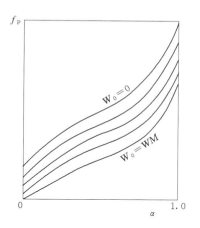

图 6-2-3　流域下渗能力面积
分配曲线图

　　下渗能力面积分配曲线的特点如下。

　　（1）由于受土壤初始含水量影响，流域的下渗能力面积分配曲线是一组曲线。这组曲线的上包线是流域完全干燥情况下的下渗能力面积分配曲线，下包线是全流域土壤包气带达到田间持水量状况下的下渗能力面积分配曲线。

　　（2）下渗能力面积分配曲线不能给出流域各点的下渗能力，只能给出下渗能力小于某一下渗值的面积。

第三节　蓄满产流的计算方法

一、蓄满产流模型法

1. 原理

　　从 20 世纪 60 年代初开始，我国水文学家赵人俊等人经过长期对湿润地区降雨径流关系的研究，提出了蓄满产流模型，建立 $P-W_0-R$ 关系，用以计算净雨过程，并且用稳定下渗率划分地面、地下净雨。该法与经验的 $P-P_a-R$ 相关图法融为一体，现已成为我国湿润地区产流计算的重要方法。

　　在湿润地区，由于降雨量充沛，故地下水位高，包气带薄且土壤含水量高，一般暴雨就能够使流域蓄满；由于气候湿暖，植物繁茂，植物根系作用及耕作造成表层土壤十分疏松，所以下渗能力很强，一般暴雨强度不易超过。综合分析得出结论：流域产流方式为蓄满产流。流域中单元面积只有蓄满才会产流，未蓄满则不产流，并据此建立产流模型。

　　2. 数学模型及应用

　　反映产流面积变化的参数 α 可由下式表示：

$$\alpha = \varphi(W'_m) = 1 - \left(1 - \frac{W'_m}{W'_{mm}}\right)^B \qquad (6-3-1)$$

式中　B 和 W'_{mm}——待定参数。

B 值反映流域中蓄水容量的不均匀性，主要取决于流域的地形地质状况；W'_{mm} 则取决于流域的气候和植被等特征。一般 B 值约为 $0.2 \sim 0.4$；W'_{mm} 值约为 $100 \sim 150mm$。

流域最大蓄水容量 WM 可由下式计算：

$$WM = \int_0^{W'_{mm}} [1 - \varphi(W'_m)]dW'_m = \int_0^{W'_m} \left(1 - \frac{W'_m}{W'_{mm}}\right)^B dW'_m = \frac{W'_{mm}}{1+B} \qquad (6-3-2)$$

前期降雨量 A 值由下式求得

$$A = W'_{mm}\left[1 - \left(1 - \frac{W_0}{WM}\right)^{\frac{1}{1+B}}\right] \qquad (6-3-3)$$

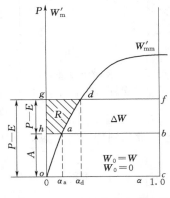

图 6-3-1 流域蓄水容量曲线

假设降雨起始时刻蓄水量为 $W_0 = W$，即图 6-3-1 上 $0abco$ 的面积，可以看出，a 点左边蓄满，蓄满的面积为 α_a，右边未蓄满，未蓄满的面积为（$1-\alpha_a$）。在这种情况下，若全流域降雨量为 P，蒸散发量为 E，$P-E$ 产生的总水量为矩形 $gfbhg$ 的面积。因为横坐标是用相对数值，1.0 表示全流域面积，所以 $P-E$ 产生的总水量数值上仍等于 $P-E$。在蓄水容量曲线 ad 段右边为未蓄满部分，$abfda$ 的面积表示相应于 P 流域蓄水量的增量 ΔW，即损失量。ad 段左边为蓄满部分，根据水量平衡方程，阴影部分 $ghadg$ 的面积为产流量，故

当 $A+P-E < W'_{mm}$ 时：

$$R = (P-E) - \Delta W = (P-E) - \int_A^{A+P-E} [1 - \varphi(W'_m)]dW'_m$$

$$= (P-E) - (WM - W_0) + WM\left(1 - \frac{A+P-E}{W'_{mm}}\right)^{1+B} \qquad (6-3-4)$$

当 $A+P-E > W'_{mm}$ 时：

$$R = (P-E) - (WM - W_0) \qquad (6-3-5)$$

式（6-3-4）和式（6-3-5）即为产流量计算公式。两式中的参数 B、W'_{mm}、WM 可用实测降雨径流资料优选获得。

3. 流域蓄水量计算

产流计算中，需确定出各时段初的流域蓄水量。设一场暴雨起始流域蓄水量为 W_0，它就是第一时段初的流域蓄水量，第一时段末的流域蓄水量就是第二时段初的流域蓄水量，依此类推，即可求出流域的蓄水过程。时段末流域蓄水量计算公式如下：

$$W_{t+\Delta t} = W_t + P_{\Delta t} - E_{\Delta t} - R_{\Delta t} \qquad (6-3-6)$$

式中　W_t、$W_{t+\Delta t}$——时段初、末流域蓄水量，mm；

　　　$P_{\Delta t}$——时段内流域平均降雨量，mm；

　　　$E_{\Delta t}$——时段内流域的蒸散发量，mm；

　　　$R_{\Delta t}$——时段内的产流量，mm。

上式中的蒸散发量 $E_{\Delta t}$，按第二章讲述的流域蒸散发的概念，常采用蒸散发模型进行

计算。

蓄满产流连续计算的步骤如下：

（1）根据本时段初的 W_t、本时段的 $P_{\Delta t}$ 和流域蒸发能力 $EM_{\Delta t}$，按三层蒸发模式计算本时段的 $E_{\Delta t}$。

（2）根据本时段的 $P_{\Delta t}$ 和由第 1 步计算的本时段 $E_{\Delta t}$，计算本时段的 $PE_{\Delta t}$。

（3）根据本时段初的 W_t 和由第 2 步计算的本时段 $PE_{\Delta t}$，利用式（6-3-4）或式（6-3-5）计算本时段的 $R_{\Delta t}$。

（4）根据本时段初的 W_t、本时段的 $P_{\Delta t}$ 和由第 1、2、3 步计算的 E_t、R_t，利用式（6-3-6）计算本时段末的 $W_{t+\Delta t}$。

（5）本时段末的 $W_{t+\Delta t}$ 即下一时段初的流域土壤含水量，于是进入下一时段的计算。

【例 7-2-1】 湿润地区某流域，已知流域参数为：$WM=130\text{mm}$，其中 $WUM=20\text{mm}$，$WLM=70\text{mm}$，$WDM=40\text{mm}$，$B=0.4$，$C=1/8$。流域起始蓄水量 $W_0=41.3\text{mm}$，其中 $WU_0=0\text{mm}$，$WL_0=1.3\text{mm}$，$WD_0=40.0\text{mm}$。逐时段降雨量及蒸发能力见表 6-3-1。流域蒸散发采用三层模型，计算时段 $\Delta t=1\text{d}$。试计算逐日产流量。

表 6-3-1　　　　　　　　产流量计算表（三层蒸散发模型）　　　　　　单位：mm

月·日	P	EM	PE	R	EU	EL	ED	E	WU	WL	WD	W
									0	1.3	40	41.3
4.11		3.5			0	0.4	0	0.4	0	0.9	40	40.9
4.12		2.7			0	0.3	0	0.3	0	0.6	40	40.6
4.13		4.2			0	0.5	0	0.5	0	0.1	40	40.1
4.14	14.8	1.5	13.3	1.4	1.5	0	0	1.5	11.9	0.1	40	52
4.15		1.9			1.9	0	0	1.9	10	0.1	40	50.1
4.16	8.5	4.3	4.2	0.5	4.3	0	0	4.3	13.7	0.1	40	53.8
4.17		4.5			4.5	0	0	4.5	9.2	0.1	40	49.3
4.18		5.4			5.4	0	0	5.4	3.8	0.1	40	43.9
4.19		5			3.8	0.1	0.1	4	0	0	39.9	39.9
4.2		4.7			0	0	0.6	0.6	0	0	39.3	39.3
4.21		4.6			0	0	0.6	0.6	0	0	38.7	38.7
4.22		5.7			0	0	0.7	0.7	0	0	38	38
4.23	39	1.2	37.8	4.9	1.2	0	0	1.2	20	12.9	38	70.9
4.24		1.3			1.3	0	0	1.3	18.7	12.9	38	69.6

二、降雨径流相关图法

1. 原理及数学模型

该法基于湿润地区流域产流方式为蓄满产流，根据流域能蓄满和地表不易超渗的实际情况假定：只有全流域蓄满才会产流，未蓄满则不产流。由水量平衡原理，得数学模型：

$$R=P-I=P-(I_m-P_a) \qquad (6-3-7)$$

式中　I——降雨总损失量，mm。

其他符号含义同前。

2. 降雨径流相关图的绘制

对蓄满产流方式，可根据流域蓄水容量曲线，可求出降雨-径流关系曲线。

两种特殊情况（$W_0=0$ 和 $W_0=WM$）下的降雨-径流关系曲线分析如图 6-3-2(a) 所示。

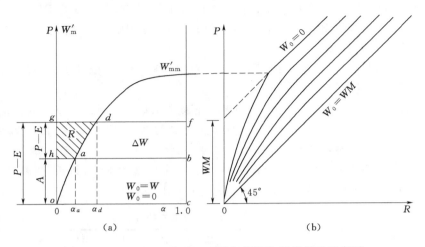

图 6-3-2　$W_0=0$ 和 $W_0=WM$ 时降雨-径流关系示意图

如果降雨开始时流域蓄水量 $W_0=0$，若第 1 时段降雨量 P 扣除雨期蒸发量 E 后的值为 $P-E$，就可确定第 1 时段末的产流面积为 a，图中阴影部分面积为该降雨产生的径流量 R，即一个 $P-E$ 对应一个 R。依此类推，不同的降雨量 $(P-E)_i$，都有其相应的产流量 R_i，于是得到 $W_0=0$ 的 $PE-R$ 关系曲线。如果降雨开始时流域蓄水量 $W_0=WM$（即全流域蓄满），则降雨扣除蒸发后全部成为径流，意味着 $PE-R$ 关系曲线为过坐标原点的 45 度直线。不同的 W_0 所对应降雨径流相关关系也不相同。由以上分析可知，降雨径流相关关系是一簇曲线，以 $W_0=0$ 的 $PE-R$ 关系曲线为上包线，以 $W_0=WM$ 的 $PE-R$ 关系曲线为下包线，如图 6-3-2（b）所示。

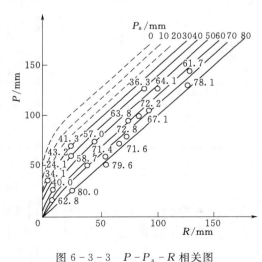

图 6-3-3　$P-P_a-R$ 相关图

以上为从理论的角度对降雨径流相关图进行了分析，实际应用过程中，常利用实测雨、洪资料，分析获取。我们知道，一次总降雨量为 P 的降雨所产生的总径流深 R 的数值大小主要与土壤湿度程度有关，工程上习惯用前期影响雨量 P_a 来表示土壤的湿润程度。图 6-3-3 为实际应用中常用的 $P-P_a-R$ 相关图，这是三变量的复相关问题，可采用图解法：以 R 为横坐标、P 为纵坐标，可在方格纸上点绘每次暴雨径流对应点据，把相应的 P_a 值标注在点据旁，分析 P_a 值的分布规律，绘出 P_a 等值线，即得降雨径流相关图。为了应用的方便，也有 $(P+P_a)-R$ 相关图，见图 6-3-4。

3. 产流量计算

利用降雨径流相关图，不仅可计算一次降雨所产生的总径流量（总净雨量），而且可推求出净雨过程。

产流量计算步骤如下：

（1）求初始土壤含水量 W_0，以唯一的确定降雨径流相关曲线。

（2）求逐时段累积降水量。

（3）在降雨径流相关曲线上查出累积降水量所对应的累积径流量。

（4）由逐时段累积径流量反推时段径流量。

设本次降雨共 3 个时段。首先根据各雨量站观测的资料，求出各时段的流域平均降雨量 P_1，P_2，P_3 及各时段的累积雨量 $\sum P_1 = P_1$，$\sum P_2 = P_1 + P_2$，$\sum P_3 = P_1 + P_2 + P_3$；再计算

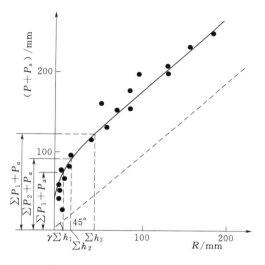

图 6-3-4　$(P+P_a)$-R 相关图

本次降雨开始时刻的土壤含水量 P_a，然后在降雨径流相关图上查出 $\sum P_1$、$\sum P_2$、$\sum P_3$ 相应的 $\sum h_1$、$\sum h_2$、$\sum h_3$，就是各相应累积时段的径流深。各时段的径流分别是 $R_1 = \sum h_1$，$R_2 = \sum h_2 - \sum h_1$，$R_3 = \sum h_3 - \sum h_2$；总径流量 $R = \sum h_3$。具体计算可列表。查用 P-P_a-R 相关图时，若图上无计算的 P_a 等值线，可内插出一条。

【例 6-3-2】　图 6-3-5 为某流域按蓄满产量建立的降雨径流相关图 P-P_a-R，已知该流域一次降雨过程见表 6-3-2，5 月 10 日前期影响雨量 $P_a = 60\text{mm}$，试求（1）该次降雨的净雨过程；（2）该次暴雨总损失量是多少？

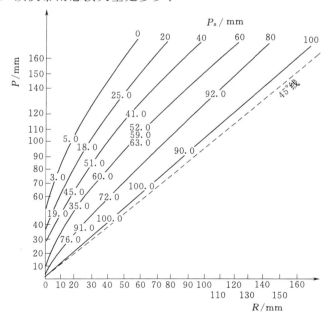

图 6-3-5　降雨径流相关图 P-P_a-R

表 6-3-2 次 降 雨 过 程

时间/(月．日 时)	5.10 8—5.10 14	5.10 14—5.10 20	5.10 20—5.11 2	5.11 2—5.11 8	合计
雨量/mm	40	80	20	10	150

解：

（1）按前述降雨径流相关图法求解步骤列表如下，次净雨过程即为径流过程，见表 6-3-3 中（4）栏。

表 6-3-3 降雨径流相关图法求解过程表

时间/(月．日 时)	编号	5.10 8—5.10 14	5.10 14—5.10 20	5.10 20—5.11 2	5.11 2—5.11 8	合计
雨量/mm	(1)	40	80	20	10	150
累积雨量/mm	(2)	40	120	140	150	
累积径流/mm	(3)	13	72	90	99	
时段径流深/mm	(4)	13	59	18	9	99

（2）该次暴雨总损失量为降雨量减去径流量，即 $150-99=51$ (mm)。

4. 划分地面净雨与地下净雨

按蓄满产流方式，一次降雨所产生的径流总量包括地面径流和地下径流两部分。因此，在由降雨径流相关图求得总净雨过程后，还需将净雨划分为形成地面径流的地面净雨和形成地下径流的地下净雨两部分。

按蓄满产流模型，只有当包气带达到田间持水量，即包气带蓄满后才产流，此时的下渗率为稳定下渗率 f_c。当雨强 $i > f_c$ 时，$i - f_c$ 形成地面径流，f_c 形成地下径流。设 Δt 时段内降雨量 $P_{\Delta t}$，蒸、散发量为 $E_{\Delta t}$，产流面积为 F_R。由于只有在产流面积上才发生稳定下渗，所以时段内所产生的地下径流量 $RG_{\Delta t} = \frac{F_R}{F} f_c \Delta t$，而时段的总产流量 $R_{\Delta t} = \frac{F_R}{F}(p_{\Delta t} - E_{\Delta t})$，由此可得 $\frac{F_R}{F} = \frac{R_{\Delta t}}{P_{\Delta t} - E_{\Delta t}}$，即产流面积等于径流系数，所以：

当 $P_{\Delta t} - E_{\Delta t} \geqslant f_c \Delta t$ 时，产生地面径流，下渗的水量 $f_c \Delta t$ 在产流面积上形成的地下径流 $RG_{\Delta t}$ 为

$$RG_{\Delta t} = \frac{R_{\Delta t}}{P_{\Delta t} - E_{\Delta t}} f_c \Delta t \tag{6-3-8}$$

当 $P_{\Delta t} - E_{\Delta t} < f_c \Delta t$ 时，不产生地面径流，$P_{\Delta t} - E_{\Delta t}$ 全部下渗，在产流面积上形成的地下径流 $RG_{\Delta t}$ 为

$$RG_{\Delta t} = \frac{F_R}{F}(P_{\Delta t} - E_{\Delta t}) = R_{\Delta t} \tag{6-3-9}$$

对一场降雨过程，产生的地下径流总量为

$$\sum RG_{\Delta t} = \sum_{P_{\Delta t} - E_{\Delta t} \geqslant f_c \Delta t} \frac{R_{\Delta t}}{P_{\Delta t} - E_{\Delta t}} f_c \Delta t + \sum_{P_{\Delta t} - E_{\Delta t} < f_c \Delta t} R_{\Delta t} \tag{6-3-10}$$

因此，只要知道流域的 f_c，就可以利用式（6-3-8）和式（6-3-9）把时段产流量划分为地面、地下径流两部分。

5. 稳定下渗率 f_c 的推求

f_c 是流域土壤、地质、植被等因素的综合反映。如流域自然条件无显著变化，一般认为 f_c 是不变的，可由实测雨洪资料分析求得。一般采用试算法。需要指出，只有当整个计算时段 Δt 内雨强都超过 f_c 时，式（6-3-8）和式（6-3-9）才是正确的，如果时段内实际降雨历时不足 Δt，则应按实际降雨历时计算。

【例 6-3-3】 流域一次降雨过程及时段产流量见表 6-3-4，通过径流分割计算出的地下径流量为 38.1mm，试推求稳定下渗率 f_c。

表 6-3-4　　　　　　　　　　　　稳 定 下 渗 率 计 算 表

时段序号	降雨历时 /h	$P_\Delta - E_\Delta$ /mm	R_Δ /mm	$\alpha = \dfrac{R_\Delta}{P_\Delta - E_\Delta}$	$f_c \Delta t$ /mm		RG_Δ /mm	
					$f_c = 2.0$	$f_c = 1.6$	$f_c = 2.0$	$f_c = 1.6$
1	6	14.5	7.6	0.524	12.0	9.6	6.3	5.0
2	4	4.6	3.7	0.804	8.0	6.4	3.7	3.7
3	6	44.4	44.4	1.000	12.0	9.6	12.0	9.6
4	6	46.5	46.5	1.000	12.0	9.6	12.0	9.6
5	6	14.8	14.8	1.000	12.0	9.6	12.0	9.6
6	1	1.1	1.1		2.0	1.6	1.1	1.1
Σ			118.1				47.1	38.6

可通过试算确定 f_c 的值。设 $f_c = 2.0$mm/h，根据表 6-3-2 所列数据及式（6-3-10），有

$$\sum RG_{\Delta t} = \sum_{P_\Delta - E_\Delta \geqslant f_c \Delta t} \frac{R_\Delta}{P_\Delta - E_\Delta} f_c \Delta t + \sum_{P_\Delta - E_\Delta \pi f_c \Delta t} R_\Delta$$

$$= (0.524 + 1.000 + 1.000 + 1.000) \times 2.0 \times 6 + (3.7 + 1.1)$$

$$= 47.1 \text{(mm)}$$

不等于已知的 38.1mm，故所设 $f_c = 2.0$mm/h 非所求。再设 $f_c = 1.6$mm/h，由式（6-3-10）得

$$\sum RG_{\Delta t} = (0.524 + 1.000 + 1.000 + 1.000) \times 1.6 \times 6 + (3.7 + 1.1) = 38.6 \text{(mm)}$$

与 38.1mm 相差很少，因此，该次洪水的 $f_c = 1.6$mm/h。

第四节　超渗产流的计算方法

在干旱和半干旱地区，地下水埋藏很深，流域的包气带很厚，缺水量大，降雨过程中下渗的水量不易使整个流域包气带达到田间持水量；所以通常不产生地下径流，地面径流仅当降雨强度大于下渗强度时才有可能产生。这就是超渗产流。超渗产流常发生于干旱半干旱地区，湿润地区久旱不雨后的大暴雨情况。

一、下渗曲线法

1. 列表法

由超渗产流方式的水量平衡方程可知，若不计雨期蒸发，降雨的损失全部为下渗水量。进一步分析可得：$h(t) = i(t) - f(t)$。该式说明净雨过程等于降雨过程扣除下渗过程。所以，

只要知道下渗过程即下渗曲线即可由降雨过程推求净雨过程。

下渗曲线可以由实测雨洪资料反推综合，也可采用经验公式法，已在第二章讲述。

把下渗曲线 $f_p(t)-t$ 用霍顿下渗公式表示，并对其从 $0 \sim t$ 积分有

$$F_p(t)=f_c t+\frac{1}{\beta}(f_0-f_c)-\frac{1}{\beta}(f_0-f_c)e^{-\beta t} \tag{6-4-1}$$

式中　$F_p(t)$ ——t 时刻累积下渗水量，即累积损失量。这部分水量完全被包气带土壤吸收，所以 $F_p(t)$ 也就是该时刻流域的土壤含水量 W_t。

当 W_0 不变，令 $\frac{1}{\beta}(f_0-f_c)=a$，$f_c=b$，则

$$F_p(t)=a+bt-ae^{-\beta t} \tag{6-4-2}$$

每次实际雨洪后的流域土壤含水量 $F_p(t)=W_0+P-R$（超渗产流降雨历时一般不长，雨期蒸、散发可忽略），根据历年降雨径流资料可以得出 $F_p(t)-t$ 的经验关系曲线，并可拟合成经验公式，经验公式的微分曲线即为下渗曲线。

产流计算步骤如下。

(1) 以降雨开始时流域的土壤含水量 $W_0(=P_{a,0})$，查 f_p-W 曲线，得本次降雨的起始下渗率 f_0、W_0、f_0 即为第一时段初流域的土壤含水量和下渗率。

(2) 求第一时段产流量 R_1、下渗水量 I_1 及时段末流域土壤含水量 W_1。将第一时段平均雨强 $\bar{i}_1$ 与 f_0 比较：

当 $\bar{i}_1 \leqslant f_0$，本时段不产流。时段内的降雨全部下渗，下渗水量 $I_1=\bar{i}_1\Delta t_1$，时段末流域土壤含水量 $W_1=W_0+I_1$。

当 $\bar{i}_1 > f_0$，本时段产流。以时段初下渗率 f_0 在 f_p-t 曲线上找出对应历时 t_0，再以 $t_0+\Delta t_1=t_1$ 在 f_p-t 曲线上查出时段末的下渗率 f_1。又以 f_1 在 f_p-W 曲线上查得时段末土壤含水量 W_1。本时段下渗水量 $I_1=W_1-W_0$，则第一时段的产流量 $R_1=\bar{i}_1\Delta t_1-I_1$。

(3) 进行第二时段计算。第一时段末的下渗率和土壤含水量即为第二时段初的数值。其余步骤同 (2)。

计算中，如遇时段平均雨强小于时段初下渗率，但两者数值相近，时段平均雨强可能会大于时段末的下渗率，不能肯定该时段是否产流。此时可按步骤 (2) 先求得时段下渗量 I，若 $I<\bar{i}\Delta t$，产流；$I \geqslant \bar{i}\Delta t$，不产流。

2. 图解法

上述计算也可用图解法进行。

(1) 假设条件：①土质均匀；②包气带厚度一致；③降雨强度均匀。

(2) 原理：作累积下渗能力曲线和累积雨量过程线，比较其坡度，判断是否有超渗雨产生。

累积下渗能力曲线的斜率即为下渗能力 f_p，累积雨量过程线的斜率为降雨强度 i，通过比较 t 时刻两者的斜率，即可得知该时刻是否有超渗地面径流产生，进而进一步求得超渗产流时段的产流量。

(3) 作图法步骤：

1) 绘出累积下渗能力曲线。

2）选定起始点（取给定土壤含水量下的累积下渗率值），从起始点开始作累积降雨过程线$\sum p - t$。

3）分段作图求R_s。

确定起始点，平移，作水平线或垂线，与累积下渗能力曲线相交，交点作为下一时段起始点。

a. 对于$i > f_p$的时段，产流，将本时段平移至上时段末端，过本时段末端作垂线与累积下渗能力曲线相交，交线以上的垂向长度即为产流量，交点作为下一时段起始点。

b. 对于$i < f_p$的时段，不产流，将本时段平移至上时段末端，过本时段末端作水平线与累积下渗能力曲线相交，作为下一时段起始点。

（4）优缺点分析。

优点：按天然降雨强度分段，不受人为划分时段的影响。方法简单。

缺点：没有考虑产流面积的变化，只宜计算小流域的地面径流。若要处理大一些流域的超渗地面径流的计算问题，就必须把流域划分成许多小单元，并最好使用流域下渗能力面积分配曲线来分析超渗地面径流问题。

将流域累积下渗曲线$F_p(t)$和累积雨量过程线$\sum p(t)$绘在同一张图上，如图6-4-1所示，然后用图解法推求产流量。根据降雨开始时的流域土壤含水量W_0，在$F_p(t)F_p - t$曲线上找出对应的a点，自a点绘降雨量累积曲线$\sum p(t)$，即图6-4-1中曲线abcdef，$F_p(t)$和$\sum p(t)$曲线的斜率分别表示时刻t的下渗强度和雨强，比较两曲线斜率即可判断出是否产流。例如，在图6-4-1中，ab段降水，$i > f_p$，故该时段产流，在b点做垂线交与累积下渗曲线于点b′；将b′作为下一时段作图的起始点，将下一时段降水bc平移至点b′，如图中b′c′，bc段降水的$i < f_p$，不产流，作水平线，与累积下渗曲线相交于点c″，作为下一时段作图的起始点。如此逐时段分析、比较下去，就能求得一场降雨的产流过程。由图6-4-1可知，ab、cd、df 3段降水的$i > f_p$，产生径流，图中的3段垂线段bb′、d′d″、f′f″依次为3个时段降水的产流量，其长短表示产流量的多少。整个作图过程为一笔画过程，即不抬笔，作图即可完成，作图路线为abb′c′c″d′d″e′e″f′f″，起于a点，终于f″，其中a到f″的垂线长度表示流域包气带内的水分增量，f″到f的垂线长度表示本次降水的总产流量。

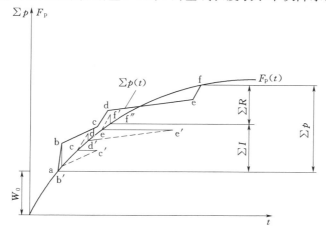

图6-4-1　图解法推求产流量示意图

二、初损后损法

上述下渗曲线法的超渗产流计算，概念比较清楚，但目前在实际使用中有其局限性。首先，自记雨量资料少，难以取得以分钟计算的降雨强度过程；其次，超渗产流地区 P_a 值的计算，由于缺乏边界条件（$0 \leqslant P_a \leqslant I_m$），在 P_a 的计算过程中无法及时校正，使系统误差不断累积，影响 P_a 的计算精度，也就影响下渗强度曲线的精度；再次，假定下渗强度曲线稳定不变，适用于各种降雨情况，也与实际不符。由于以上原因，下渗曲线法在实际使用中并未推广，生产上常使用初损后损法。

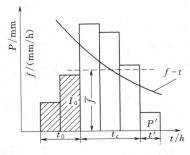

图 6-4-2　初损后损法示意图

初损后损法是下渗曲线法的简化，该法把下渗曲线拉伸成一条水平线，使两线对角所对应的面积尽量保持不变，超渗产流量可表示为下渗曲线上雨量过程线下所包围的面积，如图 6-4-2 所示，则理论上来说，简化后的下渗曲线并未超渗产流量的大小。

初损后损法将产流损失分成两部分，产流前的损失称为初损，以 I_0 表示；产流后的损失称为后损，后损为产流历时内平均下渗强度 $\overline{f}$ 与产流历时 t_c 的乘积 $\overline{f}t_c$ 与后期不产流的雨量 P' 之和。因此，流域内一次降雨所产生的径流深可用下式表示：

$$R = P - I_0 - \overline{f}t_c - P' \tag{6-4-3}$$

利用上式进行产流计算，关键是要确定初损量 I_0 和流域平均下渗强度 $\overline{f}$。

1. 初损量 I_0 的确定

一次降雨的初损值 I_0，可根据实测雨洪资料分析求得。对于小流域，由于汇流时间短，出口断面的流量过程线起涨点处可以作为产流开始时刻，起涨点以前雨量的累积值即为初损，如图 6-4-3 所示。对较大的流域，可分成若干个子流域，按上述方法求得各出口站流量过程线起涨前的累积雨量，并以其平均值或其中的最大值作为该流域的初损量。

各次降雨的初损值 I_0 的大小与降雨开始时的土壤含水量 W_0 有关，W_0 大，I_0 小；反之则大。因此，可根据各次实测雨洪资料分析得来的 W_0、I_0 值，点绘两者的相关图。如关系不密切，可加降雨强度作参数，雨强大，易超渗产流，I_0 就小；反之则大。也可用月份为参数，这是考虑到 I_0 受植被和土地利用的季节变化影响。图 6-4-4 是以月份（M）为参数的 W_0-I_0 相关图，利用相关图，即可由计算的 W_0 值求出对应的 I_0 值。

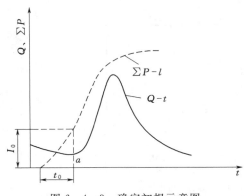

图 6-4-3　确定初损示意图

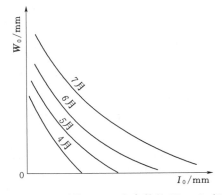

图 6-4-4　以月份（M）为参数的 W_0-I_0 相关图

【例 6 - 4 - 1】 已知湟水流域 5 月有一次暴雨，其 $W_0 = 20\text{mm}$，$i_0 = 4\text{mm/h}$，求该场暴雨产流的初损值 I_0。

解： 根据初始雨强 $i_0 = 4\text{mm/h}$，由图 6 - 4 - 5 确定 $W_0 - I_0$ 相关线，在相关线上查出，$W_0 = 20\text{mm}$ 时，其对应 $I_0 = 9\text{mm}$。

2. 平均下渗强度的确定

平均下渗强度 $\overline{f}$ 在初损量确定以后，可用下式进行计算：

$$\overline{f} = \frac{P - R - I_0 - P'}{t - t_0 - t'} \qquad (6 - 4 - 4)$$

式中 $\overline{f}$——平均后损率，mm/h；

       P——次降雨量，mm；

       P'——后期不产流的雨量，mm；

t、t_0、t'——降雨总历时、初损历时、后期不产流的降雨历时，h。

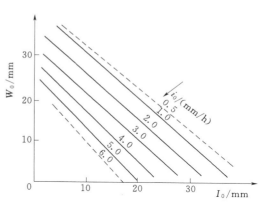

图 6 - 4 - 5   以初始雨强 i_0 为参数的 $W_0 - I_0$ 相关图

对多次实测雨洪资料进行分析，便可确定流域下渗强度 $\overline{f}$ 的平均值。

【例 6 - 4 - 2】 已知某流域流域面积为 100km^2，该流域一次实测降雨径流资料见表 6 - 4 - 1，试分析该场暴雨洪水的初损和平均后损率。

表 6 - 4 - 1   流域实测降雨洪水资料

时 间		实测流量 Q /(m³/s)	深层地下径流 Q_g /(m³/s)	地面径流 Q_s /(m³/s)	流域面雨量 /mm
日	时				
(1)		(2)	(3)	(4)	(5)
8	0	20			15
8	6	10	10	0	50
8	12	23	10	13	8
8	18	60	10	50	
9	0	40	10	30	
9	6	20	10	10	
9	12	10	10	0	
9	18	10	10		
合计				103	

解： (1) 从洪水过程线上找出起涨时刻为 8 日 6 时，以此作为产流开始时刻。该时刻以前的降雨量为本次降雨的初损值，即 $I_0 = 15\text{mm}$。

(2) 采用水平分割法，从流域出口断面的洪水过程中割去深层地下径流，得地面径流过程，见表 6 - 4 - 1 第 (4) 栏，并由此计算出地面径流深，得

$$R = \frac{3.6 \sum Q_s \Delta t}{F} = \frac{3.6 \times 103 \times 6}{100} = 22.25 \text{(mm)}$$

（3）试算产流历时内的平均后损率。设第 3 时段降雨量（8 日 12—18 时）不产流，则 $P' = 8\text{mm}$，$t' = 6\text{h}$，则 $t_R = t - t_0 - t' = 6\text{h}$，利用式（6-4-4）计算平均后损率，得

$$\bar{f} = \frac{\sum P - R - I_0 - P'}{t - t_0 - t'} = \frac{(15 + 50 + 8) - 22.5 - 15 - 8}{6} = 4.62 \text{(mm/h)}$$

因第 2 时段 $i = 8.33\text{mm/h}$，$i > \bar{f}$，且第 3 时段 $i = 1.33\text{mm/h}$，$i < \bar{f}$，故假设第 3 时段雨量不产流正确。本次降雨平均后损率为 4.62mm/h。

3. 初损后损法产流量计算

有了初损、后损有关数值后，就可由已知的降雨过程推求净雨过程。

【例 6-4-3】 已知降雨过程及降雨开始时的 $P_a = 15.4\text{mm}$，查 $P_a - I_0$ 图，得 $I_0 = 31.0\text{mm}$，又知该流域的平均下渗强度 $\bar{f} = 1.5\text{mm/h}$，可列表进行产流计算，见表 6-4-2。说明如下：先扣 I_0，从降雨开始向后扣，扣够 31.0mm 为止。9—12 时段后损量为 $2 \times 1.5 = 3.0\text{mm}$，12—21 时的 3 个时段后损量均为 $3 \times 1.5 = 4.5\text{mm}$，21—24 时段后损量等于降雨量。最后求得本次降雨深（即径流深）为 29.4mm，净雨过程 $h(t)$ 见表 6-4-2。

表 6-4-2　　　　　　　　　　　初损后损法产流量计算表

时间	P/mm	I_0/mm	$\bar{f}t$/mm	$h(t)$/mm
3—6 时	1.2	1.2		
6—9 时	17.8	17.8		
9—12 时	36.0	12.0	3.0	21.0
12—15 时	8.8		4.5	4.3
15—18 时	5.4		4.5	0.9
18—21 时	7.7		4.5	3.2
21—24 时	1.9		1.9	0
合计	78.8	31.0		29.4

第五节　流域汇流分析

一、流域汇流

流域汇流是指，在流域各点产生的净雨，经过坡地和河网汇集到流域出口断面，形成径流的全过程。同一时刻在流域各处形成的净雨距流域出口断面的距离、流速各不相同，所以不可能全部在同一时刻到达流域出口断面。但是，不同时刻在流域内不同地点产生的净雨，也可能在同一时刻流达流域的出口断面。

二、流量成因公式及汇流曲线

设某流域 $t - \tau$ 时刻的净雨强为 $i(t - \tau)$，由于流域的调蓄作用，$t - \tau$ 时刻降落在流域上的净雨不可能在同一时刻全部流到出口断面，只有那些流达时间为 τ 的净雨质点（将所有质点面积的总和称为等流时面积）才正好在 t 时刻到达出口断面。所形成的出口断面的流量为

$$dQ_1(t) = i(t-\tau)dF_1(\tau) \qquad (6-5-1)$$

而流域出口断面 t 时刻的流量 $Q(t)$，是所有等流时面积上在 t 时刻到达出口断面的流量之和：

$$Q(t) = \int_0^t dQ(t) = \int_0^t i(t-\tau)dF(\tau) \qquad (6-5-2)$$

$dF(\tau)$ 对 τ 求偏导，有

$$dF(t) = \frac{\partial F(\tau)}{\partial(\tau)}d\tau = u(\tau)d\tau$$

其中，$u(\tau)$ 称为汇流曲线。则式 (6-5-2) 可写为

$$Q(t) = \int_0^t i(t-\tau)u(\tau)d\tau = \int_0^t i(\tau)u(t-\tau)d\tau \qquad (6-5-3)$$

式 (6-5-3) 称为卷积公式，表明流域出口断面的流量过程取决于流域内的净雨过程和汇流曲线。因此，汇流计算的关键是确定流域的汇流曲线。实际工作中，常用的汇流曲线有等流时线、时段单位线、瞬时单位线、地貌单位线等。

第六节　地面径流的汇流计算方法

一、等流时线法

1. 等流时线法相关概念

净雨从流域上某点流至出口断面所经历的时间，称为汇流时间，用 τ 来表示。从流域最远点流至出口断面所经历的时间，称为流域最大汇流时间，或称流域汇流时间，用 τ_m 表示。单位时间内径流通过的距离称为汇流速度 v_τ。流域上汇流时间相等的点的连线叫做等流时线，如图 6-6-1 中虚线所示。图 6-6-1 中 1—1 线上的净雨流达出口断面的汇流时间为 Δt，2—2 线上净雨流达出口断面的汇流时间为 $2\Delta t$，最远处净雨流达出口断面的汇流时间为 $3\Delta t$。这些等流时线间的部分面积（f_1、f_2、f_3）称为等流时面积，全流域面积 $F = f_1 + f_2 + f_3$。

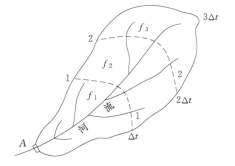

图 6-6-1　等流时线示意图

2. 等流时线法假定

等流时线法是建立在以下假定的前提下的。

（1）认为汇流时间只与流域面上各点距出口断面的距离有关，流域上各点的汇流速度都等于流域平均流速。

（2）忽略产流与汇流因素的时变特性，认为等流时线为固定的，不随时间而变化。因此不同强度的降水过程均用同一等流时线加以计算。

3. 等流时线法推流

现在来分析在该流域上由不同历时的净雨所形成的地面径流过程。假定净雨历时 $t = 2\Delta t$，流域汇流时间 $\tau_m = 3\Delta t$，即 $t < \tau_m$。两个时段的净雨深分别为 h_1、h_2，任一时刻的地面流量 $Q_{面t}$ 是由许多项组成的，即第一块面积 f_1 上的 t 时段净雨 $h_t/\Delta t$，第二块面积 f_2 上的 $t-1$ 时段的净雨 $h_{t-1}/\Delta t$，…，同时到达出口断面组合成 t 时刻的地面流量 $Q_{面t}$，见式 (6-6-1)。两个时段净雨深产生地面径流过程计算表见表 6-6-1。

$$Q_{\text{面}t}=\frac{h_t f_1+h_{1-1}f_2+h_{t-2}f_3+\cdots}{\Delta t}\times\frac{1000}{3600}$$

$$=0.278\frac{1}{\Delta t}\sum_{i=1}^{n}h_{t-i+1}f_i \tag{6-6-1}$$

表 6-6-1　　两个时段净雨深产生地面径流过程计算表

时间 t	净雨深 h_1 在出口断面形成的地面径流	净雨深 h_2 在出口断面形成的地面径流	出口断面的总地面径流过程
0	0	0	0
Δt	$\dfrac{h_1 f_1}{\Delta t}$	0	$\dfrac{h_1 f_1}{\Delta t}$
$2\Delta t$	$\dfrac{h_1 f_2}{\Delta t}$	$\dfrac{h_2 f_1}{\Delta t}$	$\dfrac{h_1 f_2+h_2 f_1}{\Delta t}$
$3\Delta t$	$\dfrac{h_1 f_3}{\Delta t}$	$\dfrac{h_2 f_2}{\Delta t}$	$\dfrac{h_1 f_3+h_2 f_2}{\Delta t}$
$4\Delta t$	0	$\dfrac{h_2 f_3}{\Delta t}$	$\dfrac{h_2 f_3}{\Delta t}$
$5\Delta t$	0	0	0

根据等流时线的汇流原理，可由设计净雨推求设计洪水过程线。但在实际情况下，汇流速度随时随地变化，等流时线的位置也是不断发生变化的，且河槽还有调蓄作用，所以推求出的洪水过程线与实际情况有较大出入。目前，除个别小流域外，已不再应用等流时线法。

二、时段单位线法

1. 相关概念与基本假定

流域上单位时段内均匀分布的单位地面净雨，汇流到流域出口断面处所形成的地面径流过程线，称为时段单位线。单位净雨深一般取 10mm。单位时段 Δt 可根据资料取 1h、3h、6h 等，应视流域汇流特性和精度要求来确定，一般取径流过程涨洪历时的 $1/2\sim1/4$ 为宜，时段单位线纵坐标通常用 $q(t)$ 表示，以 m^3/s 计，如图 6-6-2（a）所示。

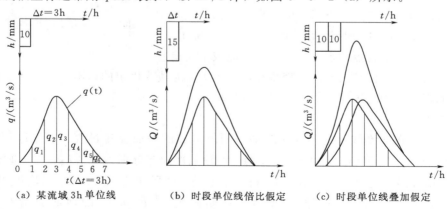

（a）某流域 3h 单位线　　（b）时段单位线倍比假定　　（c）时段单位线叠加假定

图 6-6-2　时段单位线及其假定示意

时段单位线有如下基本假定。

（1）倍比假定。如果单位时段内的地面净雨深不是一个单位，而是 n 个，则它所形成的流量过程线，总历时与时段单位线底长相同，各时刻的流量则为时段单位线的 n 倍，见图 6-6-2（b）。

（2）叠加假定。如果净雨历时不是一个时段，而是 m 个，则各时段净雨深所形成的流量过程线之间互不干扰，出口断面的流量过程线等于 m 个部分流量过程错开时段叠加之和，见图 6-6-2（c）。

2. 用时段单位线推求地面径流过程线

根据时段单位线的定义与基本假定，只要流域上净雨分布均匀，不论其强度与历时如何变化，都可以利用时段单位线推求其形成的地面径流过程线。

【例 6-6-1】 已知某流域次地面净雨过程 $P(t)$ 和流域的时段单位线 $q(t)$，见表 6-6-2，试推求该次降水的地面径流过程，并计算其流域面积。

表 6-6-2　　　　　　　　　次地面净雨过程 $P(t)$ 和流域的时段单位线 $q(t)$

时段 $\Delta t = 6\text{h}$	0	1	2	3	4	5	6	7	8	9
$q(t)/(\text{m}^3/\text{s})$	0	90	150	230	300	250	180	90	60	0
$P(t)/\text{mm}$	60	25								

解： 首先计算流域面积，根据时段单位线的定义，时段单位线 $q(t)$ 与时间轴所包围的面积为流出出口断面的总水量，将总水量平铺到流域面积上之后应为 10mm。

$$F = 3.6\Delta t \sum_{i=0}^{9} q_i / 10 = 2916(\text{km}^2)$$

利用时段单位线法进行汇流计算，计算表格见表 6-6-3。

表 6-6-3　　　　　　　　　用时段单位线推求地面径流过程线计算表

时段 $\Delta t = 6\text{h}$	净雨深 $h(t)$ /mm	单位线 $q(t)$ /(m³/s)	部分径流/(m³/s)		$Q(t)$ /(m³/s)
			h_1	h_2	
（1）	（2）	（3）	（4）	（5）	（6）
0	60	0	0		0
1	25	90	540	0	540
2		150	900	225	1125
3		230	1380	375	1755
4		300	1800	575	2375
5		250	1500	750	2250
6		180	1080	625	1705
7		90	540	450	990
8		60	360	225	585
9		0	0	150	150
10				0	0
合计	85	1350 折合 10mm			11475 折合 85mm

说明如下：

单位时段 Δt 取 6h，已知各时段地面净雨深列入表 6-6-3 第（2）栏，已知 6h 的单位线纵坐标值列入（3）栏。利用倍比假定求得的各部分径流过程分别错开一个时段列入第（4）、第（5）栏；利用叠加假定将同时刻部分径流量相加，求得总的地面径流过程 $Q(t)$，列入第（6）栏。总的地面径流深 $R=3.6\sum Q\Delta t/F=3.6\times11475\times6/2916=85(\mathrm{mm})$，等于地面净雨深，正确。

必须注意，用时段单位线推流时，净雨时段长与所采用时段单位线的时段长要相同。

3. 反推时段单位线的方法

时段单位线是利用实测的降雨径流资料来推求的，一般选择时空分布较均匀，历时较短的降雨形成的单峰洪水来分析。步骤如下。

（1）根据洪水资料，通过径流分割，求出出口断面的地面径流过程。

（2）利用降雨资料，通过产流计算，求出地面净雨过程。

（3）根据地面净雨过程及对应的地面径流过程，推求时段单位线。

根据地面净雨过程及对应的地面径流流量过程线，推算单位线的常用方法有分析法和试错法等。

（1）分析法。分析法推求时段单位线就是用时段单位线推流的逆运算。若一个时段地面净雨所形成的地面径流过程线为已知，可利用倍比假定，将已知的地面径流过程线除以地面净雨的单位数即可；若两个时段地面净雨所形成的地面径流过程线为已知，可列表分析计算，详见表 6-6-4。说明如下：

已知地面径流过程的纵标为 Q_1，Q_2，Q_3，…填入第（2）栏，时段地面净雨为 h_1，h_2 填入第（3）栏，则可根据单位线的基本假定，由已知 $Q_{\text{面}}(t)$ 及 $h_{\text{面}}(t)$，按通式 $q_t=\dfrac{10}{h_1}\left(Q_t-\dfrac{h_2}{10}q_{t-1}\right)$，逐时段计算单位线纵标值 q_t 及第一时段净雨形成的部分径流纵标值 $\dfrac{h_1}{10}q_t$，分别填入第（6）、第（4）栏的同一行，第二时段净雨形成的部分径流纵标值 $\dfrac{h_2}{10}q_t$ 错后一个时段填入第（5）栏。如果计算正确，分析得单位线的径流深应为 10mm。表 6-6-4 中仅给出各栏的计算公式。

实际上，流域汇流并非严格遵循倍比假定和叠加假定，实测资料及推算的净雨量也具有一定的误差，利用分析法反推单位线时，这种误差逐时段的累积，会使反推得到的单位线在退水段纵标值出现跳动、单位线呈锯齿状等不合理现象，单位线尾段可能出现单位线无法归零，在 0 附近上下跳动等现象，这时需要进行时段数的检验并将单位线修匀。

单位线检验和修正的原则如下：

1）单位线的时段数 n 检验，单位线的时段数 n 应符合下式：

$$n=p-m+1$$

式中　n——单位线历时（时段数）；

　　　 p——洪水地面径流历时（时段数）；

　　　 m——地面净雨历时（时段数）。

表 6-6-4 分析法求时段单位线的计算公式

时段 $(\Delta t = 6h)$	地面径流 $Q_{面}$ /(m³/s)	地面净雨 $h_{面}$ /mm	部分径流/(m³/s)		单位线 q /(m³/s)
			h_1 形成	h_2 形成	
(1)	(2)	(3)	(4)	(5)	(6)
0	0		0		0
1	Q_1	h_1	$\dfrac{h_1}{10}q_1$	0	$q_1 = \dfrac{10}{h_1}Q_1$
2	Q_2	h_2	$\dfrac{h_1}{10}q_2$	$\dfrac{h_2}{10}q_1$	$q_2 = \dfrac{10}{h_1}\left(Q_2 - \dfrac{h_2}{10}q_1\right)$
3	Q_3		$\dfrac{h_1}{10}q_3$	$\dfrac{h_2}{10}q_2$	$q_3 = \dfrac{10}{h_1}\left(Q_3 - \dfrac{h_2}{10}q_2\right)$
4	Q_4		$\dfrac{h_1}{10}q_4$	$\dfrac{h_2}{10}q_3$	$q_4 = \dfrac{10}{h_1}\left(Q_4 - \dfrac{h_2}{10}q_3\right)$
⋮	⋮		⋮	⋮	⋮
t	Q_t		$\dfrac{h_1}{10}q_t$	$\dfrac{h_2}{10}q_{t-1}$	$q_t = \dfrac{10}{h_1}\left(Q_t - \dfrac{h_2}{10}q_{t-1}\right)$
⋮	⋮		⋮	⋮	⋮
n	0			0	0
合计					折合 10mm

2）单位线下所包含的径流深为 10mm。根据单位线定义，修匀后的单位线必须折合为 10mm 净雨深。

3）单位线应为光滑的铃形曲线

【例 6-6-2】 已知某流域次地面净雨过程及其形成的地面径流过程，见表 6-6-5，试利用分析法反推 6h 时段单位线。

由于误差积累问题，多于两个时段地面净雨形成的地面径流过程线为已知时，推求时段单位线不宜用分析法而采用试错法。

（2）试错法。先假定一条时段单位线，用时段单位线推流的计算方法，求得地面径流过程，将其与实测的地面径流过程进行比较，若相符，则假定即为所求；如有差别，应修改原假定的单位线，直至计算的地面径流过程与实测的地面径流过程基本相符为止，此时的单位线即为所求的单位线。

假定单位线时应注意：① $\sum_{i=1}^{n} q_i = \dfrac{10F}{3.6\Delta t}$ 不能乱定（必须是单位净雨）；②时段总数（底长）等于实测过程线时段数 $p-(m-1)$；③单峰 q 从 0 到 0。

4. 不同时段单位线的时段转换

时段单位线的时段转换常借用 S 曲线（图 6-6-3）。

表 6 - 6 - 5   分析法求时段单位线计算表

时段 ($\Delta t = 6h$)	地面径流 $Q_{面,实}$ /(m³/s)	地面净雨 $h_面$ /mm	部分径流/(m³/s)		单位线 $q_{计}$ /(m³/s)	修正后 单位线 $q_{修}$/(m³/s)	计算值 $Q_{面,计}$ /(m³/s)	备注
			$h_1 = 24.5$ 形成的	$h_2 = 20.3$ 形成的				
(1)	(2)	(3)	(4)	(5)	(6)	(7)	(8)	(9)
0	0		0		0	0	0	
1	186	24.5	186	0	76	76	186	
2	667	20.3	513	154	210	210	668	
3	1935		1510	425	617	617	1936	
4	2450		1200	1250	490	490	2450	
5	1900		910	990	372	355	1865	1. 本流域面 积为 5290km²。
6	1280		525	755	214	242	1308	2. $q_{计}$ 退水
7	850		415	435	170	158	867	段有跳动，$q_{修}$
8	560		216	344	88	107	571	为修正后成果。
9	400		221	179	90	73	392	3. $Q_{面,计}$ 由
10	277		94	183	38	52	276	$q_{修}$ 推流得来
11	202		124	78	51	38	199	
12	142		39	103	16	22	131	
13	80		48	32	20	12	84	
14	40		0	40	0	0	24	
15	0		0		0		0	
合计	10969 合 44.8mm				2452 合 10.0mm	2452 合 10.0mm	10957	

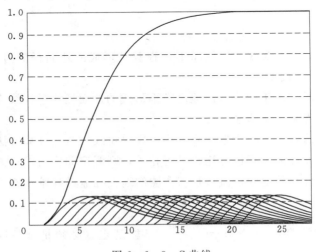

图 6 - 6 - 3 S 曲线

S 曲线就是单位线各时段累积流量和时间的关系曲线。假定流域上降雨持续不断，每个
单位时段都有一个单位地面净雨（10mm），用时段单位线连续推流计算即可求得出口断面

的流量过程线，其形状如 S，故称为 S 曲线（表 6-6-6）。S 曲线就是时段单位线的累积曲线，可由时段单位线纵坐标值逐时段累加求得。

表 6-6-6　　　　　　　　　　　　　S 曲 线 计 算 表

时段 （$\Delta t = 6h$）	单位线 /（m³/s）	净雨深 /mm	部分径流/（m³/s）										S 曲线
			10	10	10	10	10	10	10	10	10	…	
（1）	（2）	（3）	（4）										（5）
0	0	10	0										0
1	430	10	430	0									430
2	630	10	630	430	0								1060
3	400	10	400	630	430	0							1460
4	270	10	270	400	630	430	0						1730
5	180	10	180	270	400	630	430	0					1910
6	118	10	118	180	270	400	630	430	0				2028
7	70	10	70	118	180	270	400	630	430	0			2098
8	40	10	40	70	118	180	270	400	630	430	0		2138
9	16	10	16	40	70	118	180	270	400	630	430	…	2154
10	0	10	0	16	40	70	118	180	270	400	630	…	2154
11		10		0	16	40	70	118	180	270	400	…	2154
12		10			0	16	40	70	118	180	270	…	2154
⋮		⋮				0	16	40	70	118	180	…	2154
⋮		⋮					0	16	40	70	118	…	2154
⋮		⋮						0	16	40	70	…	2154
⋮		⋮							0	16	40	…	2154
⋮		⋮								0	16	…	2154
⋮		⋮										…	⋮

有了 S 曲线后，就可以利用它来转换时段单位线的时段长。

【例 6-6-3】　已知某流域时段长为 6h 的时段单位线（表 6-6-7 中第（2）栏），试转换成时段长为 3h、9h 的时段单位线。

6h 的时段单位线转换成时段长为 3h 的单位线，只要把时段长为 6h 的 S 曲线往后平移半个时段（即 3h），见图 6-6-4。图 6-6-4 表明，两条 S 曲线之间各时段流量差值相当于 3h（5mm）净雨所形成的地面径流过程线 $q'(t)$。将 $q'(t)$ 乘以 $\frac{6}{3}$ 即为 3h 的单位线。一般列表计算，见表 6-6-7。同理，如把 6h 单位线转换成 9h 单位线，可将 S 曲线错后 9h 相减，则各时段流量差值即为 9h（15mm）净雨所产生的地面径流过程线，将纵坐标值乘 $\frac{6}{9}$ 即为 9h 的单位线，如表中第（8）栏。

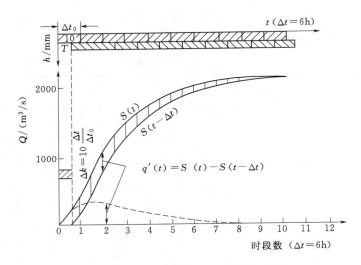

图 6-6-4　时段单位线时段转换示意图

表 6-6-7　　　　　　　　　　　不同时段单位线转换计算　　　　　　　　　单位：m³/s

时段 ($\Delta t = 6h$)	$S(t)$	$S(t-3)$	$S(t)-S(t-3)$ (4)=(2)-(3)	3h 单位线 (5)=(4)×2	$S(t-9)$	$S(t)-S(t-9)$ (7)=(2)-(6)	9h 单位线 (8)=(7)×$\frac{6}{9}$
(1)	(2)	(3)	(4)	(5)	(6)	(7)	(8)
0	0		0	0		0	0
	185	0	185	370		185	123
1	430	185	245	490		430	286
	765	430	335	670	0	765	510
2	1060	765	295	590	185	875	584
	1280	1060	220	440	430	850	566
3	1460	1280	180	360	765	695	464
	1600	1460	140	280	1060	540	360
4	1730	1600	130	260	1280	450	300
	1830	17300	100	200	1460	370	246
5	1910	1830	80	160	1600	310	206
	1980	1910	70	140	1730	250	167
6	2028	1980	48	96	1830	198	132
	2070	2028	42	84	1910	160	107
7	2098	2070	28	56	1980	118	79
	2120	2098	22	44	2028	92	61
8	2138	2120	18	36	2070	68	45
	2147	2138	9	18	2098	49	33
9	2154	2147	7	14	2120	34	23
	2154	2154	0	0	2138	16	11
10	2154	2154			2147	7	5
	2154	2154			2154	0	0

用 S 曲线转换任何时段 Δt 单位线可由以下数学式表示：

$$q(\Delta t, t) = \frac{\Delta t_0}{\Delta t}\big[S(t) - S(t - \Delta t)\big] \tag{6-6-2}$$

式中　$q(\Delta t,\ t)$——所求的时段单位线；

　　　　Δt_0——原来单位线时段长；

　　　　Δt——所求单位线时段长；

　　　　$S(t)$——时段为 Δt_0 的 S 曲线；

　$S(t - \Delta t)$——移后 Δt 小时的 S 曲线。

5. 时段单位线存在的问题

（1）时段单位线的非线性问题。时段单位线基本假定认为一个流域的时段单位线是不变的，可以根据时段单位线的倍比假定和叠加假定来推求，这与实际情况不能完全相符。实际上，由各次洪水分析得到的时段单位线并不相同，说明时段单位线是变化的，即时段单位线存在非线性的问题。这是由于水流随水深、比降等水力条件不同，汇流速度呈非线性变化所致。一般雨强大，洪水大，汇流速度快，由此类洪水分析得出的时段单位线洪峰较高，峰现时间较早；反之，时段单位线的洪峰较低，峰现时间滞后，见图 6-6-5。必须指出：净雨强度对时段单位线的影响是有限度的，当净雨强度超过一定界限后，

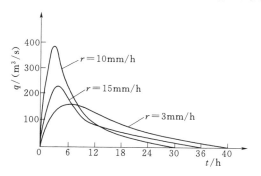

图 6-6-5　某流域不同净雨强度的
时段单位线

汇流速度趋于稳定，时段单位线的洪峰不再随净雨强度增加而增加。

对此问题，一般是将时段单位线进行分类综合，供合理选用。即按降雨强度大小分级，每种情况定出一条时段单位线，使用时根据降雨特性选择相应的时段单位线。由设计暴雨或可能最大暴雨推求设计洪水或可能最大洪水时，应尽量采用实测大洪水分析得出的时段单位线推流。

（2）时段单位线的非均匀性问题。时段单位线定义中"均匀分布的净雨"也与实际情况不完全相符。天然降雨在流域上分布不均匀，形成的净雨分布也不均匀。当暴雨中心在下游时，由于汇流路程短，河网对洪水的调蓄作用小，分析的时段单位线峰值较高，峰现时间较早；若暴雨中心在上游时，河网对洪水的调蓄作用大，由此种洪水分析的时段单位线峰值较低，峰现时间推迟，见图 6-6-6。若暴雨中心移动的速度和方向与河槽汇流一致时，则时段单位线峰值更高，峰现时间更早。

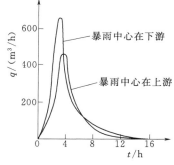

图 6-6-6　某流域不同暴雨中心
位置的时段单位线

时段单位线的非均匀性问题，常用以下措施加以处理，以期减小对于洪水预报的误差：①在设计洪水的推求过程中，采用最不利的暴雨分布情况分析单位线；②按暴雨中心的位置分几种情况推求单位线，供设计时选用；③将流域分成若干单位流域，认为各流域单元上降雨均匀，再进行汇流计算，最后将各流量过程相加，得流域的总出流过程。

三、瞬时单位线法

1. 瞬时单位线的基本概念

所谓瞬时单位线，就是在瞬时（无限小的时段内），流域上均匀分布的单位地面净雨在流域出口断面所形成的地面径流过程线，通常以 $u(0, t)$ 或 $u(t)$ 表示。即流域上分布均匀，历时趋于无穷小，强度趋于无穷大，总量为一个单位的地面净雨在流域出口断面形成的地面径流过程线。瞬时单位线法汇流计算亦是从线性系统出发探讨汇流过程的一种方法。目前我国使用的瞬时时段单位线是 J. E. 纳希（J. E. Nash）于 1957 年提出的。

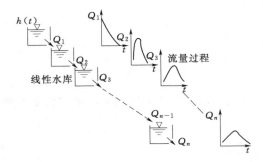

图 6-6-7　J. E. 纳希的流域汇流模型示意图

J. E. 纳希设想流域的汇流作用可由串联的 n 个相同的线性水库的调蓄作用来代替，如图 6-6-7 所示。流域出口断面的流量过程是流域净雨经过这些水库调蓄后的出流。

所谓线性水库是指水库蓄水量 W_i 与泄洪量 Q_i 之间呈线性关系，即

$$W_i = K_i Q_i \qquad (6-6-3)$$

式中　K_i——第 i 个水库的蓄泄系数，$i=1, 2, \cdots, n$。

将流域上的地面净雨过程 $h(t)$ 作为第一个线性水库的入流，其出流量为 $Q_1(t)$，则该水库 dt 时段的水量平衡方程及蓄泄方程为

$$h(t)dt - Q_1(t)dt = dW \qquad (6-6-4)$$

$$W_1 = K_1 Q_1(t) \qquad (6-6-5)$$

联立式（6-6-4）、式（6-6-5），并以微分算子 D 代表 $\dfrac{d}{dt}$，则得

$$Q_1(t) = \frac{1}{1 + K_1 D} h(t) \qquad (6-6-6)$$

经过 n 个水库调蓄后，出口断面的流量过程应为

$$Q(t) = \frac{1}{(1 + K_1 D)(1 + K_2 D) \cdots (1 + K_n D)} h(t) \qquad (6-6-7)$$

因为是 n 个相同的线性水库，所以 $K_1 = K_2 = K_3 = \cdots = K_n = K$，故

$$Q(t) = \frac{1}{(1 + KD)^n} h(t) \qquad (6-6-8)$$

当 $h(t)$ 为瞬时的单位净雨量，即 $h(t) = \delta(t)$，$\delta(t)$ 为瞬时单位脉冲，应用脉冲函数及拉普拉斯变换，可得瞬时单位线的基本公式：

$$u(0, t) = \frac{1}{K\Gamma(n)} \left(\frac{t}{K} \right)^{n-1} e^{-\frac{t}{K}} \qquad (6-6-9)$$

式中　$\Gamma(n)$——n 的伽马函数；

　　　　n——线性水库的个数，相当于调节次数；

　　　　K——线性水库的调蓄系数，相当于流域汇流时间的参数；

　　　　e——自然对数底。

参数 n、K 对瞬时单位线形状的影响见图 6-6-8 和图 6-6-9。从图中可以看出，n、

K 对 $u(0, t)$ 形状的影响是相似的。当 n、K 减小时，$u(0, t)$ 的洪峰增高，峰现时间提前；而当 n、K 增大时，$u(0, t)$ 的峰降低，峰现时间推后。

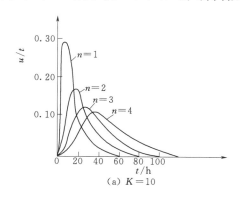
(a) $K=10$

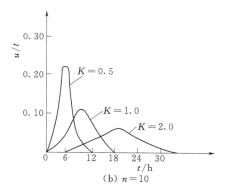
(b) $n=10$

图 6-6-8　参数 K 对瞬时单位线形状的影响　　图 6-6-9　参数 n 对瞬时单位线形状的影响

2. 参数 n、K 的确定

纳希利用雨、洪过程与瞬时单位线图形面积矩之间的关系来确定参数 n、K 值。

可以证明，净雨过程 $h(t)$、瞬时单位线 $u(t)$ 和出流过程 $Q(t)$ 三者的关系如图 6-6-10 所示。它们的一阶原点矩和二阶中心矩之间有如下的关系：

$$M_u^{(1)} = M_Q^{(1)} - M_h^{(1)} \tag{6-6-10}$$

$$N_u^{(2)} = N_Q^{(2)} - N_h^{(2)} \tag{6-6-11}$$

式中　　$M_u^{(1)}$、$M_Q^{(1)}$、$M_h^{(1)}$——瞬时单位线 u、出流 Q 及净雨 h 的一阶原点矩；

$N_u^{(2)}$、$N_Q^{(2)}$、$N_h^{(2)}$——瞬时单位线 u、出流 Q 及净雨 h 的二阶中心矩。

瞬时单位线的一阶原点矩 $M_u^{(1)}$ 和二阶中心矩 $N_u^{(2)}$ 可以由实测的地面径流过程和地面净雨过程，根据式（6-6-10）、式（6-6-11）求得。

可以证明，瞬时单位线的一阶原点矩和二阶中心矩与参数 n、K 存在如下关系：

$$M_u^{(1)} = nK \tag{6-6-12}$$

$$N_u^{(2)} = nK^2 \tag{6-6-13}$$

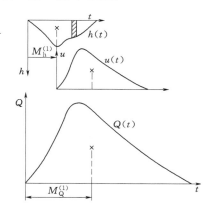

图 6-6-10　$h(t)$，$u(t)$，$Q(t)$
三者关系图

通过上式求得参数 n、K。由于计算二阶中心矩较原点矩更为繁琐，利用数学上已证明的原点矩与中心矩的关系（即二阶中心矩值等于二阶原点矩值减一阶原点矩值的平方），改用二阶原点矩来计算参数 n、K 较为简便。计算公式如下：

$$K = \frac{M_Q^{(2)} - M_h^{(2)}}{M_Q^{(1)} - M_h^{(1)}} - (M_Q^{(1)} + M_h^{(1)}) \tag{6-6-14}$$

$$n = \frac{M_Q^{(1)} - M_h^{(1)}}{K} \tag{6-6-15}$$

式中　　$M_Q^{(2)}$、$M_h^{(2)}$——出流 Q、净雨 h 的二阶原点矩。

由实际净雨过程和出流过程，可用差分式计算各阶原点矩。净雨和出流的原点矩计算如图 6-6-11 所示，公式如下：

$$M_h^{(1)} = \frac{\sum h_i t_i}{\sum h_i} \tag{6-6-16}$$

$$M_h^{(2)} = \frac{\sum h_i (t_i)^2}{\sum h_i} \tag{6-6-17}$$

$$M_Q^{(1)} = \frac{\sum Q_i m}{\sum Q_i} \Delta t \tag{6-6-18}$$

$$M_Q^{(2)} = \frac{\sum Q_i m^2}{\sum Q_i} (\Delta t)^2 \quad m = 1, 2, \cdots, n-1 \tag{6-6-19}$$

利用矩法算出的 n、K 往往不是最终的成果，一般要利用计算出的 n、K 转换成时段单位线进行还原洪水计算，若还原洪水与实测洪水过程吻合不好时，应对 n、K 进行调整，直至两者吻合较好为止。

n、K 代表流域的调蓄特性，对于同一流域，这两个数值比较稳定；如不稳定，可取若干次暴雨洪水资料进行分析，最后优选出 n、K 值作为该流域的参数。

3. 由瞬时单位线转换为时段单位线

在汇流计算时需将瞬时单位线转换成时段单位线才能使用，转换的方法也是利用 S 曲线，步骤如下。

（1）求瞬时单位线的 S 曲线，即求瞬时单位线方程的积分。

$$S(t) = \int_0^t u(t) \mathrm{d}t = \frac{1}{\Gamma(n)} \int_0^{t/k} \left(\frac{t}{K}\right)^{n-1} \mathrm{e}^{-\frac{t}{K}} \mathrm{d}\left(\frac{t}{K}\right) \tag{6-6-20}$$

此积分式的图形如图 6-6-12 所示，也是一种 S 曲线。式（6-6-20）表明 $S(t)$ 曲线是 n、$\frac{t}{K}$ 的函数，现已制成 $S(t)$ 曲线表（附表 5），根据 n、K 和选定的时段 Δt，即可求得相应的 $S(t)$ 曲线。

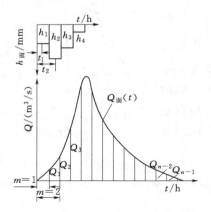

图 6-6-11　矩值计算示意图

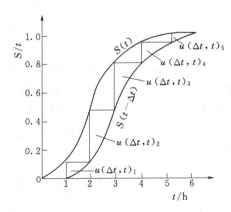

图 6-6-12　瞬时单位线 S 曲线

（2）将瞬时单位线转换成无因次时段单位线。当 $t \to \infty$ 时：

$$S(t)_{\max} = \int_0^t u(t)\mathrm{d}t = 1 \qquad (6-6-21)$$

如将 $t=0$ 为起点的 S 曲线 $S(t)$ 向后平移一个时段 Δt，可得到另外一条 S 曲线 $S(t-\Delta t)$，这两条 S 曲线之间的纵坐标的差值可用方程式表示为

$$u(\Delta t,t) = S(t) - S(t-\Delta t) \qquad (6-6-22)$$

$u(\Delta t,\ t)$ 又构成一个新的图形，称作时段为 Δt 的无因次时段单位线，如图 6-6-13 所示，其纵坐标之和 $\sum u(\Delta t,\ t) = 1$。

（3）将无因次时段单位线转换成 10mm 净雨的时段单位线。净雨时段为 Δt，净雨深为 10mm 的时段单位线，每隔一个时段 Δt 读取一个流量 q，则

$$\sum q = \frac{10F}{3.6\Delta t} \qquad (6-6-23)$$

式中　$\sum q$——10mm 净雨时段单位线纵坐标之
和，m^3/s；

Δt——净雨时段，h；

F——流域面积，km^2。

又 $\sum u(\Delta t,\ t) = 1$，故

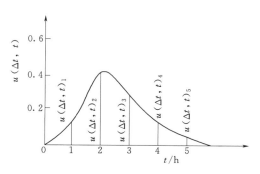

图 6-6-13　无因次时段单位线

$$\frac{\sum q}{\sum u(\Delta t,t)} = \frac{\dfrac{10F}{3.6\Delta t}}{1} \qquad (6-6-24)$$

由此，10mm 净雨时段单位线的各个时刻纵标 q_i 可按下式求出：

$$q_i = \frac{10F}{3.6\Delta t}u_i(\Delta t,t) = \frac{10F}{3.6\Delta t}\left[S_i(t) - S_i(t-\Delta t)\right] \qquad (6-6-25)$$

（4）瞬时单位线参数计算步骤。

1）选取流域上分布均匀，强度大的暴雨形成的单峰洪水过程线作为分析的对象。

2）计算本次暴雨产生的净雨量和相应的地面径流量，两者应相等。

3）计算净雨过程和地面径流过程的一阶和二阶原点矩，并推算 n、K。

由上面计算出的 K、n 值还需代回原来的资料做还原验证，若还原的精度不能令人满意，则需对 K、n 做适当调整，直至满意为止。可用下式估计要调整的 n、K 值：

$$n' = 1 + (n-1)\left(\frac{t_{\mathrm{m}}Q_{\mathrm{m}}}{t_{\mathrm{m,计}}Q_{\mathrm{m,计}}}\right)^2 \qquad (6-6-26)$$

$$K' = \frac{t_{\mathrm{m}}}{t_{\mathrm{m,计}}}\left(\frac{n-1}{n'-1}\right)K \qquad (6-6-27)$$

式中　n'、K'——调整后的 n、K 值；

Q_{m}、$Q_{\mathrm{m,计}}$——实测的和还原的地面径流洪峰值，m^3/s；

t_{m}、$t_{\mathrm{m,计}}$——实测的和还原的洪峰出现时间，h。

【例 6-6-4】　某流域 $F=805\mathrm{km}^2$，已知该流域 1964 年 5 月 16—17 日的净雨、洪水资

料，试根据该次洪水的地面净雨和地面径流过程计算瞬时单位线的参数并换算成 1h 时段单位线。

解：

（1）计算参数 n、K

$$K=\frac{M_Q^{(2)}-M_h^{(2)}}{M_Q^{(1)}-M_h^{(1)}}-(M_Q^{(1)}+M_h^{(1)})=\frac{119.0-23.2}{10.2-4.43}-(10.2+4.43)=1.98(h)$$

$$n=\frac{M_Q^{(1)}-M_h^{(1)}}{K}=\frac{10.2-4.43}{1.98}=2.92$$

其中 $M_h^{(1)}$、$M_h^{(2)}$、$M_Q^{(1)}$、$M_Q^{(2)}$ 计算见表 6-6-8 和表 6-6-9。

表 6-6-8　　　　　　　　　净雨原点矩 $M_h^{(1)}$，$M_h^{(2)}$ 计算

时间 年　月　日　时				地面净雨 $h_面$/mm	t_i /h	h_it_i /(mm·h)	$h_it_i^2$ /(mm·h²)	备　注
1964	5	16	20	0.7	0.5	0.35	0.175	
			21	5.2	1.5	7.8	11.75	
			22	12.1	2.5	30.2	75.5	
			23	11.5	3.5	40.3	141.0	$M_h^{(1)}=\frac{\sum h_it_i}{\sum h_i}=\frac{275.0}{62.0}=4.43(h)$
			24	4.3	4.5	19.0	87.0	
		17	1	11.7	5.5	64.3	354.0	$M_h^{(2)}=\frac{\sum h_it_i^2}{\sum h_i}=\frac{1440}{62.0}=23.2(h^2)$
			2	11.2	6.5	72.8	473.0	
			3	5.3	7.5	79.7	298.0	
合计				62.0		275.0	1440	

表 6-6-9　　　　　　　　　　流量原点矩计算

时间 年　月　日　时				$Q_{实测}$ /(m³/s)	$Q_{地下}$ /(m³/s)	$Q_{面}$ /(m³/s)	m_i	Q_im_i /(m³/s)	$Q_im_i^2$ /(m³/s)	备　注
1964	5	16	20	15	15	0				
			21	50	26	24	1	24	24	(1) $R_面=\frac{13844\times3600}{805\times10^3}$
			22	100	37	63	2	126	252	$=62.0(mm)(\sum h_面)$
			23	183	48	135	3	405	1215	(2) $M_Q^{(1)}=\frac{\sum Q_im_i}{\sum Q_i}\Delta t$
			24	460	59	406	4	1605	6416	$=\frac{142162}{13884}\times1$
		17	1	734	70	664	5	3320	16600	$=10.2(h)$
			2	1080	81	999	6	6000	36000	
			3	1330	92	1238	7	8666	60662	(3) $M_Q^{(2)}=\frac{\sum Q_im_i^2}{\sum Q_i}\Delta t^2$
			4	1520	103	1417	8	11336	90700	
			5	1660	114	1546	9	13900	125000	$=\frac{1658669}{13884}\times1^2$
			6	1620	125	1495	10	14950	149500	$=119.0(h^2)$
			⋮	⋮	⋮	⋮	⋮	⋮	⋮	
合计				17304	3420	13884		142162	1658669	

（2）求 S 曲线。根据计算的 n、K 值查附表，即得 S 曲线，成果列入表 6-6-10 第

（3）栏。

（3）计算时段单位线。将 S 曲线错后 $\Delta t=1h$，相减即得表 6 - 6 - 10 第（4）栏的无因次时段单位线。然后按式（6 - 6 - 20）计算 $\sum q=\dfrac{10\times805\times10^3}{1\times3600}=2236\text{m}^3/\text{s}$，利用式（6 - 6 - 25）即得 1h10mm 时段单位线，列入表 6 - 6 - 10 第（5）栏。

（4）精度成果检验。由已知的净雨，根据求得的时段单位线进行推流，成果列入表 6 - 6 - 10 中第（6）～（14）栏。将推流成果与实测地面径流过程［表 6 - 6 - 10 中第（15）栏］对比，以洪峰流量附近符合较好为原则，优选参数 n、K，最后确定该次洪水的时段单位线。

表 6 - 6 - 10　　　　　　　　由瞬时单位线推求时段单位及推流成果

t/h	$\dfrac{t}{K}$	$S(t)$	$u(1,t)$	$q(t)$ /(m^3/s)	部分径流 Q_i/(m^3/s)								$Q_{面\cdot计}$ /(m^3/s)	$Q_{面\cdot实}$ /(m^3/s)
					$h_1=0.7$	$h_2=5.2$	$h_3=12.1$	$h_4=11.5$	$h_5=4.3$	$h_6=11.7$	$h_7=11.2$	$h_8=5.3$		
(1)	(2)	(3)	(4)	(5)	(6)	(7)	(8)	(9)	(10)	(11)	(12)	(13)	(14)	(15)
0	0	0	0.000	0	0								0	0
1	0.505	0.020	0.020	44.7	3.1	0							3.1	24
2	1.010	0.093	0.073	163	114	23.2	0						34.6	63
3	1.515	0.215	0.122	273	19.1	84.8	51.4	0					158	135
4	2.020	0.353	0.138	309	21.6	142	197	51.3	0				412	401
5	2.520	0.490	0.137	306	21.4	160	331	187	19.2	0			719	664
6	3.030	0.607	0.117	262	18.3	159	374	314	70.0	52	0		987	999
7	3.540	0.707	0.100	224	15.7	136	370	355	117	191	50	0	1235	1238
8	4.040	0.785	0.078	174	12.2	116	317	352	133	319	183	24	1456	1417
9	4.550	0.848	0.063	141	9.8	90.5	271	302	131	361	306	86	1557	1546
10	5.050	0.890	0.042	94	6.6	73.5	211	258	112	358	346	144	1509	1495
11	5.560	0.920	0.030	67	4.7	48.8	171	200	96	306	343	164	1334	⋮
12	6.060	0.943	0.023	51.5	3.6	34.8	114	162	75	262	294	162	1107	⋮
⋮	⋮	⋮	⋮	⋮	⋮	26.8	81.1	108	61	204	251	138	⋮	⋮
⋮	⋮	⋮	⋮	⋮	⋮	⋮	⋮	⋮	⋮	⋮	⋮	⋮	⋮	⋮
合计			1.00	2236										

第七节　地下径流的汇流计算方法

在湿润地区的洪水过程中，地下径流的比重一般可达总径流量的 20%～30%，甚至更多。但地下径流的汇流速度远较地面径流为慢，因此地下径流过程较为平缓。

地下径流过程的推求可以采用地下线性水库演算法和概化三角形法。

一、地下线性水库演算法

该法把地下径流过程看成是渗入地下的那部分净雨 $h_下$ 经地下水库调蓄后形成的。可以认为地下水库的蓄量 $W_下$ 与其出流量 $Q_下$ 的关系为线性函数，再与水量平衡方程联解，即可求得地下径流过程。方程组如下：

$$\overline{q}\Delta t - \frac{1}{2}(Q_{下1}+Q_{下2})\Delta t = W_{下2}-W_{下1} \left.\right\} \tag{6-7-1}$$

$$W_{下}=K_{下}\,Q_{下} \tag{6-7-2}$$

式中　　$\overline{q}$——时段 Δt 内进入地下水库的平均入流，m^3/s；

　　$Q_{下1}$、$Q_{下2}$——时段始、末地下水库出流量，m^3/s；

　　$W_{下1}$、$W_{下2}$——时段始、末地下水库蓄水量，m^3/s；

　　　　$K_{下}$——反映地下水汇流时间的常数，可根据地下水退水曲线制成 $W_{下}$-$Q_{下}$ 线，其斜率即为 $K_{下}$。

又

$$\overline{q}=\frac{0.278 f_c t_c}{\Delta t}F \tag{6-7-3}$$

式中　f_c——稳定下渗强度，mm/h；

　　t_c——净雨历时，h；

　　Δt——计算时段长，h；

　　F——流域面积，km^2。

将式（6-7-3）代入式（6-7-1）解得

$$Q_{下2}=\frac{\Delta t}{K_{下}+\frac{1}{2}\Delta t}\overline{q}+\frac{K_{下}-\frac{1}{2}\Delta t}{K_{下}+\frac{1}{2}\Delta t}Q_{下1} \tag{6-7-4}$$

根据式（6-7-4）就可计算地下水汇流过程。

【例 6-7-1】　某站流域面积 $F=5290km^2$，根据资料分析得 $f_c=1.35mm/h$，$K_{下}=9.5d=228h$（由地下水退水曲线求得），试将 1965 年 4 月的一次地下净雨演算成地下径流过程。

解：取计算时段 $\Delta t=6h$，则由已知参数得

$$Q_{下2}=\frac{6}{228+3}\overline{q}+\frac{228-3}{228+3}Q_{下1}=0.026\overline{q}+0.974Q_{下1}$$

取第一时段起始流量为零，可按上式逐时段计算地下径流过程，见表 6-7-1。

表 6-7-1　　　　　　　　　　地 下 径 流 汇 流 计 算

时间 月　日　时	$h_{下}$ /mm	$\overline{q}$ /(m³/s)	$0.026\overline{q}$ /(m³/s)	$0.974Q_{下1}$ /(m³/s)	$Q_{下2}$ /(m³/s)
4　16　14					
20	3.3	810	21	0	21
17　2	8.1	1980	52	20	72
8	8.1	1980	52	70	122
14	3.2	780	20	119	139
20				135	135
18　2				132	132
8				129	129
14				⋮	⋮
20				⋮	⋮

二、概化三角形法

上种演算方法较繁琐，而对设计洪水计算来讲，重点在洪峰部分，因此，采用简化法计算地下净雨形成的地下径流过程，对设计洪水过程的精度无太大影响，一般方法是将地下径流过程概化成三角形，即将地下径流总量按三角形分配。

地下径流过程的推求主要是确定其洪峰流量和峰现时刻，以及地下径流总历时。

洪峰流量可按三角形面积公式计算。

地下径流总量为

$$W_{\text{下}}=0.1\sum h_{\text{下}}F \tag{6-7-5}$$

根据三角形面积计算公式，$W_{\text{下}}$ 又可按下式计算：

$$W_{\text{下}}=\frac{1}{2}Q_{\text{m下}}T_{\text{下}} \tag{6-7-6}$$

故

$$Q_{\text{m下}}=\frac{2W_{\text{下}}}{T_{\text{下}}}=\frac{0.2\sum h_{\text{下}}F}{T_{\text{下}}} \tag{6-7-7}$$

式中　$W_{\text{下}}$——地下径流总量，万 m^3；

$\sum h_{\text{下}}$——地下净雨总量，mm；

$Q_{\text{m下}}$——地下径流洪峰流量，m^3/s；

$T_{\text{下}}$——地下径流过程总历时，s；

F——流域面积，km^2。

地下径流的洪峰 $Q_{\text{m下}}$ 位于地面径流的终止点。

计算中常取地下径流过程总历时为地面径流过程底长 $T_{\text{面}}$ 的 2～3 倍。

【例 6-7-1】　已知某流域面积为 $621km^2$，现已推得该流域某次降雨所产生的地面净雨和地下净雨见表 6-7-2，该流域 6h 的时段单位线见表 6-7-3。若该流域深层地下径流为 $10m^3/s$，试推求本次降雨所形成的洪水过程。

表 6-7-2　　　　　　　　　　　　某 流 域 次 净 雨 过 程

时段数（$\Delta t=6h$） 项目	1	2	3	4	合计
地面净雨/mm	5.5	160.3	27.2	15.6	208.6
地下净雨/mm	2.4	8.0	8.0	8.0	26.4

解：

（1）由地面净雨过程利用时段单位线法，推求地面径流过程，成果见表 6-7-3。

（2）将地下径流过程概化成等腰三角形出流，其峰值出现在地面径流停止时刻（第 13 时段末）。

由式（6-7-5）得

$$W_{\text{下}}=0.1\sum h_{\text{下}}F=0.1\times26.4\times621=1639.44(\text{万 }m^3)$$

由式（6-7-7）得

$$Q_{\text{m下}}=\frac{2W_{\text{下}}}{T_{\text{下}}}=\frac{2\times1639.44\times10^4}{26\times6\times3600}=58.38(m^3/s)$$

地面径流过程与地下径流过程之和，再加上深层地下径流即得流域出口断面的洪水过程线，见表 6-7-3（10）栏。

表 6-7-3　　　　　　　　　　出口断面流量过程推算表

时段 (6h)	地面净雨 /mm	单位线 /(m³/s)	部分流量过程/(m³/s)				地面径流过程 /(m³/s)	地下径流过程 /(m³/s)	洪水过程线 /(m³/s)
			$h_1=5.5$	$h_2=160.3$	$h_3=27.2$	$h_4=15.6$			
(1)	(2)	(3)	(4)	(5)	(6)	(7)	(8)	(9)	(10)
0	5.5	0.0	0				0	0	10
1	160.3	15.30	8.42	0			8.42	4.49	22.91
2	27.2	90.37	49.70	245.33	0		295.03	8.98	314.01
3	15.6	61.58	33.87	1448.59	41.63	0	1524.09	13.47	1547.56
4		44.82	24.65	987.15	245.80	23.87	1281.47	17.96	1309.43
5		31.70	17.44	718.45	167.50	140.97	1044.36	22.45	1076.82
6		19.68	10.82	508.18	121.91	96.07	736.97	26.94	773.92
7		12.75	7.01	315.42	86.23	69.92	478.58	31.44	520.02
8		8.02	4.41	204.44	53.52	49.45	311.82	35.93	357.75
9		3.28	1.80	128.50	34.69	30.70	195.69	40.42	246.11
10		0.0	0	52.57	21.80	19.90	94.27	44.91	149.18
11				0	8.92	12.51	21.43	49.40	80.82
12					0	5.12	5.12	53.89	69.01
13						0	0	58.38	68.38
14								53.89	63.89
15								49.40	59.40
16								44.91	54.91
17								40.42	50.42
18								35.93	45.93
19								31.44	41.44
20								26.94	36.94
21								22.45	32.45
22								17.96	27.96
23								13.47	23.47
24								8.98	18.98
25								4.49	14.49
26								0	10
合计	208.6	287.5					5997.25		

注　核算地面径流总量 $R_s=3.6\sum Q\Delta t/F=3.6\times5997.25\times6/621=208.6(\mathrm{mm})$

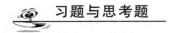 习题与思考题

6-1　产流方式有几种？产流面积各有何变化规律？

6-2 什么是流域蓄水容量面积分配曲线，如何利用它进行径流计算？

6-3 降雨径流相关图如何绘制？该图有何基本规律？如何用其进行产流计算？

6-4 流域地面径流的汇流计算有几种常用方法？各有什么优缺点？

6-5 用初损后损法计算地面净雨时，需首先确定初损 I_0，试问：影响 I_0 的主要因素有哪些？

6-6 按初损后损法，写出流域一次降雨产流的水量平衡方程式，并标明各项符号的物理意义？

6-7 蓄满产流模型中 f_c 与超渗产流模型的初损后损法中的 $\overline{f}$，在概念上有什么区别？计算方法上有何异同？

6-8 时段单位线的定义及基本假定是什么？如何用其进行汇流计算？

6-9 流域的时段单位线如何推求？如何改变已知时段单位线的时段长？

6-10 分析法反推的时段单位线存在什么问题，从哪几个方面对反推的时段单位线进行检验？

6-11 什么叫 S 曲线，如何用 S 曲线进行单位线的时段转换？

6-12 时段单位线在应用中存在什么问题？如何解决？

6-13 如何推求瞬时单位线？如何由瞬时单位线推求时段单位线？

6-14 流域地下径流的汇流计算有几种方法？

6-15 已知设计暴雨过程 $P(t)$ 和流域的时段单位线 $q(t)$，见表 6-1，并确定 $I_0=80mm$，$\overline{f}=2mm/h$，基流为 $6m^3/s$。试推求设计洪水过程线并计算该流域面积。

表 6-1　　　　　某流域一次暴雨过程 $P(t)$ 及流域 6h 时段单位线 $q(t)$

时段 $\Delta t=6h$	0	1	2	3	4	5	6	7	8	9
$q(t)/(m^3/s)$	0	100	150	350	300	250	180	100	50	0
$P(t)/mm$	65	90	30	10						

6-16 已知某流域的一次地面净雨及其相应的地面径流过程 R_s-t、Q_s-t，见表 6-2。试推求该流域 6h 时段单位线。

表 6-2　　　　　　　　某流域一次暴雨产生的地下净雨过程

时间/(日　时)	7 8	7 14	7 20	8 2	8 8	8 14	8 20	9 2	9 8	9 14	9 20	10 2
地面净雨/mm	0	35.0	7.0	0								
地面径流/(m³/s)	0	20	94	308	178	104	61	39	21	13	2	0

6-17 已知某流域单位时段 $\Delta t=6h$、单位地面净雨深为 10mm 的单位线 $q(6,t)$，见表 6-3，试求该流域 12h 时段单位线 $q(12,t)$。

表 6-3　　　　　　　　某流域 6h10mm 单位线

时间($\Delta t=6h$)	0	1	2	3	4	5	6
$q(6,t)/(m^3/s)$	0	30	142	180	90	23	0

第七章 由暴雨资料推求设计洪水

第一节 概 述

我国大部分地区的洪水主要由暴雨形成。在实际工作中，中小流域常因流量资料不足无法直接用流量资料推求设计洪水，而暴雨资料一般较多，因此可用暴雨资料推求设计洪水，主要包括以下几种情况。

（1）在中小流域上兴建水利工程，经常遇到流量资料不足或代表性差的情况，难于使用相关法来插补延长，因此，需用暴雨资料推求设计洪水。

（2）由于人类活动的影响，使径流形成的条件发生显著的改变，破坏了洪水资料系列的一致性。因此，可以通过暴雨资料，用人类活动后新的径流形成条件推求设计洪水。

（3）为了用多种方法推算设计洪水，以论证设计成果的合理性，即使流量资料充足的情况下，也要用暴雨资料推求设计洪水。

（4）无资料地区小流域的设计洪水，一般都是根据暴雨资料推求的。

（5）可能最大降水、洪水是用暴雨资料推求的。

由暴雨资料推求设计洪水的主要程序如下。

（1）推求设计暴雨。用频率分析法求不同历时制定频率的设计雨量及暴雨过程，或使用可能最大暴雨图集求可能最大暴雨（PMP）。

（2）推求设计净雨。采用降雨径流相关图法、初损后损法或其他方法推求设计净雨。

（3）推求设计洪水过程线。应用时段单位线法或瞬时单位线法进行汇流计算，即得流域出口断面的设计洪水过程。

由暴雨资料推求设计洪水，其基本假定是设计暴雨与设计洪水是同频率的。因此，推求设计暴雨就是推求与设计洪水同频率的暴雨。流域上某一指定频率的设计暴雨，可用由流量资料推求设计洪水相类似的方法推求。即根据实测降雨资料，先用频率分析方法求得设计频率的设计雨量，然后按典型暴雨进行缩放，即得设计暴雨过程。在计算方法上，依照暴雨资料情况分为直接法和间接法两类。

本章重点介绍由暴雨资料推求设计洪水的方法，以及小流域设计洪水计算的一些特殊方法。

第二节 设计面暴雨量的推求

设计面暴雨量是指设计断面以上流域的符合设计标准的面平均暴雨量及其过程。推求设计洪水需要求出流域上的设计面暴雨过程。

根据流域资料条件和流域面积大小，设计面暴雨的分析方法有直接计算和间接计算两种。当设计流域雨量站较多、分布较均匀、各站又有长期的同期资料，能求出比较可靠的流域平均雨量（面雨量）时，可直接选取每年指定统计时段的最大面暴雨量组成系列，进行频率计算求得设计面暴雨量，这种方法常称为设计面暴雨量计算的直接法；当流域内雨量站稀少，或观测系列较短，或同期观测资料较少甚至没有时，无法直接求得设计面暴雨量，只好采用间接法进行计算。即先求流域中心附近代表站的设计点暴雨量，然后通过暴雨点面关系求相应设计面暴雨量。

一、直接法推求设计面暴雨量

（一）暴雨资料的收集、审查、选样与统计

1. 暴雨资料的收集

暴雨资料的主要来源是国家水文、气象部门所刊印的雨量站网观测资料，但也要注意收集有关部门专用雨量站和群众雨量站的观测资料。强度特大的暴雨中心点雨量往往不易为雨量站测到，因此必须结合调查收集暴雨中心范围和历史上特大暴雨资料，了解当地雨情，尽可能估计出调查地点的暴雨量。

2. 暴雨资料的审查

暴雨资料应进行可靠性、一致性、代表性审查。

可靠性审查重点审查特大或特小雨量观测记录是否真实，有无错记或漏测情况，必要时可结合实际调查，予以纠正；检查自记雨量资料有无仪器故障的影响，并与相应时段雨量观测记录比较，尽可能审定其准确性。

暴雨资料的代表性分析可通过与邻近地区长系列雨量资料或其他水文资料对比，以及本流域或邻近流域实际大洪水资料进行对比分析。

暴雨资料一致性审查，要注意暴雨资料的成因、发生季节等，不同类型的暴雨其特性也是不一样的，如我国南方地区的梅雨与台风雨，宜分别考虑。

3. 暴雨资料的选样与统计

暴雨量的选样方法采用固定时段年最大值独立选样法。具体步骤如下。

（1）计算每年各次大暴雨逐日面雨量。在收集流域内和附近雨量站的资料并进行分析审查的基础上，根据当地雨量站的分布情况，选定推求流域平均（面）雨量的计算方法（如算术平均法、泰森多边形法或等雨量线图法等），计算每年各次大暴雨的逐日面雨量。然后选定不同的统计时段，按独立选样的原则，统计逐年不同时段的年最大面雨量。

（2）确定本流域形成洪水的暴雨时段。对于大、中流域的暴雨统计时段，一般取 1d、3d、7d、15d、30d，其中 1d、3d、7d 暴雨是一次暴雨的核心部分，是直接形成所求的设计洪水部分；而统计更长时段的雨量则是为了分析暴雨核心部分起始时刻流域的蓄水状况。

（3）选择各年不同时段最大值组成样本。选样原则：年最大、独立、连续。

【例 7-2-1】 某流域有 3 个雨量站，分布均匀，可按算术平均法计算面雨量。选择结果为：最大 1d 面雨量 $P_{1d}=129.9mm$（7 月 4 日），最大 3d 面雨量 $P_{3d}=166.5mm$（8 月 22—24 日），最大 7d 面雨量 $P_{7d}=234.0mm$（7 月 1—7 日），分别属于两场暴雨，详见表 7-2-1。

（二）面雨量资料的插补展延

在统计各年的面雨量资料时，经常遇到这样的情况：设计流域早期，如 20 世纪 50 年代以前及 50 年代初期，雨量站点稀少，近期雨量站点多、密度大。一般来说，以多站雨量资

表 7-2-1　　　　　　　　　　最大 1d、3d、7d 面雨量统计（1986 年）　　　　　　单位：mm

时间		点雨量			逐日	面雨量		
月	日	A 站	B 站	C 站	面雨量	最大 1d	最大 3d	最大 7d
6	30	5.3		0.2	1.8			
7	1	50.4	26.9	25.3	34.2			
7	2							
7	3	11.5	10.8	14.7	12.3			234.0
7	4	134.8	125.9	124.0	129.9	129.9		
7	5	32.5	21.4	10.0	21.3			
7	6	5.6	10.5	4.7	6.9			
7	7	35.5	25.2	27.6	29.4			
7	8	3.7	7.1	1.4	4.1			
7	9	11.1	5.8	9.7	8.9			
⋮	⋮	⋮	⋮	⋮	⋮			
8	18	6.6	0.2	6.9	4.6			
8	19	22.7	2.4	5.4	10.2			
8	20							
8	21							
8	22	42.6	51.7	54.8	49.7			
8	23	60.1	68.6	53.5	60.7		166.5	
8	24	81.8	54.1	32.5	56.1			
8	25	2.3	1.0	0.1	1.1			

料求得的流域平均雨量，其精度较以少站雨量资料求得的为高。为提高面雨量资料的精度，需设法插补展延短系列的多站面雨量资料。一般可利用近期多站平均雨量与同期少站平均雨量建立关系，若相关关系好，可用相关线展延多站平均雨量作为流域面雨量。为了解决同期观测资料短、相关点据较少的问题，在建立相关关系时，可利用一年多次法选样，以增添一些相关点据，更好地确定相关线。

（三）特大暴雨的处理

实践证明，暴雨资料系列的代表性好坏与系列中是否包含有特大暴雨有直接关系。一般的暴雨变幅不是很大，若不出现特大暴雨，统计参数 $\bar{x}$、C_v 往往偏小。在短期资料系列中，一旦出现一次罕见的特大暴雨，就可以使原频率计算成果完全改观。判断大暴雨资料是否属于特大值，一般可与本站系列及本地区各站实测历史最大记录相比较，还可从点距偏离频率曲线的程度、模比系数的大小、暴雨量级在地区上是否很突出以及暴雨的重现期长短等进行分析判断。近 40 年来，我国各地出现过的特大暴雨，如河北省的"63·8"暴雨，河南省的"75·8"暴雨，内蒙古自治区的"77·8"暴雨等，均可作为特大值。1979 年，中国水利水电科学研究院在分析全国特大暴雨资料的基础上，绘制了历次大暴雨分析图，给出了各次大暴雨中心位置及其 24h 雨量，也可作为判断特大暴雨的参考。

如本流域无特大暴雨资料，而邻近地区已出现特大暴雨，通过对气象成因及下垫面地形条件的相似性分析，特大暴雨有可能出现在本流域的，也可移用该暴雨资料。移用时，若两地气候、地形条件略有差异，可按两地暴雨特征参数如均值 $\bar{x}$、C_v 或 σ 值的差别修正。

（1）根据均值比修正，即

$$P_{M \cdot B} = P_{M \cdot A} \left(\frac{\overline{P_B}}{\overline{P_A}} \right) \tag{7-2-1}$$

（2）假定两地区的 C_s 值相等，可按式（7-2-2）修正：

$$P_{M \cdot B} = \overline{P_B} + \frac{\sigma_B}{\sigma_A} (P_{M \cdot A} - \overline{P_A}) \tag{7-2-2}$$

式中　$P_{M \cdot A}$、$P_{M \cdot B}$——A、B 两地的特大暴雨量；

$\overline{P_A}$、$\overline{P_B}$、σ_A、σ_B——两地暴雨量系列的均值和均方差。

特大值处理的关键是确定其重现期。由于历史暴雨无法直接考证，特大暴雨的重现期可以由它所形成的洪水的重现期间接作出估计。当流域面积较小时，一般可假定流域内各雨量站平均值的重现期与相应洪水的重现期相等。暴雨中心雨量的重现期则应比相应洪水的重现期更长。此外，必须在地区上与其他各测站的大暴雨记录相比较和对照。例如经调查初步认为本站某次历史暴雨的重现期为 100 年，而通过了解，本地区不少测站均已出现过同样量级的暴雨，而且这样大的暴雨在附近长系列测站的频率曲线上只相当于 30 年一遇的暴雨，则可认为该次暴雨作为 100 年一遇的特大值是不合适的。

对特大暴雨的重现期必须做深入细致的分析论证，若没有充分的依据，不宜作为特大值处理。若误将一般大暴雨作为特大值处理，会使频率计算成果偏小，影响水工建筑物设计的安全。

（四）面雨量频率计算

我国面雨量统计参数的估计一般采用适线法。设计洪水规范规定，其经验频率公式采用期望值公式，线型采用皮尔逊Ⅲ型。根据我国暴雨特性及实践经验，我国暴雨的 C_s 与 C_v 的比值，一般地区为 3.5 左右；在 $C_v > 0.6$ 的地区，约为 3.0；在 $C_v < 0.45$ 的地区，约为 4.0。以上比值，可供适线时参考。

根据我国暴雨特性及实践经验，我国暴雨的 C_s 与 C_v 比值的经验数值见表 7-2-2，可供适线时参考。

表 7-2-2　　　　　　我国暴雨 1d、3d 雨量的 C_s/C_v 数值表

地区	一般地区	$C_v > 0.6$ 地区	$C_v < 0.45$ 地区
C_s/C_v	3.5	3.0	4.0

在频率计算时，最好将不同历时的暴雨量频率曲线点绘在同一张频率格纸上，并注明相应的统计参数，加以比较。各种频率的面雨量都必须随统计时段增大而加大，如发现不同历时频率曲线交叉等不合理现象时，应作适当修正。

此外，根据工程的重要性和合理性检查的结果，确定设计值是否需要加安全修正值 Δx_p。计算方法与洪水安全修正值相同。

（五）成果的合理性检查

以上计算成果可从下列各方面进行合理性检查。

（1）对各种历时的点面暴雨量统计参数，如均值、C_v 值等进行分析比较（点暴雨量计

算将在下一节介绍），而面暴雨量的这些统计参数应随面积增大而逐渐减小。

（2）将直接法计算的面暴雨量与下节介绍的间接法计算的结果进行比较。

（3）将邻近地区已出现的特大暴雨的历时、面积、雨深资料与设计面暴雨量进行比较。

二、间接法推求设计面暴雨量

（一）设计点暴雨量的计算

推求设计点暴雨量，此点最好选在流域的形心处，如果流域形心处或附近有一观测资料系列较长的雨量站，则可利用该站的资料进行频率计算，推求设计点暴雨量。实际上，往往长系列的站不在流域中心或其附近，这时，可先求出流域内各测站的设计点暴雨量，然后绘制设计暴雨量等值线图，用地理插值法推求流域中心的设计暴雨量。

进行点暴雨量系列的统计时，一般亦采用定时段年最大法选样。如样本系列中缺少大暴雨资料，则系列的代表性不足，频率计算成果的稳定性差，应尽可能延长系列，可将气象一致区内的暴雨移置于设计地点，同时要估计特大暴雨的重现期，以便合理计算其经验频率，特大值处理方法同前。点设计暴雨频率计算及合理性检查亦同面设计暴雨量。

由于暴雨的局地性，点暴雨资料一般不宜采用相关法插补，设计洪水规范建议采用以下方法展延。

（1）与邻站距离很近时，可直接借用邻站某些年份的资料。

（2）一般年份，当相邻站雨量相差不大时，可移用邻近各站的平均值。

（3）出现大暴雨的年份，当邻近地区测站较多时，可绘制该次暴雨或该年最大值等值线图进行插补。

（4）个别大雨年份缺测，用其他方法插补较困难，而邻近地区观测到特大暴雨。由气象条件分析，说明该暴雨有可能发生在本地附近时，可移用该特大暴雨资料。移用时应注意相邻地区气候、地形等条件的差别，作必要的移置修正。

（5）若与洪水的峰（或量）关系较好，可建立暴雨和洪水峰（或量）的相关关系，利用实测或调查洪水资料插补缺测的暴雨资料，但应根据有关点据分布的情况，估计其可能包含的误差范围。

在暴雨资料十分缺乏的地区，可利用各地区的水文手册中的各时段年最大暴雨量的均值及 C_v 等值线图，以查找流域形心处的均值及 C_v 值，然后取 C_s/C_v 的固定倍比，确定 C_s 值，即可由此统计参数对应的频率曲线推求设计暴雨值。

（二）设计面暴雨量的计算

流域中心设计点暴雨量求得后，要用点面关系折算成设计面暴雨量。暴雨的点面关系在设计计算中分为定点-定面关系和动点-动面关系两种。

1. 定点-定面关系

如果流域中心或附近有长系列资料的雨量站，流域内有一定数量且分布比较均匀的其他雨量站资料时，可以用长系列站作为固定点，以设计流域为固定面，根据同期观测资料，建立各种时段暴雨的点面关系（图 7 - 2 - 1）。也就是说，对于一次暴雨某种时段的固定点暴雨量，有一个相应的固定面暴雨量，则在定点定面条件下的点面折减系数 α_0 为

$$\alpha_0 = x_F/x_0 \tag{7-2-3}$$

式中　x_F——某种时段固定面的暴雨量；

　　　x_0——某种时段固定点的暴雨量。

有了若干次某时段暴雨量，则可有若干个 α_0 值。对于不同时段暴雨量，则又有不同的 α_0 值。于是，可按设计时段选几次大暴雨 α_0 值加以平均，作为设计计算用的点面折减系数。然后将前面所求得的各时段设计点暴雨量，乘以相应的点面折减系数 α_0，即可得出各种时段设计面暴雨量。具体用下式表示：

$$x_{FP} = x_{0P}\alpha_0 = x_{0P}\frac{x_F}{x_0} \tag{7-2-4}$$

式中　x_{FP}——设计流域的设计面暴雨量；

　　　x_{0P}——设计流域的设计点暴雨量。

其他符号意义同前。

若流域内具有短期面雨量系列，可采用一年多次法选样来绘制流域中心雨量 P_0 与流域面雨量 $P_面$ 的相关图，作为相互换算的基础。当点据分布散乱、定线困难时，也可作同频率的相关关系，即 P_0、$P_面$ 分别按递减次序排列，由同序号雨量建立相关图，这样通过相关图求得点面换算系数，就可由设计点雨量推求相应的设计面雨量。

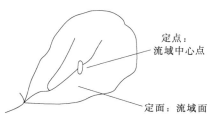

图 7-2-1　定点-定面关系示意图

2. 动点-动面关系

在缺乏暴雨资料的流域上求设计面暴雨量时，可以暴雨中心点面关系代替定点定面关系，即以流域中心设计点暴雨量及地区综合的暴雨中心点面关系去求设计面暴雨量。这种暴雨中心点面关系是按照各次暴雨的中心与暴雨分布等值线图求得的。由于各场暴雨中心的位置和等雨量线的位置是变动的，各次暴雨分布不尽相同，所以说是动点-动面关系，如图 7-2-2 所示。

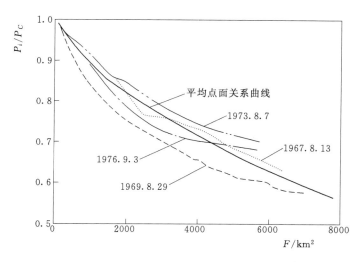

图 7-2-2　某地区动点-动面关系

根据动点-动面关系换算设计面暴雨量，实质上包含了 3 个假定：①设计暴雨中心与流域中心重合；②流域边界与某条等雨量线重合；③设计暴雨的点面关系符合平均的点面关系。这些假定缺乏理论依据，使用时应分析几个与设计流域面积相近的流域或地区的定点-

定面关系作验证，如差异较大，应作一定修正。

在间接法推求面暴雨量时，应优先使用定点定面关系，同时由于大中流域点面雨量关系一般都很微弱，所以通过点面关系间接推求设计面暴雨的偶然误差较大。在有条件的地区应尽可能采用直接法。

第三节 设计暴雨的时空分配计算

求得各时段的指定频率的设计面雨量后，计算设计暴雨时空分配的方法与设计洪水计算方法相同，即先选定典型分配过程，再利用同倍比放大法或同频率放大法进行缩放。

一、设计暴雨的时程分配

1. 选择典型暴雨的原则

典型暴雨的选取原则遵循"可能（代表性）"和"不利"的原则，首先要考虑所选典型暴雨的分配过程应是设计条件下比较容易发生的；其次，还要考虑是对工程不利的。

所谓比较容易发生，首先是从量上来考虑，应使典型暴雨的雨量接近设计暴雨的雨量；其次是要使所选典型的雨峰个数、主雨峰位置和实际降雨时数是大暴雨中常见的情况，即这种雨型在大暴雨中出现的次数较多。

所谓对工程不利，主要是指两个方面：一是指雨量比较集中，例如 7 天暴雨特别集中在 3 天，3 天暴雨特别集中在 1 天等；二是指主雨峰比较靠后。这样的降雨分配过程所形成的洪水洪峰较大且出现较迟，对水库安全将是不利的。为了简便，有时选择单站雨量过程作典型。

例如 1975 年 8 月在淮河上游河南发生的一场特大暴雨，简称"75·8暴雨"，历时 5 天，板桥站总雨量 1451.0mm，其中 3 天雨量为 1422.4mm，雨量大而集中，且主峰在后，曾引起两座大中型水库和不少小型水库失事。因此，该地区进行设计暴雨计算时，常将其选作暴雨典型。

2. 选择典型暴雨的方法

（1）从设计流域年最大雨量过程中选择。

（2）资料不足时，可选用流域内或附近的点雨量过程。

（3）无资料时，可查水文手册或各省暴雨径流查算图表，选用地区综合概化的典型暴雨过程。

3. 放大方法

典型暴雨过程的缩放方法与设计洪水的典型缩放计算基本相同，有同频率放大法和同倍比放大法，此处主要介绍同频率放大法。

选定了典型暴雨之后，就可用同频率缩放方法对典型暴雨分段进行缩放。控制时段划分不宜过细，一般以 1d、3d、7d 控制。对暴雨核心部分 24h 暴雨的时程分配，时段划分视流域大小及汇流计算所用时段长短而定，一般取 2h、3h、6h、12h、24h 控制。

最大 1d 放大倍比：

$$K_1 = \frac{x_{1p}}{x_{1d}} \tag{7-3-1}$$

最大（3-1）d 放大倍比：

$$K_{3-1} = \frac{x_{3p} - x_{1p}}{x_{3d} - x_{1d}} \qquad (7-3-2)$$

最大（7-3）d 放大倍比：

$$K_{7-3} = \frac{x_{7p} - x_{3p}}{x_{7d} - x_{3d}} \qquad (7-3-3)$$

x_{1d}、x_{3d}、x_{7d}——典型暴雨的最大 1d、3d、7d 暴雨量；

x_{1p}、x_{3p}、x_{7p}——最大 1d、3d、7d 的设计暴雨量。

【例 7-3-1】 已求得某流域百年一遇 1d、3d、7d 设计暴雨分别为 108mm、182mm、270mm。经对流域内各次大暴雨资料分析比较后，选定暴雨核心部分出现较迟的 1993 年的一次大暴雨作为典型，其暴雨过程见表 7-3-1。按同频率控制放大法推求设计暴雨过程。

表 7-3-1   **1993 年的一次暴雨过程**

时段/d	1	2	3	4	5	6	7	合计
雨量 x/mm	13.8	6.1	20	0.2	0.9	63.5	44.1	148.6

计算典型暴雨各历时雨量：$x_{典,1d} = 63.2mm$；$x_{典,3d} = 108.5mm$；$x_{典,7d} = 148.6mm$

计算各时段放大倍比：

$$K_1 = \frac{x_{1d,p}}{x_{典,1d}} = \frac{108}{63.5} = 1.70$$

最大 1d 暴雨量放大倍比

$$K_{3-1} = \frac{x_{3d,p} - x_{1d,p}}{x_{典,3d} - x_{典,1d}} = \frac{182 - 108}{108.5 - 63.5} = 1.64$$

最大 3-1d 暴雨量的放大倍比

$$K_{7-3} = \frac{x_{7d,p} - x_{3d,p}}{x_{典,7d} - x_{典,3d}} = \frac{270 - 182}{148.6 - 108.5} = 2.19$$

最大 7-3d 放大倍比

对典型暴雨放大的设计暴雨过程见表 7-3-2。

表 7-3-2   **典型暴雨同频率放大推求设计暴雨过程**

时段/d	1	2	3	4	5	6	7	合计
雨量/mm	13.8	6.1	20	0.2	0.9	63.5	44.1	148.6
放大倍比 K	2.19	2.19	2.19	2.19	1.64	1.7	1.64	
设计暴雨/mm	30.3	13.5	43.9	0.4	1.5	108	72.4	270

二、设计暴雨的地区分布

梯级水库或水库承担下游防洪任务时，需要拟定流域上各部分的洪水过程，因此需要给出设计暴雨在面上的分布。其计算方法与设计洪水的地区组成计算方法相似。

如图 7-3-1 所示，推求防洪断面 B 以上流域的设计暴雨量，必须分成两部分，一部分来自防洪水库 A 以上流域的暴雨，另一部分来自水库 A 以下至防洪断面 B 这一区间面积上的暴雨。

在实际工作中，一般先对已有实测大暴雨资料的地区组成进行分析，了解暴雨中心经常出现的位置，并统计 A 库以上和区间暴雨所占的比重等，作为选定设计暴雨面分布的依据，

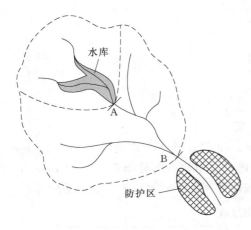

图 7-3-1 防洪水库与防护区位置图

再从工程规划设计的安全与经济角度考虑，选定一种可能出现而且偏于不利的暴雨面分布形式，进行设计暴雨的模拟放大。常采用以下两种方法。

1. 典型暴雨图法

从实际资料中选择暴雨量大的一个暴雨图形（等雨量线图）移置于流域上。为安全起见，常把暴雨中心放在 AB 区间，而不是放置在流域中心，这样做使区间暴雨所占比例最大，对防洪断面 B 更为不利。然后量取防洪断面 B 以上流域范围内的典型暴雨等雨量线图的雨量和部分面积，分别求出水库 A 以上流域的典型面雨量（P_A）和区间 AB 的典型面雨量（P_{AB}），乘以各自的面积，得水库 A 以上流域的总水量（$W_A = P_A F_A$）和区间 AB 的总水量（$W_{AB} = P_{AB} F_{AB}$），并求得它们所占的相对比例。设计暴雨总量（$W_{BP} = P_{BP} F_B$）按它们各自所占的比例分配，即得设计暴雨量在水库 A 以上和区间 AB 以上的面分布。最后通过设计暴雨时程分配计算，得出两部分设计暴雨过程。

2. 同频率控制法

对防洪断面 B 以上流域的面雨量和区间 AB 面积上的面雨量分别进行频率计算，求得各自的设计面雨量 P_{BP}、P_{ABP}。按同频率原则，当防洪断面 B 以上流域发生指定频率的设计面暴雨量时，区间 AB 面积上也发生同频率暴雨，水库 A 以上流域则为相应雨量（其频率不定），即

$$P_A = \frac{P_{BP} F_B - P_{ABP} F_{AB}}{F_A} \qquad (7-3-4)$$

第四节 由设计暴雨推求设计洪水

由设计暴雨推求设计洪水，需要应用流域的产流、汇流计算方案，有关产流、汇流分析计算的原理和方法已在第六章中阐明。本节主要介绍在设计条件下，如暴雨强度、暴雨总量较大，当地雨量、流量资料不足等情况下，计算过程中应注意的问题。

一、设计 P_a 的计算

设计暴雨发生时，流域的前期土壤湿润情况是未知的，可能很干（$P_a = 0$），也可能很湿（$P_a = I_m$），设计暴雨可能与任何 P_a 值（$0 \leqslant P_a \leqslant I_m$）相遭遇，这是属于随机变量的遭遇组合问题。目前生产上常用下述 3 种方法推求设计条件下的流域前期影响雨量（土壤含水量），即设计 P_a。

1. 经验方法

在湿润地区，由于雨水充沛，土壤基本长期处于蓄满或接近蓄满状态。当发生设计暴雨时，土壤更为湿润，为了安全和简化，取设计暴雨的 $P_a = I_m$。在干旱地区，当发生设计暴雨时，土壤仍比较干燥，P_a 达到 I_m 的机会甚小，为简化及安全起见，取设计暴雨的 $P_a = (1/3 \sim 1/2) I_m$，重现期大的暴雨取小值，重现期小的暴雨取大值。

2. 扩展暴雨过程法

在拟定设计暴雨过程时，加长暴雨历时，增加暴雨的统计时段，把核心暴雨前面一段也包括在内。例如，原设计暴雨采用 1d、3d、7d 3 个统计时段，现增长到 30d，即增加 15d、30d 2 个统计时段。分别作上述各时段雨量频率曲线，选暴雨核心偏在后面的 30d 降雨过程作为典型，而后用同频率分段控制缩放得 7d 以外 30d 以内的设计暴雨过程（图 7-4-1）。后面 7d 为原先缩放好的设计暴雨核心部分，是推求设计洪水用的。前面 23d 的设计暴雨过程用来计算 7d 设计暴雨发生时的 P_a 值，即设计 P_a。

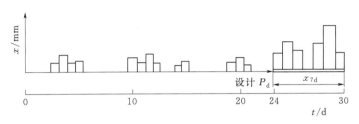

图 7-4-1 30d 设计暴雨过程

3. 同频率法

假如设计暴雨历时为 t 日，分别对 t 日暴雨量 P_t 系列和每次暴雨开始时的 P_a 与暴雨量 P_t 之和即 P_t+P_a 系列进行频率计算，从而求得 P_{tP} 和 $(P_t+P_a)_P$，则与设计暴雨相应的设计 P_a 值可由两者之差求得，即

$$P_{aP}=(P_t+P_a)_P-P_{tP} \tag{7-4-1}$$

当得出 $P_{aP}>I_m$ 时，则取 $P_{aP}=I_m$。

上述 3 种方法中，扩展暴雨过程法用得较多；经验方法取设计 $P_a=I_m$ 仅适用于湿润地区，干旱地区不宜使用；同频率法在理论上是合理的，但在实用上也存在一些问题，它需要由两条频率曲线的外延部分求差，其误差往往很大，常会出现一些不合理现象，例如设计 $P_a>I_m$ 或设计 $P_a<0$。

二、产流方案及汇流方案的应用

1. 外延问题

设计暴雨属稀遇的大暴雨，往往超过实测的暴雨值，在推求设计洪水时，必须外延有关的产汇流方案。

湿润地区的产流方案常采用 $P+P_a-R$ 形式的相关图。相关线上部的坡度 $dR/dP=1.0$，即相关线为 45°线，外延起来比较方便；干旱地区多采用初损后损法，就需要对有关相关图，考虑设计暴雨的雨强适当外延，见图 7-4-2。

目前采用的流域汇流方案都属于"线性系统"。在实测暴雨范围内应用这些方案作汇流计算时，其误差一般可以控制在容许范围内，

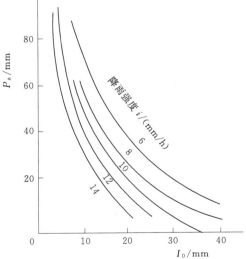

图 7-4-2 P_a-i-I_0 相关图

当用于罕见的特大暴雨时，线性假定有可能导致相当大的误差。虽然有人提出了"非线性系统"，但由于受到资料所限，这些方案都还未得到充分认证。如果当地缺乏大洪水资料，可参照单位线非线性处理方法来修正，这时需要十分慎重和多方认证分析。

在工程设计部门，一般注意汇流方案在特大暴雨条件下的适用性，尽量选用实测大洪水资料分析得到的汇流方案，以期与设计条件相近，避免外延过远而扩大误差。不少部门的实践经验说明，注意与不注意这一点会使设计成果出现较大的变化。用一般常遇洪水分析得出的单位线来推算设计洪水，与由特大洪水资料分析的单位线推流，成果可能相差很大，其差值可达 20% 左右。

2. 移用问题（缺乏资料地区）

如果设计流域缺乏实测降雨径流资料，无法直接分析产汇流方案，可移用相似流域的分析结果。

产流方案一般采用分区综合的方法，如山东省水文手册上就有 14 条次降雨径流相关线，供各个分区查用。汇流方案一般采用时段单位线的地区综合成果。

【例 7 - 4 - 1】　某中型水库集水面积为 341km²，为了防洪复核，根据雨洪资料的条件，拟采用暴雨资料来推求 $p=2\%$ 的设计洪水。步骤如下所述。

（1）设计暴雨计算。根据本流域洪水涨落快及水库调洪能力不强的特点，设计暴雨的最长统计时段采用 1d。通过点暴雨频率计算及其统计参数分析（$\overline{x}=110$mm，$C_v=0.58$，$C_s=3.5C_v$），求得 $p=2\%$ 的最大 1d 点暴雨量为 296mm。再通过动点动面的点面关系图，由流域面积 341km² 查图得暴雨点面折减系数为 0.92，则 $p=2\%$ 的最大 1d 设计面暴雨量为 296×0.92=272mm。

按该地区的暴雨时程分配，求得设计暴雨过程，见表 7 - 4 - 1。

表 7 - 4 - 1　　　　　　　　　$p=2\%$ 设计暴雨时程分配表（同倍比法）

时段序号（$\Delta t=6$h）	1	2	3	4	合计
占最大 1d 的分配百分数/%	11	63	17	9	100
设计面暴雨量/mm	29.9	171.3	46.2	24.6	272
设计净雨量/mm	7.9	171.3	46.2	24.6	250
地面净雨量/mm	5.5	162.3	37.2	15.6	220.6
地下净雨量/mm	2.4	9.0	9.0	9.0	29.4

（2）设计净雨过程的推求。用同频率法求设计 P_a，得 P_a 值为 78mm，本流域 $I_m=100$mm，则求得设计净雨过程，见表 7 - 4 - 1。根据实测洪水资料分割得来的地下径流过程和净雨过程的分析，求得本流域的稳定下渗率 $f_c=1.5$mm/h。由净雨过程中扣除下渗量 $f_c\Delta t$，得地面净雨过程，其中第一时段的净雨历时 $t_c=7.9\times6/29.9\approx1.6$h，下渗量 $f_ct_c=1.5\times1.6=2.4$mm，故第一时段地面净雨为 5.5mm。

（3）设计洪水过程线的推求。根据实测雨洪资料，分析出大洪水的单位线，见表 7 - 4 - 2 中第（3）栏，由地面净雨过程通过单位线推流，得地面径流过程，成果见表 7 - 4 - 2 中第（5）栏。

地下径流过程概化成三角形出流，其总量等于地下净雨量，地下径流的峰值出现在地面径流停止的时刻，地下径流过程的底长为地面径流底长的 2 倍，则

$$W_g = 0.1 h_g F = 0.1 \times 29.4 \times 341 = 1000 \times 10^4 \, (\text{m}^3)$$

$$Q_{mg} = 2 W_g / T_g = \frac{2 \times 1000 \times 10^4}{2 \times 13 \times 6 \times 3600} = 35.6 \, (\text{m}^3/\text{s})$$

地下径流过程见表 7-4-2 第（6）栏，地面径流过程加上地下径流过程即得设计频率 $p=2\%$ 的设计洪水过程，见表 7-4-2 中第（7）栏。

表 7-4-2　　　　　　　　　　流域设计洪水过程推算表

时间 （h）	净雨深 h/mm	单位线 /（m³/s）	部分流量过程/（m³/s）				地面径流流量 过程 Q_s /（m³/s）	地下径流流量 过程 Q_g /（m³/s）	洪水流量 过程 Q /（m³/s）
			$h_1=5.5$	$h_2=162.3$	$h_3=37.2$	$h_4=15.6$			
(1)	(2)	(3)	(4)				(5)	(6)	(7)
0		0	0				0	0	0
1	5.5	8.4	4.6	0			4.6	2.7	7.3
2	162.3	49.6	27.3	136	0		163	5.5	169
3	37.2	33.8	18.6	805	31.2	0	855	8.2	863
4	15.6	24.6	13.5	549	185	13.1	761	11.0	772
5		17.4	9.6	399	126	77.4	612	13.7	626
6		10.8	5.9	282	91.5	52.7	432	16.4	448
7		7.0	3.8	175	64.7	38.4	282	19.2	301
8		4.4	2.4	114	40.2	27.1	184	21.9	206
9		1.8	1.0	71.4	26.0	16.8	115	24.7	140
10		0	0	29.2	16.4	10.9	56.5	27.4	83.9
11				0	6.7	6.9	13.6	30.1	43.7
12					0	2.8	2.8	32.9	35.7
13						0	0	35.6	35.6
14								32.9	32.9
15								30.1	30.1
16								27.4	27.4
17								…	…
18									
合计	220.6	157.8					3481.5		

习题与思考题

7-1　为什么要用暴雨资料推求设计洪水？

7-2　简述由暴雨资料推求设计洪水的基本假定。

7-3　由暴雨资料推求设计洪水，主要包括哪些计算环节？

7-4　使用"动点动面暴雨点面关系"包含了哪些假定？

7-5　如何检查设计暴雨计算成果的正确性？

7-6　什么叫定点定面关系？如何建立一个流域的定点定面关系？

7-7　选择典型暴雨的原则是什么？

7-8　写出典型暴雨同频率放大法推求设计暴雨过程的放大公式。

7-9　已求得某流域 3d 暴雨频率计算成果为 $\overline{x}_{3d}=185$mm、$C_v=0.55$，$C_s=3C_v$，并求得 $(x_{3d}+P_a)$ 系列的频率计算结果为 $x_{\overline{p}}=240$mm、$C_v=0.50$，$C_s=3C_v$，且 $W_m=80$mm，试求该流域百年一遇情况下的前期影响雨量 P_a。P-Ⅲ型曲线离均系数 Φ 值表见表 7-1。

表 7-1　　　　　　　　　　　　　P-Ⅲ型曲线离均系数 Φ 值表

C_s \ $P/\%$	1	5	10	50	80	90	95	99
1.5	3.33	1.95	1.33	-0.24	-0.82	-1.02	-1.13	-1.26
1.6	3.39	1.96	1.33	-0.25	-0.81	-0.99	-1.10	-1.20
1.7	3.44	1.97	1.32	-0.27	-0.81	-0.97	-1.06	-1.14

7-10　经对某流域降雨资料进行频率计算，求得该流域频率 $P=1\%$ 的中心点设计暴雨，并由流域面积 $F=44$km^2，查水文手册得相应的点面折算系数 α_F，一并列入表 7-2，选择某站典型暴雨过程见表 7-3，试用同频率放大法推求 $P=1\%$ 的 3d 设计面暴雨过程。

表 7-2　　　　　　　　　　　某流域设计雨量及其点面折算系数

时　　段	6h	1d	3d
设计雨量/mm	192.3	306.0	435.0
折算系数 α_F	0.912	0.938	0.963

表 7-3　　　　　　　　　　　　某流域典型暴雨过程线

时段 ($\Delta t=6$h)	1	2	3	4	5	6	7	8	9	10	11	12	合计
雨量/mm	4.8	4.2	120.5	75.3	4.4	2.6	2.4	2.3	2.2	2.1	1.0	1.0	222.8

第八章 小流域设计洪水

第一节 概　　述

小流域设计洪水计算广泛应用于中型、小型水利工程中，理论上，可以用由流量资料或由暴雨资料推求设计洪水的方法推求这类小流域的设计洪水。但由于小流域一般缺乏水文资料或气象资料，难以应用上述两种方法。因此，水文学上常常把小流域设计洪水问题作为一个专门的问题进行研究。与大、中流域相比，小流域设计洪水具有以下几个特点。

（1）在小流域上修建的工程数量很多，往往缺乏暴雨和流量资料，特别是流量资料。

（2）小型工程一般对洪水的调蓄能力有限，设计洪峰对工程设计影响较大，对洪水过程线形状的影响较小。因此，小流域设计洪水计算方法可以着重于设计洪峰的计算。

（3）小型工程的数量较多，分布面广，计算方法应简便易行，使广大技术人员易于掌握和使用。

小流域设计洪水计算工作已有100多年的历史，计算方法在逐步充实和发展，由简单到复杂，由计算设计洪峰到计算洪水过程。归纳起来，有经验公式法、推理公式法、综合单位线法及水文模型等方法。本节主要介绍推理公式法和经验公式法。推理公式法实际上属于由暴雨资料推求设计洪水的途径。

第二节 小流域设计暴雨

小流域设计暴雨与其所形成的洪峰流量假定具有相同频率。当小流域缺少实测暴雨系列时，多采用以下步骤推求设计暴雨。

（1）按省（自治区、直辖市）《水文手册》及《暴雨径流查算图表》等资料计算特定历时（24h、6h、1h等）的暴雨量。

（2）将特定历时（24h、6h、1h等）的设计雨量通过暴雨公式转化为所需的任一历时的设计雨量。

一、最大 24h 设计暴雨量计算

最大24h暴雨是一次暴雨过程中连续24h的最大雨量。目前气象和水利部门所刊印的资料，都只给出固定日分界（8h或20h）的日雨量。日雨量一般小于等于24h雨量，即 $x_{1d} \leqslant x_{24h}$。因此，年最大1d雨量必须换算成年最大24h雨量才能符合计算要求。推求年最大24h设计雨量的方法有两种，视当地雨量资料条件而定。

1. 由年最大 1d 设计雨量间接推求

若流域中心附近具有充分长的人工观测资料系列，可以求得符合设计标准 p 的年最大1d设计雨量（$x_{1d,p}$），若令年最大24h雨量（x_{24h}）与年最大1d雨量（x_{1d}）的比值为 η，则

$$x_{24h,p} = \eta x_{1d,p} \tag{8-2-1}$$

由各地区分析得 η 值变化不大，一般在 $1.1 \sim 1.2$，常取 $\eta = 1.15$。

2. 查用年最大 24h 雨量统计参数等值线图

这种方法适用于当地无资料的情况。可用水文手册查出流域中心的年最大 24h 平均雨量 $\overline{x}_{24h}$、C_v 及 C_s（常采用 $C_s = 3.5C_v$），即可算出流域中心点年最大 24h 设计雨量 $x_{24h,p}$。

随着自记雨量计的增设及观测时段资料的增加，有些省（自治区、直辖市）已将 6h、1h 的雨量系列进行统计，得出短历时的暴雨统计参数等值线图（均值、C_v、C_s），从而可求出 6h 及 1h 的设计频率的雨量值。

二、暴雨公式

前面推求的设计暴雨量为特定历时（24h、6h、1h 等）的设计暴雨，而推求设计洪峰流量时需要给出任一历时的设计平均雨强或雨量。通常用暴雨公式，即暴雨的强度-历时关系将年最大 24h（或 6h 等）设计暴雨转化成为所需历时的设计暴雨。目前水利部门多用如下暴雨公式形式：

$$a_{t,p} = \frac{S_p}{t^n} \tag{8-2-2}$$

式中 $a_{t,p}$——历时为 t、频率为 p 的平均暴雨强度，mm/h；

　　　　S_p——$t=1h$，频率为 p 的平均雨强，也称为雨力，mm/h；

　　　　n——暴雨指数，$0 < n < 1$。

或

$$x_{t,p} = S_p t^{1-n} \tag{8-2-3}$$

式中 $x_{t,p}$——历时为 t、频率为 p 的暴雨量，mm。

暴雨参数可通过图解分析法来确定。对式（8-2-3）两边取对数，在对数格纸上，$\lg a_{t,p}$ 与 $\lg t$ 为直线关系，即 $\lg a_{t,p} = \lg S_p - n \lg t$，参数 n 为此直线的斜率，$t=1h$ 的纵坐标读数就是 S_p，如图 8-2-1 所示。由图 8-2-1 可见，在 $t=1h$ 处出现明显的转折点。当 $t \leqslant 1h$ 时，取 $n = n_1$；$t > 1h$ 时，则 $n = n_2$。

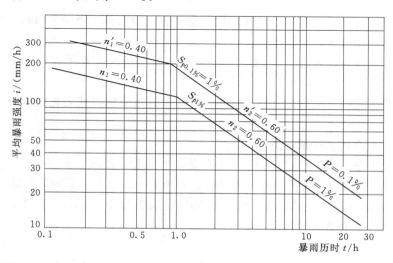

图 8-2-1　暴雨强度-历时-频率曲线

图 8-2-1 上的点据是根据分区内有暴雨系列的资料经分析计算而得到的。首先计算不同历时暴雨系列的频率曲线，读取不同历时各种频率的 $x_{t,p}$，将其除以历时 t，得到 $a_{t,p}$；然后以 $a_{t,p}$ 为纵坐标、t 为横坐标，即可点绘出以频率 p 为参数的 $\lg a_{t,p}$-P-$\lg t$ 关系线。

暴雨指数 n 对各历时的雨量转换成果影响较大，如有实测暴雨资料分析得出能代表本流域暴雨特性的 n 值最好。小流域多无实测暴雨资料，需要利用 n 值反映地区暴雨特征的性质，将本地区由实测资料分析得出的 $n(n_1，n_2)$ 值进行地区综合，绘制 n 值分区图，供无资料流域使用。一般水文手册中均有 n 值分区图。

S_p 值可以根据地区水文手册等值线图查得，也可以根据最大 24h 设计雨量反算，即先采用频率分析推求 $x_{24,p}$，如根据各地区的水文手册查出设计流域的 $\overline{x}_{24}$、C_v、C_s/C_v，计算出 $x_{24,p}$，然后由式（8-2-3）反算推求 S_p。

S_p 及 n 值确定后，即可用暴雨公式进行不同历时暴雨间的转换。24h 雨量 $x_{24h,p}$ 转换为 t 小时的雨量 $x_{t,p}$，可以先求 1h 雨量 S_p，再由 S_p 转换为 t 小时雨量。

因

$$x_{24h,p}=a_{24h,p}\times 24=S_p\times 24^{(1-n_2)} \tag{8-2-4}$$

则

$$S_p=x_{24h,p}24^{(n_2-1)}$$

由求得的 S_p 转求 t 小时雨量 $x_{t,p}$ 为

当 $1h\leqslant t\leqslant 24h$ 时

$$x_{t,p}=S_p t^{(1-n_2)}=x_{24h,p}\times 24^{(n_2-1)}t^{(1-n_2)} \tag{8-2-5}$$

当 $t<1h$ 时

$$x_{t,p}=S_p t^{(1-n_1)}=x_{24h,p}\times 24^{(n_2-1)}t^{(1-n_1)} \tag{8-2-6}$$

上述以 1h 处分为两段直线是概括大部分地区 $x_{t,p}$ 与 t 之间的经验关系，未必与各地的暴雨资料拟合很好。如有些地区采用多段折线，也可以分段给出各自不同的转换公式，不必限于上述形式。

设计暴雨过程是进行小流域产汇流计算的基础。小流域暴雨时程分配一般采用最大 3h、6h 及 24h 作同频率控制，各地区水文图集或水文手册均载有设计暴雨分配的典型，可供参考。

第三节　设计净雨计算

推求净雨过程的方法很多，为了与小流域设计洪水计算方法相适应，一般可以采用损失参数 μ 值进行小流域设计净雨的计算。

损失参数 μ 是指产流历时 t_c 内的平均损失强度。图 8-3-1 为 μ 与降雨过程的关系，从图中可以看出，$i\leqslant\mu$ 时，降雨过程全部耗于损失，不产生净雨；$i>\mu$ 时，损失按 μ 值进行，超渗部分（图 8-3-1 中阴影部分）即为净雨量。由此可见，当设计暴雨和 μ 值确定后，便可求出任一历时的净雨量及平均净雨强度。

为了便于小流域设计洪水计算，各省（自治区、直辖市）水利水文部门在分析大量暴雨

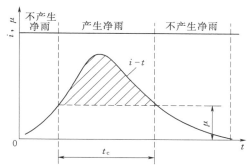

图 8-3-1　降雨过程与入渗过程示意图

洪水资料后，均提出了决定 μ 值的简便方法。有的部门建立单站 μ 与前期影响雨量 P_a 的关系，有的选用平均降雨强度 $\bar{i}$ 与一次降雨平均损失率 $\bar{f}$ 建立关系，以及 μ 与 $\bar{f}$ 建立关系，从而运用这些 μ 值作地区综合，可以得出各地区在设计时应取的 μ 值。具体数值可参阅各地的水文手册。

第四节　设计洪水的推求

一、推理公式法

对于推理公式，英、美称之为"合理化方法"（Rational method），苏联称之为"稳定形势公式"。推理公式法是根据降雨资料推求洪峰流量的最早方法之一，至今已有 130 多年。

（一）推理公式的形式

推理公式是假定流域上降雨与损失均匀，即净雨强度不随时间和空间变化条件下，根据流域线性汇流原理推导出来的流域出口断面处设计洪峰流量的计算公式。

假定流域产流强度 γ 在时间上、空间上都均匀，经过线性汇流推导，可得出所形成洪峰流量的计算公式：

$$Q_{mp}=0.278\gamma F=0.278(a-\mu)F \tag{8-4-1}$$

式中　Q_{mp}——洪峰流量，m^3/s；

　　　γ——流域产流强度，mm/h；

　　　a——平均降雨强度，mm/h；

　　　μ——损失强度，mm/h；

　　　F——流域面积，km^2；

0.278——单位换算系数。

在产流强度时空均匀情况下，流域汇流过程如图 8-4-1 所示。

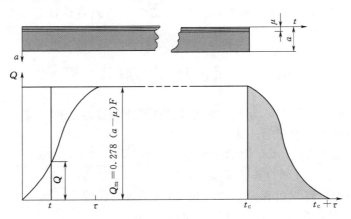

图 8-4-1　均匀产流条件下流域汇流过程示意图

从图 8-4-1 可知，当产流历时 $t_c > \tau$（流域汇流时间）时，会形成稳定洪峰段，其洪峰流量 Q_{mp} 由式（8-4-1）给出。Q_{mp} 仅与流域面积和产流强度有关。但是这些结论与人们的直觉似乎有抵触，因为在实测的洪水过程中，几乎不可能出现这种稳定的洪峰段，而且洪峰不仅与流域面积和产流强度有关，还与流域其他地理特征如坡度、河长有关。这就引起人们对此公式的合理性产生疑问。造成上述矛盾的根本原因是实际产流强度是不断变化的，不太可能达到以上假定。

当 $t_c \geqslant \tau$ 时，称为全面汇流情况，此时，可以直接用式（8-4-1）推求洪峰流量。

当 $t_c < \tau$ 时，称为部分汇流情况，其洪峰流量只是由部分流域面积的净雨形成，此时，不能正常使用推理公式，否则所求洪峰流量将偏大。

（二）推理公式的应用

实际上，产流强度随时间、空间是变化的，从严格意义上讲，是不能用推理公式作汇流计算的。但对于小流域设计洪水计算，推理公式计算简单，且有一定的精度，故它是目前最常用的一种小流域汇流计算方法。

对于实际暴雨过程，Q_{mp} 的计算方法如下。

假定所求设计暴雨过程如图 8-4-2 所示，产流计算采用损失参数 μ 法。

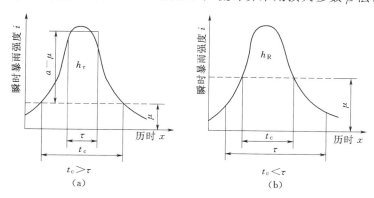

图 8-4-2 $t_c \geqslant \tau$、$t_c < \tau$ 时参与形成洪峰流量的径流深图
（a）全面汇流情况；（b）部分汇流情况

对于全面汇流情况：

$$Q_{mp} = 0.278(a-\mu)F = 0.278\left(\frac{h_\tau}{\tau}\right)F \qquad (8-4-2)$$

对于部分汇流情况，因为不能正常使用推理公式，所以陈家琦等人在作一定假定后，得

$$Q_{mp} = 0.278\left(\frac{h_R}{\tau}\right)F \qquad (8-4-3)$$

式中　　h_τ——连续 τ 时段内最大产流量；

h_R——产流历时内的产流量。

二、中国水利水电科学研究院推理公式法

1958 年，中国水利水电科学研究院陈家琦等人提出了洪峰流量计算的公式，该公式是我国水利水电工程设计洪水规范中推荐使用的小流域设计洪水计算方法。

（一）公式推导

1. 设计暴雨过程

假定一个各时段同频率的设计暴雨过程，如图 8-4-3 所示。

这样构造的设计暴雨过程有以下 4 个性质。

（1）相对 $x = x_0$ 而言，暴雨过程线是对称的。

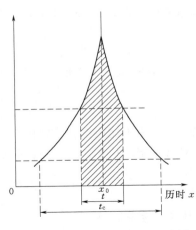

图 8-4-3 设计暴雨过程示意图

（2）当 $x \rightarrow x_0$，瞬时雨强 $i(x_0)$ 为无穷大。

（3）图中阴影部分面积 A 恰好等于时段长为 t 的设计暴雨量 $x_{t,p}$，用暴雨公式计算：

$$A = x_{t,p} = S_p t^{1-n}$$

（4）$i(x)$ 难于用显式表示。

2. 产流历时 t_c 与产流量 h_R 计算

中国水利水电科学研究院推理公式是通过瞬时雨强-历时来求得产流历时 t_c 和产流量 h_R。由流域的损失参数 μ，在该历时曲线上查得瞬时雨强 $i(t)$ 等于损失强度 μ 的点，相对应的历时即为产流历时 t_c，满足下列条件：

$$i(t) = \frac{\mathrm{d}x_{t,p}}{\mathrm{d}t} = \frac{\mathrm{d}(S_p t^{1-n})}{\mathrm{d}t} = (1-n)S_p t^{-n} = \mu$$

$$(8-4-4)$$

$i(t) = \mu$，所对应的 t 即为 t_c，则

$$t_c = \left[\frac{(1-n)S_p}{\mu}\right]^{\frac{1}{n}} \qquad (8-4-5)$$

产流历时 t_c 内的产流量 h_R 为

$$
\begin{aligned}
h_R &= x_{tc,p} - \mu t_c = S_p t_c^{1-n} - \mu t_c \\
&= S_p t_c^{1-n} - (1-n)S_p t_c^{-n} t_c \\
&= n S_p t_c^{1-n}
\end{aligned}
\qquad (8-4-6)
$$

3. 汇流时间 τ 的计算

用推理公式推求设计洪峰流量，产流时间 t_c、汇流时间 τ 都是必不可少的。τ 采用以下经验公式：

$$\tau = 0.278 \frac{L}{V_\tau} \qquad (8-4-7)$$

式中 L——流域最远点的流程长度，km；

V_τ——流域平均汇流速度，m/s。

V_τ 又可近似地用下列经验公式来表示，即

$$V_\tau = m I^\sigma Q_m^\lambda \qquad (8-4-8)$$

式中 m——汇流参数；

I——沿最远流程的平均纵比降（以小数表示）；

Q_m——洪峰流量，m³/s；

σ、λ——反映流域沿流程水力特性的指数，一般采用 $\sigma = 1/3$，$\lambda = 1/4$。

将式（8-4-7）代入式（8-4-8），即得流域汇流时间的计算公式：

$$\tau = 0.278 \frac{L}{m I^{1/3} Q_m^{1/4}} \qquad (8-4-9)$$

4. 设计洪峰流量 Q_{mp} 推求

根据流域汇流时间 τ 的长短，产流计算分为两种情况。

（1）$t_c \geqslant \tau$ 的情况。

$$Q_{mp} = 0.278 \left(\frac{h_\tau}{\tau} \right) F = 0.278 \left(\frac{x_{\tau,p} - \mu\tau}{\tau} \right) F = 0.278 (a_{\tau,p} - \mu) F \qquad (8-4-10)$$

（2） $t_c < \tau$ 的情况。

$$h_R = n S_p t_c^{1-n}$$

$$Q_{mp} = 0.278 \left(\frac{h_R}{\tau} \right) F = 0.278 \left(\frac{n S_p t_c^{1-n}}{\tau} \right) F \qquad (8-4-11)$$

经过整理，可得中国水利水电科学研究院推理公式：

$$\left. \begin{aligned} Q_{mp} &= 0.278 \left(\frac{S_p}{\tau^n} - \mu \right) F \\ \tau &= 0.278 \frac{L}{m I^{1/3} Q_m^{1/4}} \end{aligned} \right\}, t_c \geqslant \tau \qquad (8-4-12)$$

$$\left. \begin{aligned} Q_{mp} &= 0.278 \left(\frac{n S_p t_c^{1-n}}{\tau} \right) F \\ \tau &= 0.278 \frac{L}{m I^{1/3} Q_m^{1/4}} \end{aligned} \right\}, t_c < \tau \qquad (8-4-13)$$

对于以上方程组，只要知道 7 个参数 F、L、I、n、S_p、μ、m，便可求出 Q_{mp}。求解方法有图解法、试算法等。

【例 8-4-1】 江西省某流域上需建小水库一座。已知流域特征为：$F = 104 \text{km}^2$，$L = 26 \text{km}$，$I = 8.75\text{‰}$，要求用中国水利水电科学研究院推理公式计算设计标准 $p = 1\%$ 的洪峰流量。

解：计算步骤如下。

（1）流域特征参数 F、L、I 的确定。

F 为出口断面以上的流域面积，在适当比例尺的地形图上勾绘出流域分水线后直接量算。

L 为从出口断面起，沿主河道至分水线的最长距离，在适当比例尺的地形图上用分规量算。

I 为沿 L 的坡面和河道平均比降。

（2）设计暴雨参数 n 和 S_p 的确定。

暴雨参数确定方法如前所述，对于频率为 p 的 S_p 由年最大 1d 雨量计算，即：

$$S_p = x_{24h,p} \times 24_2^{(n-1)} = \eta x_{1d,p} \times 24_2^{(n-1)}$$

暴雨参数 n_2 由各省区实测暴雨资料分析确定，可查当地水文手册获得，一般的数值是以定点雨量资料代替面雨量的资料，不作修正。

现从江西省水文手册查得年最大 1d 雨量的参数：

$$\overline{x}_{1d} = 115 \text{mm}, C_v = 0.42, C_s/C_v = 3.5, n_2 = 0.6, \eta = 1.1$$

$p = 1\%$ 的模比系数 $k_{1\%} = 2.39$，则最大 1d 设计雨量 $x_{1d,1\%} = k_{1\%} \overline{x}_{1d} = 274.9 (\text{mm})$

则 $\qquad S_{1\%} = \eta x_{1d,1\%} \times 24_2^{(n-1)} = 1.1 \times 274.9 \times 24^{-0.4} = 84.8 (\text{mm/h})$

（3）设计流域损失参数和汇流参数的确定。查江西省水文手册得到本例中损失参数 $\mu = 3.0 \text{mm/h}$，$m = 0.70$。

（4）迭代求解。先假定 $t_c > \tau$。计算公式为

$$Q_{mp} = 0.278 \left(\frac{S_p}{\tau^n} - \mu \right) F$$

$$\tau = 0.278 \frac{L}{mI^{1/3}Q_{\mathrm{m}}^{1/4}}$$

将有关参数代入 Q_{mp} 和 τ 的计算公式，即

$$Q_{\mathrm{mp}} = 0.278 \left(\frac{84.8}{\tau^{0.6}} - 3 \right) \times 104 = \frac{2450}{\tau^{0.6}} - 86.7$$

$$\tau = \frac{0.278 \times 26}{0.70 \times 0.00875^{1/3} Q_{\mathrm{mp}}^{1/4}} = \frac{50.1}{Q_{\mathrm{mp}}^{1/4}}$$

将 τ 代入 Q_{mp} 以消去 τ，得

$$Q_{\mathrm{mp}} = \frac{2450}{\left(\frac{50.1}{Q_{\mathrm{mp}}^{1/4}} \right)^{0.6}} - 86.7 = 234.1 Q_{\mathrm{mp}}^{0.15} - 86.7$$

显然，Q_{mp} 不会超过 $(234.1)^{\frac{1}{0.85}} = 613 \mathrm{m}^3/\mathrm{s}$，即以此作为初值进行迭代。迭代计算见表 8-4-1。

表 8-4-1   迭 代 计 算 表

迭代次序	1	2	3	4
Q_{mp}初值/(m³/s)	613	526	512	510
Q_{mp}/(m³/s)	526	512	510	510

于是设计频率为 1‰的设计洪峰流量 $Q_{\mathrm{mp}} = 510 \mathrm{m}^3/\mathrm{s}$，对应的 $\tau = 10.54 \mathrm{h}$。

（5）检验产流计算模式。由于上述计算式是假定 $t_c > \tau$ 条件下的产流模式，有必要检验假定条件是否成立。为此计算产流历时 t_c：

$$t_c = \left[\frac{(1-n_2)S_p}{\mu} \right]^{\frac{1}{n_2}} = \left(\frac{0.4 \times 84.8}{3.0} \right)^{\frac{1}{0.6}} = 57 (\mathrm{h})$$

符合 $t_c > \tau$ 条件，解算正确。

三、地区经验公式法推求洪峰流量

计算小流域设计洪峰，除采用推理公式法外，还经常采用地区经验公式法。

洪峰流量的经验公式是根据本地区的实测或调查洪水资料，找出洪峰与流域特征、降雨特性之间的相互关系，建立起来的关系方程。这些方程地区性很强，只适用于该地区，所以称为地区经验公式。

影响洪峰的因素很多，例如地质地貌特征（植被、土壤、水文地质等）、几何形态特征（集水面积、河长、比降、河槽断面形态等），以及降雨特性（暴雨量大小、时空分布等）。建立经验公式的关键在于选定主要因素，若主要因素选得太少，就不能较全面地反映主要影响；若选得较多，则参数的定量困难，反而影响精度，而且计算麻烦。

目前我国广泛采用的一些洪峰流量经验公式，有单因素的公式，也有多因素的公式，下面分别作简单介绍。

1. 单因素公式法

目前各地区使用的最简单的经验公式是以流域面积作为影响洪峰的主要因素，把其他因素用一个综合系数表示，其形式为

$$Q_{\mathrm{mp}} = C_p F^n \tag{8-4-14}$$

式中 Q_{mp}——设计洪峰流量，m³/s；

F——流域面积，km^2；

n——经验指数，反映流域面积对洪峰的影响程度；

C_p——随地区和频率而变化的综合系数。

式中的指数 n 随流域面积大小而变，一般中等流域约为 0.5，小流域约为 $2/3$，特小流域更大些。C_p 主要受暴雨影响，通常将 C_p 绘成等值线图供查用。

单因素法过于简单，较难反映流域的各种特性，只有在实测资料较多的地区，分区范围不太大，分区内暴雨特性和流域特征较一致时，才能得出较合理的成果。

2. 多因素公式法

目前我国采用的多因素公式一般考虑两三个指标，常见的形式有

$$Q_{mp} = CP_{24h,p}F^n \tag{8-4-15}$$

$$Q_{mp} = CP_{24h,p}J^\beta F^n \tag{8-4-16}$$

$$Q_{mp} = Ch_{24h,p}^\alpha J^\beta f^\gamma F^n \tag{8-4-17}$$

式中　$P_{24h,p}$——设计频率为 P 的年最大 $24h$ 暴雨量，mm；

$h_{24h,p}$——设计频率为 P 的年最大 $24h$ 净雨量，mm；

J——河道干流平均坡度；

f——流域形状系数，$f = F/L^2$；

α、β、γ、n——指数；

C——综合系数。

以上指数、综合系数是通过使用地区实测资料分析得出的。选用因素的个数可从两方面考虑：一是能使计算成果提高精度，使公式的使用更符合实际；二是与形成洪峰过程无关的因素不宜随意选用。

第五节　小流域设计洪水过程

一些中小型水库，能对洪水起一定的调蓄作用，此时除推求设计洪峰流量外，也需要推求设计洪量及洪水过程线。小流域的设计洪水过程线一般是根据概化过程线，即通过对有实测资料地区的洪水过程线分析，得出能概括洪水特征的、有一定代表性的平均过程线，供无资料流域使用。

地区概化洪水过程线的具体做法是：将单站各次洪水过程线绘在同一图纸上，纵坐标表示流量相对数 Q_i/Q_m，横坐标表示时间相对数 T_i/T，其中 Q_m 是最大流量；T 是洪水过程总历时；Q_i、T_i 为任何时刻的流量和时间。然后将峰现时间重叠在一处，选用其中常见而又能概括该洪水形状特征的平均过程线，作为单站概化过程线。最后，将各站的概化过程线同绘于一张图上，便得地区综合的概化洪水过程线。

图 8-5-1 是江西省根据全省集水面积在

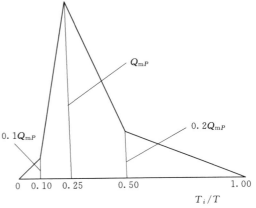

图 8-5-1　概化洪水过程

650km² 以下的 81 个水文站，1048 次洪水资料分析得出的概化洪水过程线模式，图中 T 为洪水历时，可按下式计算：

$$T = 9.63 \frac{W}{Q_{\mathrm{m}}} \qquad (8-5-1)$$

式中　Q_{m}、W、T 的单位分别为 $\mathrm{m^3/s}$、$10^4\mathrm{m^3}$ 及 h。应用时规定洪水总量 W 按 1d 设计暴雨所形成的径流深 $h(\mathrm{mm})$ 计算：

$$W = 0.1hF \qquad (8-5-2)$$

式中　F——流域面积，$\mathrm{km^2}$。

由于设计洪峰 Q_{m} 已知，将 Q_{m}、W 代入式（8-5-1），即可计算 T。然后根据各转折点的流量比值 Q_i/Q_{m}，乘以 Q_{m}，便得出各转折点的流量值，此即设计洪水过程线。

习题与思考题

8-1　试述推理公式试算法计算洪峰流量的方法步骤。

8-2　试写出小流域洪峰计算中全面汇流及部分汇流形成洪峰流量的推理公式的基本形式，并说明其中符号的意义和单位。

8-3　小流域设计暴雨的特点是什么？怎样建立暴雨强度公式？

8-4　试用框图说明推理公式推求小流域的设计洪峰流量的计算步骤。

8-5　简述小流域推理公式的基本原理和基本假定。

8-6　已知暴雨公式 $\overline{i}_T = S_P/T^n$，其中 $\overline{i}_T$ 表示历时 T 内的平均降雨强度（$\mathrm{mm/h}$），S_P 为雨力，等于 $100\mathrm{mm/h}$，n 为暴雨衰减指数，等于 0.6，试求历时为 6、12、24h 的设计暴雨各为多少。

8-7　某地区的综合分配雨型见表 8-1，根据暴雨公式计算得当地 $P=1\%$ 的最大 3h 设计暴雨为 65mm，最大 6h 设计暴雨为 95mm，最大 24h 设计暴雨为 140mm，试求出该场设计暴雨过程。

表 8-1　　　　　　　　　　　　综合雨型表　（$\Delta t = 3\mathrm{h}$）　　　　　　　　　　　　　　%

时段（$\Delta t=3\mathrm{h}$） 历时	1	2	3	4	5	6	7	8
最大 3h						100		
最大 6h					100			
最大 24h	10	20	20	30			10	10

8-8　复杂工程问题。

古县位于临汾市东北部，面积 1222km²，境域东西宽 20.05km，南北长 56.85km。古县境内无水文站。为了研究当地山洪特性，建立山洪预警机制，现需要计算当地设计洪水。

根据古县的文献记载数据、《山西省历史洪水调查成果》《山西洪水研究》成果、当地部门的洪水记载等资料，古县最早记载的洪水为 1652 年。

中华人民共和国成立以前，洪水发生年份分别为 1652 年、1895 年、1897 年、1917 年、1922 年、1933 年、1942 年。20 世纪 60 年代，洪水发生年份为 1968 年；70 年代，洪水发生年份为 1975 年；80 年代，洪水发生年份为 1988 年。2000 年以后，洪水发生年份分别为 2003 年、2009 年、2010 年。

试利用山西省水文手册，对当地设计暴雨及设计洪水进行计算（各省水文手册使用及计算方法均有不同，此案例为山西省水文手册）。

（1）计算设计点暴雨。根据《山西省水文计算手册》，古县流域面积大小，需随机确定 5 点，查取各点各种历时的暴雨均值 $\overline{H}$ 与变差系数 C_v，按手册 C_s 取 $3.5C_v$。即可求得各点不同历时设计点暴雨。

（2）计算设计面雨量。手册中采用"定点"设计雨量配以"定点-定面"关系计算设计面雨量的方法，即利用手册中响应公式，进行点雨量和面雨量之间的转换，公式所求得的面雨量为不同时段面雨量的初始值，仍需求解暴雨公式参数，计算设计面雨量过程。

（3）设计暴雨雨型分析。山西省雨型区分区范围与水文分区一致，古县流域采用手册中提供的中区设计雨型查用表，此类雨型 $\Delta t = 1h$。根据设计面暴雨的计算成果，把最大 1h 设计面雨量放在主峰位置。主峰前后两侧 6h 以内的时段雨量有相应公式进行分配。

（4）设计洪水计算。根据设计暴雨的计算结果，推求设计洪水。设计洪水的重现期与设计暴雨保持一致。手册中介绍了有推理公式法、流域水文模型法和地区经验公式法。

推理公式法：流域产流计算包括设计洪水净雨深和净雨过程计算两部分。前者采用双曲正切模型计算，后者采用变损失率推理扣损法计算。

流域水文模型法：流域模型法中的流域产流计算与推理公式法中产流计算部分完全相同，汇流计算采用综合瞬时单位线法。

地区经验公式法：手册中经验公式形式如下

$$Q_p = C_p S_p^{\circ} A^{N_1 A^{-\beta}}$$

式中　　Q_p——频率为 p 的设计洪峰流量，m^3/s；

　　　　C_p——与频率 p 和地类参数有关的经验参数，有表可查；

　　N_1、β——经验参数；

　　　　S_p°——涉水工程控制流域内定点概率雨力的面平均值，即设计定点雨力，mm/h。

以上计算仅对计算思路及大致方法进行了描述，如有兴趣的同学，欢迎再参阅《山西省水文计算手册》，对该问题进行具体计算。

第九章 城市防洪与排水

第一节 城市化对水文的影响

城市化是指随着一个国家或地区社会生产力的发展、科学技术的进步以及产业结构的调整，其社会由以农业为主的传统乡村型社会向以工业和服务业等非农产业为主的现代城市型社会逐渐转变的历史过程。随着城市规模逐步扩大，建筑物密度、人口数量、能源消耗等迅速增长，区域自然环境被改变，降水及产汇流条件均发生显著变化。城市化过程对当地水文的影响是非常显著的，主要表现在城市地貌和排水系统的改变，水资源的重新分配，工业活动和人类日常生活等物理、化学和生物特性诸方面影响，构成城市的供水、排水、防洪、水环境等问题。

一、城市化对气候的影响

城市化对降水的影响主要由城市气候变化造成。根据目前的研究分析，城市化的影响主要表现在以下方面。

1. 辐射和气温

与周围乡村相比，城市气温明显偏高。其特征往往是城市中心气温最高，而向周围乡村逐步递减，在郊区递减速度较快。城市气温明显高于周围乡村的现象称为"城市热岛"。

由于空气中的微粒及 CO_2、NO_2、CO、H_2S 等有色气体和微粒比郊区多，必然减弱空气的透明度，从而减少城市的日照时数，降低太阳直接辐射强度。工厂生产、交通运输以及居民生活都需要燃烧各种燃料，每天都要排放大量的热量。

随着城市化的发展，城市人口的集中，城市构筑物的集中出现，如混凝土、柏油等硬化路面、各种建筑墙面等，使得下垫面的热力属性发生变化。这些人工构筑物吸热快而热容量小。太阳辐射相同的情况下，人工构筑物比自然下垫面（绿地、水面等）升温快，因而其表面温度明显高于自然下垫面。而同时，绿地、水体等却相应减少，缓解热岛效应的能力被削弱。城市区域的局部气温抬升，致使城市气温高于郊区。

城市热岛现象会对水汽蒸发、空气对流产生明显影响，从而影响到降雨特性。

2. 风和湍流

大气的水平运动称为风。不规则的急速气流（多指上升或下降气流）称为湍流。由于城市中建筑物高低交错，大大增加了地面的粗糙度。大多数情况下城市风速小于郊区，而且风向复杂多变。这是城市中特有的热力、动力性质所造成的。

3. 蒸发和湿度

蒸发主要包括地面蒸发和植物散发两部分。由于城市中地面大部分为不透水的路面和建筑物，人工排水管网有利于迅速排泄降水，植物面积减少很多，致使城市蒸散发量理应明显小于郊区。但是，由于城市气温高于郊区，城市湿度降低，而提高了蒸发能力。在这些因素综合作用下，城乡间蒸发量的差别一般不很显著。应指出的是在一定的条件下，城市夜间有时绝对湿度可能较大，会形成"城市湿岛"现象。

4. 雾与露

观测资料表明，城市中或城市周围的雾比郊区多。这是因为城市空气中粉尘、吸湿性核极其丰富的缘故。虽然空气中的水汽并未达到饱和，但在相对湿度在 70%～80% 时，城市中往往就会有雾出现。有些城市因汽车尾气排放的废气在阳光作用下会形成"光化学烟雾"。郊区空气湿度虽比市区大，但凝结核少，雾反而稀少。露是地面或地面物体上的水汽凝结物。郊区因土壤潮湿，又有丰富植被，因此，郊区凝露量比城市区多。

5. 云和降水

城市区由于热岛中心上升气流，而且湍流较多，加之空气中存在大量凝结核，因此城市云量多于郊区。根据许多学者观测研究，认为城市降水较郊区为多。美国近年组织的大城市研究计划（METROMEX）所取得的观测资料数据，有力地支持了城市降水增多的观点。

国内外大量研究表明，一般百万人口城市城区平均气温比郊区高 0.5～1℃，城市热岛效应促使局部区域的空气层结构不稳定，易引起热力对流，当城市中水汽充足时，容易形成对流雨，这种降雨所表现出的主要特性是降水强度增加并常伴冰雹。城市建筑物的存在影响了气流的移动，当气流从郊区向城区移动时，城区中高度不一且规模庞大的高层建筑如同屏障，使空气产生机械湍流，而人工热源则导致势力湍流。同时，受地层摩擦影响，空气动力糙率发生改变，空气运动受到明显影响，强风在城区减弱而微风得到加强，城市阻碍效应造成气流总体移动速度减慢和在城区滞留时间增加，进而导致城区降雨强度增大及降雨时间延长。上述原因导致城市在总降雨量增加的同时，城市及城市周围的暴雨出现概率增加。

然而需要注意的是，城市化地区降雨的增加仅是局部性的，不会扩展到很大范围。大城市对降雨的影响主要是降雨量的再分配，在一些地区出现增大降雨量的同时，在另一些地区的降雨量却在减小。

二、城市化对洪水径流的影响

随着城市化的进程，城区土地利用情况的改变，如清除树木，平整土地，建筑房屋、街道和整治排水河道、兴建排水管网等，直接改变了当地的雨洪径流条件，使水文情势发生变化。城市化进程可能引起的水文效应见表 9-1-1。

表 9-1-1　　　　　城市化进程可能引起的水文效应

城市化过程	可能的水文效应
树木和植被减少	蒸散发量及下渗水量减小；径流量和次洪量增加，基流减少
房屋、道路等不透水面积的增加	增加不透水面积，蒸发、下渗的水量减少，地面径流及径流总量增加，洪水汇流时间缩短，峰现时间提前，洪水威胁增加
住宅区商业区和工业区全面发展	增大洪峰流量，缩短汇流时间，增加径流总量
雨洪排水系统的修建	减轻局部泛滥，使洪水汇流速度增加，洪量更为集中，可能加重下游洪水问题
河道整治工程	增加了河道输水能力使洪量集中

从水文角度出发，城市化主要表现在如下几个方面。

（1）大规模建造房屋，铺砌道路，使下垫面不透水性大大增加，其结果是下渗量和蒸发量减少，而地表径流和径流总量增加，汇流时间加快，洪峰流量加大，径流系数增大。

（2）城市排水系统管网化，使暴雨径流尽快地就近排入水体，使洪水汇流速度增加，洪量更为集中；水域占用使得河道断面过窄，雨水排除受阻。

（3）对城市汇水河道整治与改建，整治后的特点是河道直线化，断面规则化，呈梯形或矩形，边坡用砖石衬砌。增加了河道输水能力，使洪量集中。

（4）城市发展用地紧张，导致城区大部分河道断面被缩窄，甚至一些沟塘被填没，河道调蓄能力减弱，加之排水设施的不完善，使得暴雨洪水排水受阻，极易引起城区内涝积水。

（5）设立各种类型的控制性闸坝，进行人工调节，影响城市径流过程。

（6）来自城市外的引水和城市本身污水排放，造成径流水量和水质的变化。

以上 6 个方面的综合作用，改变了城市化之前天然的径流特征，洪水的峰、量、形状及水质均发生变化，从水量角度研究，流域蒸发量、下渗量、地下径流量减小；径流总量、地表径流量、洪峰流量增大；洪水历时缩短，峰现时间提前；洪水发生频次增多。由于城市化的影响，加剧了洪水的量级，给城市及下游防汛带来新的问题，深入研究这些规律，合理地进行城市防洪和排水的水利工程规划与设计，并结合城市水质问题进行综合治理，才能有效地解决或改善这一状况。

三、城市地区的产汇流过程

城市的产汇流过程是城市水文循环中的一个环节，由于其自身的下垫面特征及人为建筑物较多，因此其产汇流过程与天然流域有所差别。如城市地区的不透水面积比例较大以及下水管道汇流等，致使城市地区的雨洪过程计算方法具有一定的特殊性。

当降水发生后，降落在屋顶、路面和一些铺砌面上的雨水直接产生径流，随之进入人工筑砌的边沟、渠道，再汇入下水道系统或受纳水体。城市产流过程中下渗水量很小，产流量绝大部分为地面径流，径流过程线历时短，涨落幅度大，且基流小；汇流不再是天然河道的坡地汇流和河网汇流，而是排水系统内的管道或渠道出流。

第二节　城市防洪与防洪标准

一、城市地区的洪水问题

由于城市地区人口密集，建筑物众多而集中，工商业和交通发达，面临的雨洪问题要比天然流域复杂，遭遇洪水后的损失也更为严重。因此，城市地区防洪和排水是一个较为突出的问题，它主要包括如下三个方面。

（1）城市本身暴雨引起的洪水。如前所述，由于城市不断扩张，这一问题会变得愈加尖锐。这是城市排水面临的问题。

（2）城市上游洪水对城区的威胁。这部分洪水可能来自城市上游江河洪水泛滥、山区洪水、上游区域排水，或来自水库的下泄流量，解决这类问题属城市防洪范畴。

（3）城市本身洪水下泄造成的下游地区洪水问题。由于城区不透水面积增加，排水系统管网化，河道治理等使得城市下泄洪峰成数倍至十几倍增长，对下游洪水威胁是逐年增加的，构成了城市下游地区的防洪问题。

二、城市防洪与排水工程措施

1. 防洪工程措施

解决城市上游洪水问题的工程措施主要有以下几个方面。

（1）疏通和治理城市上下游河道，增加河道过水能力，或者使河流改道，直接进入城市下游区域。

（2）建造堤防和防洪墙保护城市，阻挡洪水侵入，傍临大江大河的城市大都采用这一措施。

（3）在城市上游修建防洪水库储蓄洪水，以达到削减洪峰的目的。这类工程要结合水资源开发、发电、渔业、航运等方面综合考虑。为了防止水库失事造成严重后果，还应制定水库失事的应急措施。

（4）在城市上游建造分洪区分洪。减缓稀遇大洪水对下游城市的威胁。这是面临江河的重大城市才有可能采取的一类耗资大、影响广的措施，必须经过详尽的论证。对于城市下游的防洪，主要是疏通和整治汇水河道和建造堤防；疏导下泄流量和防止洪水泛滥。另一方面，若有可能应在城市地区设法减少下泄洪量和降低洪峰流量，这就必须结合城市排水措施进行综合治理。

（5）采用透水性排水管道。多孔的排水管道可以增加透水量，使排水流量降低。

（6）地下水回灌。利用枯井、深水井对雨水进行地下水回灌。

对以上这些方案，应结合当地环境治理、城市规划、水资源规划等方面，经综合性分析评价之后，选定切实可行的措施。

2. 排水工程措施

城市雨洪排水工程主要设计思想是采用管渠排水系统，将城区雨洪尽快排入下游。近年来，根据国内外很多城市实践表明，随着城市的发展，已有排水系统不能满足日益增长的城市排水要求，而更新或扩大排水系统代价过大。表现为：城市排水标准日渐降低；频繁发生城区洪水泛滥；造成较大经济损失和不良后果。城市洪水随着城市发展的加剧，影响到下游农田、厂矿的防洪，引起的经济赔款纠纷逐年增加，这也是一个不容忽略的问题。全面解决城市雨洪问题，应结合各城市具体情况，采取综合治理措施来减小、延缓和调节城市雨洪，削减洪峰和减少洪量。以下列举国内外已采用或建议的一些方案。

（1）建立人工蓄洪池塘。在雨洪流量较大时储存一部分洪量，而流量下降时排出，以达到削减洪峰作用。这类池塘可以是设立在管网系统内的人工调节池，也可以是结合公园观赏的池塘湖泊。

（2）设立等高绿地。在广场和住宅区周围沿等高线设置绿地，使雨水进入绿地后再排出，增加下渗量和降低汇流速度，减小地表径流，削减洪峰流量。

（3）采用透水铺面。可铺砌透水沥青公路，多孔混凝土广场，砖、砾石人行道，增加下渗量。

（4）利用屋顶蓄水滞水。采用屋顶蓄水池或屋顶花园，增大屋顶铺面糙率，如波状屋顶、砾石屋顶等。

（5）采用透水性排水管道。多孔的排水管道可以增加透水量，使排水流量降低。

（6）地下水回灌。利用枯井、深水井对雨水进行地下水回灌。

（7）进行海绵城市试点建设。2012年4月，在"2012年低碳城市与区域发展科技论坛"中，"海绵城市"概念首次提出，"海绵城市"意为城市能够像海绵一样，在适应环境变化和应对自然灾害等方面具有良好的"弹性"，下雨时吸水、蓄水、渗水、净水，需要时将蓄存的水"释放"并加以利用。国务院办公厅2015年10月印发《关于推进海绵城市建设的指导意见》(国办发〔2015〕75号),部署推进海绵城市建设工作。2017年3月5日,中华人民共和国第十二届全国人民代表大会第五次会议上,李克强总理的政府工作报告明确了海绵城市的发展方向,让海绵城市建设不仅仅限于试点城市,而是所有城市都应该重视这项"里子工程"。

三、城市防洪标准

对于我国大部分城市而言,城市防洪由水利部门主管,城市排水由市政部门主管,市政部门负责将城区的雨水收集到雨水管网并排放至内河、湖泊或行洪河道,水利部门负责将内河的水排入行洪河道,同时保证行洪河道的行洪安全。两个部门职责不同,其思考问题的角度就不同,因此设计标准的确定也不相同。

为了保障城市的安全,最大限度地抵御洪水、减弱涝水,加速排水,城市内往往修建相应的工程,构建防洪排涝体系。其中防洪工程主要包括堤防、防洪闸、泄洪区等,此类工程建设的标准是城市防洪设计标准,排涝工程主要有城市雨水管网、排涝泵站、排涝河道、低洼承泄区等,城市管网、排涝泵站的设计标准一般采用市政部门的排水标准,排涝河道一般采用水利部门的城市排涝设计标准。两部门的相应标准见《城市防洪工程设计规范》(GB/T 50805—2012)及《室外排水设计规范》(GB 50014—2016)。

1. 城市防洪标准的确定

城市防洪标准是指城市应具备的防洪能力,是根据城市的重要程度、所在地域的洪灾类型,以及历史性洪水灾害等因素,而制定的城市防洪的设防标准。它与城市总体规划、市政建设以及江河流域防洪规划等联系密切,城市防洪标准分级只采用"设计标准"一个级别。

城市防洪工程设计应调查收集气象、水文、泥沙、地形、地质、生态与环境和社会经济等基础资料,城市防洪范围内河、渠、沟道沿岸的土地利用应满足防洪、治涝要求,跨河建筑物和穿堤建筑物的设计标准应与城市的防洪、治涝标准相适应。

2. 城市防洪工程标准的确定

根据《城市防洪工程设计规范》(GB/T 50805—2012)中规定,有防洪任务的城市,其防洪工程的等别应根据防洪保护对象的社会经济地位的重要程度和人口数量来确定,见表9-2-1及表9-2-2,由表9-2-1确定城市防洪工程等别,再由表9-2-2确定防洪工程的防洪标准。

表 9-2-1　　　　　　　　　城 市 防 洪 工 程 等 别

城市防洪工程等别	分 等 指 标	
	防洪保护对象的重要程度	防洪保护区人口/万人
I	特别重要	≥150
II	重要	50(含)～150
III	比较重要	20(含)～50
IV	一般重要	<20

城市防洪工程设计标准应根据防洪工程等别、灾害类型,按表9-2-2选定。

3. 城市排涝标准的确定

《城市防洪工程设计规范》的排涝标准主要针对排涝河道,见表9-2-2。城市管网、排涝泵站的设计标准一般采用市政部门的排水标准《室外排水设计规范》(GB 50014—2006),见表9-2-3。

表 9 - 2 - 2　　　　　　　　　　　　城市防洪工程设计标准

城市防洪工程等别	设计标准（重现期）/年			
	洪水	涝水	海潮	山洪
Ⅰ	≥200	≥20	≥200	≥50
Ⅱ	100（含）～200	10（含）～20	100（含）～200	30（含）～50
Ⅲ	50（含）～100	10（含）～20	50（含）～100	20（含）～30
Ⅳ	20（含）～50	5（含）～10	20（含）～50	10（含）～20

表 9 - 2 - 3　　　　　　　　　　　　内涝防治设计重现期

城镇类型	重现期/年	地面积水设计标准
超大城市和特大城市	50～100	1. 居民住宅和工商业建筑物的底层不进水；
大城市	30～50	2. 道路中一条车道的积水深度不超过15cm。
中等城市和小城市	20～30	

注　超大城市指城区常住人口在 1000 万人以上的城市；特大城市指城区常住人口 500 万人以上 1000 万人以下的城市；大城市指城区常住人口 100 万人以上 500 万人以下的城市；中等城市指城区常住人口 50 万人以上 100 万人以下的城市；小城市指城区常住人口在 50 万人以下的城市（以上包括本数，以下不包括本数）。

4. 城市排水标准的确定

城市排水设计标准主要用于城市内新建、扩建及改建的工业区和居住区等局部区域的排水建筑物，它是以不淹没城市道路地面为标准，对管网系统及排涝泵站进行设计。雨水管渠设计重现期见表 9 - 2 - 4。我国当前雨水管渠设计重现期与发达国家和地区的对比见表 9 - 2 - 5。

表 9 - 2 - 4　　　　　　　　　　　　雨水管渠设计重现期　　　　　　　　　　单位：年

城镇类型　　　城区类型	中心城区	非中心城区	中心城区的重要地区	中心城区地下通道和下沉式广场等
超大城市和特大城市	3～5	2～3	5～10	30～50
大城市	2～5	2～3	5～10	20～30
中等城市和小城市	2～3	2～3	3～5	10～20

表 9 - 2 - 5　　　　　　　我国当前雨水管渠设计重现期与发达国家和地区的对比

国家（地区）	设计暴雨重现期
中国大陆	一般地区 1～3 年、重要地区 3～5 年、特别重要地区 10 年
中国香港	高度利用的农业用地 2～5 年；农村排水，包括开拓地项目的内部排水系统 10 年；城市排水支线系统 50 年
美国	居住区 2～15 年，一般取 10 年。商业和高价值地区 10～100 年
欧盟	农村地区 1 年、居民区 2 年、城市中心/工业区/商业区 5 年
英国	30 年
日本	3～10 年，10 年内应提高至 10～15 年
澳大利亚	高密度开发的办公、商业和工业区 20～50 年；其他地区以及住宅区为 10 年；较低密度的居民区和开放地区为 5 年
新加坡	一般管渠、次要排水设施、小河道 5 年一遇，新加坡河等主干河流 50～100 年一遇，机场、隧道等重要基础设施和地区 50 年一遇

第三节　排水管渠设计流量计算

伴随着我国城市化进程不断推进，城市防洪、排涝等问题已经越来越受到人们的重视。根据城市防洪与排涝特性，通常按照小汇水面积考虑，由于水利部门和市政部门侧重点不同，水利部门主要利用推理公式法和单位线法计算设计洪水，而市政部门主要利用室外排水设计的流量公式进行计算。因此，城市防洪、排涝工程在相同设计频率下，设计洪水的计算过程和结果具有较大的差异性。

一、设计暴雨计算

排水工程设计常用的数学模型一般由降雨模型、产流模型、江流模型、管网水动力模型等一系列模型组成，涵盖了排水系统的多个环节。

数学模型中用到的设计暴雨资料包括设计暴雨量和设计暴雨过程，即雨型。设计暴雨量可按城市暴雨强度公式计算，设计暴雨过程可按以下 3 种方法确定：

1. 设计雨量

在城市管渠排水系统设计雨量的推求，一般采用暴雨公式：

$$i = A(1 + C\lg T)/(t + B)^n (\text{mm/min}) \tag{9-3-1}$$

若重现期 T 已确定，则 $a = A(1 + C\lg T)$ 为一常数，则式（9-3-1）写成

$$i = a/(t + b)^n (\text{mm/min}) \tag{9-3-2}$$

式（9-3-2）与水利部门采用的雨强公式完全相同。因此可以推求得降雨历时为 t 的设计雨量为

$$P = at/(t + b)^n \tag{9-3-3}$$

根据资料长短，当自记雨量资料大于 10 年不足 20 年时，取样方法宜采用年多个样法，计算降雨历时采用 5min、10min、15min、20min、30min、45min、60min、90min、120min 共 9 个历时，计算降雨重现期宜按 0.25 年、0.33 年、0.5 年、1 年、2 年、3 年、5 年、10 年统计。当自记雨量资料大于 20 年时，取样方法采用年最大值法，计算降雨历时采用 5min、10min、15min、20min、30min、45min、60min、90min、120min、150min、180min 共 11 个历时，计算降雨重现期宜按 2 年、3 年、5 年、10 年、20 年、30 年、50 年、100 年统计。

2. 设计暴雨过程拟定

设计暴雨过程可按以下几种途径进行，

（1）典型分配：选用实际的暴雨过程作为典型，经同倍比或同频率放大后，得出设计过程。

（2）同频率分配法：按这一途径分配得出一个单峰暴雨过程，每一历时的雨量均满足设计频率，雨峰位置采用地区综合值。

（3）芝加哥降雨模型。根据自记雨量资料统计分析城市暴雨强度公式，同时采集雨峰位置系数，雨峰位置系数取值为降雨雨峰位置除以降雨总历时。

然后根据暴雨公式推导一个瞬时雨强公式，它以雨峰为坐标原点：

雨峰前：
$$I_1 = a[(1-n)(t_1/r) + b]/(t_1/r + b)^{n+1} \tag{9-3-4}$$

雨峰后：
$$I_2 = a[(1-n)t_1/(1-r) + b]/[(t_1/(1-r) + b]^{n+1} \tag{9-3-5}$$

上两式中　I_1、I_2——雨峰前 t_1 和雨峰后 t_2 时刻的瞬时雨强；

r——峰前历时与总降雨历时之比；

a、b、n——暴雨公式中的参数。

（4）当地水利部门推荐的降雨模型。采用当地水利部门推荐的设计降雨雨型资料，必要时需做适当修正，并提出超过 24h 的长历时降雨。

3. 设计净雨计算

排水工程设计常用的产流计算方法包括扣损法、径流系数法等。扣损法是参考径流形成的物理过程，扣除集水区蒸发、植被截留、低洼地面积蓄和土壤下渗等损失之后所形成径流过程的计算方法。降雨强度和下渗在地面径流的产生过程中具有决定性的作用，而低洼地面积蓄量和蒸发量一般较小，因此在城市暴雨计算中常常被忽略。当缺乏详细的土壤下渗系数等资料，或模拟城镇建筑较密集的地区时，可以将汇水面积划分成多个片区，采用径流系数法计算每个片区产生的径流，然后运用数学模型模拟地面漫流和雨水在管道的流动，以每个管段的最大峰值流量作为设计雨水量。

（1）城市地区产流计算的特点。城市管渠排水系统工程规模受洪峰控制，由于形成洪峰的水量主要来自地表径流，因此许多设计洪水计算方法注重地表径流计算，简单处理甚至忽略地下径流；城市下垫面不透水面积比例较大，下渗只能在透水面积上产生，由于城市排水系统设计标准不高，设计暴雨强度低，透水面积上产生的地表径流很小，地表径流主要产生于不透水面积。

（2）降雨损失的分项计算。霍顿曾用方程来表示植物截留量与降水量之间的关系：

$$IR = a + bP^n \tag{9-3-6}$$

式中　IR——植物截流量，mm；

P——降水量，mm；

a、b、n——参数，部分植物参数见表 9-3-1。

表 9-3-1　　　　　　　　　部分植物的霍顿截留公式参数

植物类别	a	b	h	植物类别	a	b	h
果园	1.0	0.18	1.0	白蜡树林	0.5	0.18	1.0
枫树林	1.0	0.18	1.0	橡树林	1.3	0.18	1.0
山毛榉林	1.0	0.18	1.0	铁杉林	1.3	1.01	0.5
柳水丛	0.5	0.41	1.0	松木林	1.3	1.01	0.5

填洼量一般采用经验性数据。例如，美国丹佛地区政府根据现有水文资料研究结果，编制了不同地面覆盖的填洼深度表（表 9-3-2）。

表 9-3-2　　　　　　　　　不同地面覆盖物的填洼量

地面覆盖物	填洼量/mm	建议采用量/mm	地面覆盖物	填洼量/mm	建议采用量/mm
大面积铺砌	1.3~3.8	2.5	草地	5.1~12.7	7.5
屋顶（平坦）	2.5~7.6	2.5	树林和耕地	5.1~15.2	10.0
屋顶（有坡度）	1.3~2.5	1.5			

（3）径流系数法。绝大部分城市排水缺乏实测下渗资料，无法推求出下渗曲线。

在城市排水区域，由设计暴雨推求净雨计算中，一般采用径流系数折算出径流总量。根

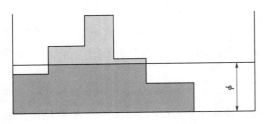

图 9-3-1　φ 指标扣损法

据设计暴雨总量 P，径流系数 α，可以求得地表径流总量 R 和降雨损失总量 I：

$$R = \alpha P \qquad (9-3-7)$$

$$I = (1 - \alpha) P \qquad (9-3-8)$$

采用均匀分配原则将损失量平均分摊到每一时段的降雨中，即 φ 指标扣损法，如图 9-3-1 所示。

第 i 时段地表净雨：

$$h_i = 0, \quad P_i \leqslant \varphi \qquad (9-3-9)$$

$$h_i = P_i - \varphi, \quad P_i > \varphi \qquad (9-3-10)$$

最终得出设计净雨过程 h_1，h_2，…，h_m。

【例 9-3-1】　已知某暴雨强度公式为 $i = 18(1 + 0.9 \lg T) / (t + 15)^{0.8}$，求 2 年一遇的设计暴雨过程。

解：计算过程如下。

(1) 取计算时段为 5min，由暴雨强度公式计算得 5，10，…，60min 共 12 个历时平均雨强 i，分别列入表 9-3-3 第 (1)、(2) 栏。

(2) 计算各历时降雨总量 $P = iT$，列入表 9-3-3 第 (3) 栏。

(3) 由表 9-3-3 第 (3) 栏中各相邻历时雨量之差推求时段雨量 $\Delta P_j = P_j - P_{j-1}$，$j = 1$，2，…，12。此时，$\Delta P_j$ 是按大至小排列，序号即为 j，j 与 ΔP_j 列入 (4) (5) 两栏。

(4) 查地区有关手册得暴雨综合参数 $r = 0.45$，由 $0.45 \times 12 = 5.4$ 可知，雨峰应位于第 6 时段，按单峰暴雨过程确定时段雨强大小序号 K，并按 K 的顺序位置，分配相应的时段雨量 ΔP_K，分列入表 9-3-3 第 (6) (7) 两栏。第 (7) 栏即为推求的设计暴雨过程。

表 9-3-3　　　　　　　　　　　同频率暴雨过程推求

t /min	i /(mm/min)	P /mm	j	P_j /mm	K	P_k /mm
(1)	(2)	(3)	(4)	(5)	(6)	(7)
5	2.08	10.4	1	10.4	10	1.7
10	1.74	17.4	2	7.0	8	2.1
15	1.51	22.6	3	5.2	6	2.8
20	1.33	26.6	4	4.0	4	4.0
25	1.20	29.9	5	3.3	2	7.0
30	1.09	32.7	6	2.8	1	10.4
35	1.00	35.0	7	2.3	3	5.2
40	0.93	37.1	8	2.1	5	3.3
45	0.86	38.9	9	1.8	7	2.3
50	0.81	40.6	10	1.7	9	1.8
55	0.76	42.0	11	1.5	11	1.5
60	0.72	43.4	12	1.3	12	1.3

二、排水管网设计流量计算

应用推理公式推求管道设计流量一直是最为广泛应用的方法。在排水管网设计中，管道尺寸大小主要是根据设计流量来确定的。我国目前采用恒定均匀流推理公式进行计算，恒定均匀流推理公式基于以下假设：降雨在整个汇水面积上的分布是均匀的；降雨强度在选定的降雨时段内均匀不变；汇水面积随集流时间增长的速度为常数，因此推理公式适用于较小规模排水系统的计算（汇水面积小于 $2km^2$）。管道设计流量的计算公式如下：

$$Q_s = i\Psi F \tag{9-3-11}$$

式中　Q_s——雨水设计流量，L/s；

　　　i——设计暴雨强度，$L/(s \cdot hm^2)$；

　　　Ψ——径流系数；

　　　F——汇水面积，hm^2。

注意：当有允许排入雨水管道的生产废水排入雨水管道时，应将其水量计算在内。

1. 径流系数 Ψ

公式中的径流系数与地面不透水性有很大关系，此外还与降雨特性、土壤含水量、地下水埋深等特性有关。因此，在选用径流系数时，必须视具体情况而定。《室外排水设计规范中》（GB 50014—2006）给出各种地面类型径流系数的一般取值范围，见表9-3-4；汇水面积的综合径流系数应根据实际地面种类的组成和比例，按地面种类加权平均计算，也可在核实地面种类的组成和比例的前提下，按表9-3-5取值。综合径流系数高于0.7的地区应采用渗透、调蓄等措施。

表 9-3-4　　　　　　　径　流　系　数

地　面　种　类	Ψ	地　面　种　类	Ψ
各种屋面、混凝土或沥青路面	0.85~0.95	干砌砖石或碎石路面	0.35~0.40
大块石铺砌路面或沥青表面各种的碎石路面	0.55~0.65	非铺砌土路面	0.25~0.35
级配碎石路面	0.40~0.50	公园或绿地	0.10~0.20

表 9-3-5　　　　　　　综　合　径　流　系　数

区域情况	Ψ	区域情况	Ψ
城镇建筑密集区	0.60~0.70	城镇建筑稀疏区	0.20~0.45
城镇建筑较密集区	0.45~0.60		

2. 设计暴雨强度

《室外排水设计规范》（GB 50014—2006）中设计暴雨强度计算公式如下：

$$i = \frac{167A(1+C\lg T)}{(t+b)^n} \tag{9-3-12}$$

式中　　　i——重现期为 T 年的历时为 t 的平均暴雨强度，$L/(s \cdot hm^2)$；

　　　　　t——降雨历时，min；

　　　　　T——设计重现期，年；

A、C、b、n——参数，根据统计方法进行计算确定，具有 20 年以上自动雨量记录的地区，排水系统设计暴雨强度公式应采用年最大值法。

前期已有学者研究过我国部分城市的暴雨公式参数，见表9-3-6，仅供参考。

表9-3-6 我国部分城市的暴雨公式参数

城市	A	b	C	n
北京	11.98	8	0.811	0.711
天津	22.95	17	0.85	0.85
石家庄	10.11	7	0.898	0.729
太原	5.27	4.6	0.86	0.62
包头	0.0596	5.4	0.985	0.85
哈尔滨	17.30	10	0.9	0.88
长春	9.581	5	0.8	0.76
吉林	12.97	7	0.68	0.831
沈阳	11.88	9	0.77	0.77
济南	28.14	17.5	0.753	0.898
南京	17.90	13.3	0.671	0.8
合肥	21.56	14	0.76	0.84
杭州	60.92	25	0.844	1.038
南昌	8.30	1.4	0.69	0.64

雨水管渠的降雨历时是由地面集水时间和管渠内雨水流行时间共通决定的，应按下式计算：

$$t = t_1 + t_2 \qquad\qquad (9-3-13)$$

式中 t——降雨历时，min；

t_1——地面集水时间，min，应根据汇水距离、地形坡度和地面种类计算确定，一般采用5~15min；

t_2——管渠内雨水流行时间，min。

2014年修订的《室外排水设计规范》（GB 50014—2006）就已去掉了原规范中降雨历时计算公式中的折减系数 m。

根据国内资料，地面集水时间采用的数据，大多不经计算，按经验确定。在地面平坦、地面种类接近、降雨强度相差不大的情况下，地面集水距离是决定集水时间长短的主要因素；地面集水距离的合理范围是50~150m，采用的集水时间为5~15min。国外常用的地面集水时间见表9-3-7。

表9-3-7 国外常用的地面集水时间

资料来源	工程情况	t_1/min
日本下水道设计指南	人口密度大的地区	5
	人口密度小的地区	10
	平均	7
	干线	5
	支线	7~10
美国土木工程学会	全部铺装，排水管道完备的密集地区	5
	地面坡度较小的发展区	10~15
	平坦的住宅区	20~30

三、排水管渠设计流量计算

排水管渠系统应根据城镇总体规划和建设情况统一布置，分期建设。排水管渠的流量，应按下式计算：

$$Q = Av \qquad (9-3-14)$$

式中 Q——设计流量，m^3/s；

A——水流有效断面面积，m^2；

V——流速，m/s。

排水管渠的水力计算根据流态可以分为恒定流和非恒定流两种，非恒定流计算条件下的排水管渠流速计算应根据具体数学模型确定；恒定流条件下排水管渠的流速，可按下式计算：

$$v = \frac{1}{n} R^{2/3} I^{1/2} \qquad (9-3-15)$$

式中 v——流速，m/s；

R——水力半径，m；

I——水力坡降；

n——粗糙系数。

式（9-3-15）中的粗糙系数可按表 9-3-8 选取。

表 9-3-8 排水管渠粗糙系数

管渠类别	粗糙系数 n	管渠类别	粗糙系数 n
UPVC管、PE管、玻璃钢管	0.009~0.011	浆砌砖渠道	0.015
石棉水泥管、钢管	0.012	浆砌块石渠道	0.017
陶土管、铸铁管	0.013	干砌块石渠道	0.020~0.025
混凝土管、钢筋混凝土管、水泥砂浆抹面渠道	0.013~0.014	土明渠（包括带草皮）	0.025~0.030

雨水管道和合流管道应按满流计算。排水明渠的最大及最小设计流速，应符合有关规定。

（1）当水流深度为 0.4~1.0m 时，宜按表 9-3-9 的规定取值。

表 9-3-9 明渠最大设计流速

明 渠 类 别	最大设计流速/(m/s)	明 渠 类 别	最大设计流速/(m/s)
粗砂或低塑性粉质黏土	0.8	干砌块石	2.0
粉质黏土	1.0	浆砌块石或浆砌砖	3.0
黏土	1.2	石灰岩和中砂岩	4.0
草皮护面	1.6	混凝土	4.0

（2）当水流深度 h 在 0.4~1.0m 范围以外时，表 9-3-9 所列最大设计流速宜乘以下列系数：

$$h < 0.4\text{m}：0.85；$$

$$1.0 < h < 2.0\text{m}：1.25；$$

$$h > 2.0m：1.40。$$

（3）排水管渠的最小设计流速，污水管道在设计充满度下为 0.6m/s，雨水管道和合流管道在满流时为 0.75m/s，明渠为 0.4m/s。

在下水道设计中采用推理公式方法时，管道设计是各自独立地采用推理公式计算洪峰流量的。因各节点的设计洪峰流量并非由同一设计暴雨所形成，各设计洪峰之间无直接的物理联系，仅仅是在计算集流时间 τ 时，要用到上游管道的汇流时间而已。这里值得说明的一点是，在各节点与设计管道相连的不只是一根管道，进入设计管道的流量不是一条路径，此时，应把径流流时最长的那条路径的水流时间作为设计管段的集流时间。计算流程见图 9-3-2。

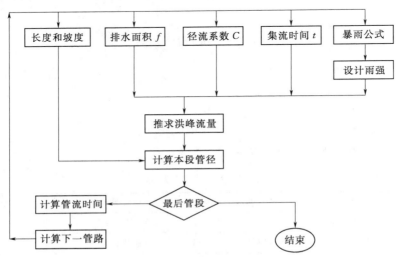

图 9-3-2　应用推理公式推求管道设计流量框图

【例 9-3-2】 北京市某区域需要铺设排水管网。管网上端 3 个管道，雨水井以及集水面积见图 9-3-3 和表 9-3-10。推求各管道两年一遇设计洪峰流量。

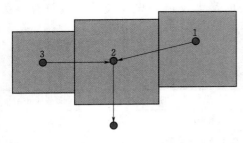

图 9-3-3　雨水井及集水面积示意图

解： 具体计算是自上游管道向下游管道逐段推求设计流量。先计算 1 号和 2 号管道设计流量、流速和管径。最后计算 3 号管道设计流量、流速和管径。

首先计算 1 号管道设计流量、流速和管径，计算过程及表 9-3-11 中各栏说明如下。

第（1）栏，管道编号，与管首雨水井编号相同。

第（2）栏，管道集水面积，它是管首雨水井集水面积以及上游入水管道排水面积之和。

$F_1 = 5.1hm^2$。

第（3）栏，管道排水面积的权重径流系数。

$$\sigma = \sum \alpha_i b_i$$

对应于各种下垫面情况的面积权重 b_i 在表 9-3-10 已给定。根据地面覆盖物情况由表

9-3-4和表9-3-5查得对应的径流系数 α_i，则可计算得

$$\sigma_1=0.55\times0.85+0.60\times0.15=0.558$$

第（4）栏，雨水井的地面汇流时间，这里采用机场排水公式计算。

表 9-3-10　　　　　　　　　　　排水区域与设计管道基本资料

| 编号 | 雨水井集水面积 f /hm² | 地面状况 | | 地面径流长度 L /m | 地面坡度 J | 管道长度 L_0 | 管道坡度 J_D |
		地面覆盖	百分比/%				
1	5.1	住宅区（$I=55\%$）	85	103	0.0104	109	0.0180
		商业区（$I=70\%$）	15				
2	2.9	住宅区（$I=40\%$）	80	62	0.0099	72	0.0086
		公园绿地	20				
3	6.3	住宅区（$I=60\%$）	40	119	0.0125	90	0.0210
		商业区（$I=80\%$）	60				

$$t_c=0.703(1.1-\alpha)L^{0.5}J^{-0.333}$$

$$t_{c1}=0.703(1.1-0.556)103^{0.5}\times0.104^{-0.333}=17.7(\text{min})$$

第（5）栏，各管道排水面积集流时间。第1、2号管道位于上游顶端，管道排水面积等于管首雨水井集水面积，集流时间

$$\tau_1=t_{c1}=17.7(\text{min})$$

第（6）栏，设计雨强。由《2014年最新全国各城市暴雨强度公式目录》查得北京市雨强公式相关参数，把 $T=2$ 年和 $t=\tau$ 代入

$$i=167\times11.98(1+0.811\lg2)/(\tau+8)^{0.711}$$

$$i=2489.1/(\tau+8)^{0.711}$$

$$i_1=2489.1/(17.7+8)^{0.711}=248(\text{L/s}\cdot\text{hm}^2)$$

第（7）栏，设计洪峰流量。

$$Q_{p_1}=0.558\times248\times5.1=706(\text{L/s})$$

第（8）栏，管道糙率。查给水排水手册，混凝土管糙率 $n=0.014$。

第（9）栏，计算出的设计管径，这里按满管重力流由曼宁公式计算

$$D=(3.2084nQ_p/J^{0.5})^{3/8}$$

$$D_1=(3.2084\times0.014\times0.706/0.018^{0.5})^{3/8}=0.582(\text{m})$$

第（10）栏，实际采用的管径。

第（11）栏，管道平均流速，按满管重力流由连续方程计算。

$$V=4Q_p/(D^2n\pi)$$

$$V_1=4\times0.706/(0.6^2\times3.14)=2.50(\text{m/s})$$

第（12）栏，设计流量的管流时间。

$$t_f=L_0/(60V)$$

$$t_{f1}=109/(60\times2.5)=0.73(\text{min})$$

2号管道计算与1号管道相同。

在上游的1、2号管道计算完毕后，才可推求第3号管道的设计值，说明如下：

第（1）栏，$NO_3=3$。

第（2）栏，$F_3=6.3+5.1+2.9=14.3(\text{hm}^2)$。

第（3）栏，$\alpha_3'=0.75\times0.60+0.60\times0.40=0.69$；

$\alpha_3=(0.69\times6.3+0.558\times5.1+0.43\times2.9)/14.3=0.59$。

第（4）栏，

$$t_{c3}=0.703\times(1.1-0.69)\times119^{0.5}\times0.0125-0.333=13.5(\text{min})$$

第（5）栏，管道3汇水路径有3条，第一条从管道1汇入，第二条从管道2汇入，第三条从本管首雨水井汇入，各管路流时为

路径1：$T_1=\tau_1=mt_{f1}=17.7+2\times0.73=19.2(\text{min})$

路径2：$T_2=\tau_2+mt_{f2}=17.2+2\times0.75=18.7(\text{min})$

路径3：$T_3=t_{c3}=13.5(\text{min})$

从3条路径中选择最大流时，作为管道3的集流时间，即

$$\tau_3=19.2\text{min}$$

第（6）栏，$i_3=2489.1(19.2+8)-0.711=238(\text{L/s}\cdot\text{hm}^2)$。

第（7）栏，$Q_{p3}=0.59\times238\times14.3=2008(\text{L/s})$。

第（8）栏，$n=0.014$。

第（9）栏，$D_3=(3.2084\times0.0014\times2.008/0.021^{0.5})^{3/8}=0.837(\text{m})$。

第（10）栏，$D_{n3}=900(\text{mm})$。

第（11）栏，$V_3=4\times2.008/(0.92\times3.14)=3.16(\text{m/s})$。

第（12）栏，$t_{f3}=90/(60\times3.16)=0.47(\text{min})$。

表9-3-11　北京市某区上游排水管道设计计算表

NO	F /hm^2	σ	t_c /min	τ /min	i_p /s^{-1}	Q_p	n	D /mm	D_n /mm	V /(m/s)	t_f /min
(1)	(2)	(3)	(4)	(5)	(6)	(7)	(8)	(9)	(10)	(11)	(12)
1	5.1	0.558	17.7	17.7	248	706	0.014	582	600	2.50	0.73
2	2.9	0.430	17.2	17.2	251	313	0.014	493	500	1.59	0.75
3	14.3	0.690	13.5	18.4	243	2050	0.014	844	900	3.22	0.47

习题与思考题

9-1　试分析城市化对流域洪水径流的影响。

9-2　工程设计时，如何确定城市防洪工程标准、排涝工程以及排水工程的标准？

9-3　排水管渠设计流量计算的思路是什么？

第十章 可能最大暴雨与可能最大洪水

重要工程的安全需要极为稀遇的设计洪水，但实测水文资料远不能满足推算这样稀遇洪水的要求。尽管我国洪水调查遍及全国，但利用洪水调查资料得出的历史洪水数据，外延频率曲线推求的稀遇洪水仍不可靠。

就水文计算中通常采用的期望值公式而论，历史洪水的考证期 N 是根据人的记忆、传说、碑记、史志、档案等定出的，一般不过几百年。由于历史资料往往对于历史暴雨洪水特性缺乏比较可靠的定量记载，历史洪水的量级和重现期的确定是很困难的。因此，即使有历史洪水或特大洪水，但因其频率不易确定，所选配或外延的洪水频率曲线仍然是不可靠的。

从目前的水文计算方法看来，洪水频率计算的根本问题是资料过短、代表性不足、难于得到设计需要的稀遇洪水。解决问题的关键在于寻求更多更久的大洪水资料，把外延变为内插。

本章介绍通过可能最大暴雨、可能最大洪水分析计算途径推求设计洪水的方法。

水文学中推求设计洪水大多采用洪水峰量频率计算，其计算成果的可信程度是与所用资料的代表性密切相关的，而资料的代表性又主要受到资料系列长短的制约。我国 96％的水文测站都是解放后设立的，资料系列长度过短。重要水利工程，如长江三峡、黄河小浪底等都需要千年设计、万年校核洪水，而设计洪水年最大值取样法每年的实测值才提供一个最大值。

第一节 概   述

重要水利水电工程的规划与设计常常需要估计可能发生的最大洪水。例如，人口密集地区的河流上游水库的保坝洪水计算、核电站站址选定及不能淹没的设施等，都需要研究这种上限洪水，并通称为可能最大洪水（Probable Maximum Flood，简称 PMF）。相应于可能最大洪水的降水量称为可能最大降水（Probable Maximum Precipitation，简称 PMP）。

PMP 的定义为：在现代气候条件下，一年的某一时期，特定设计流域上一定历时内，物理上可能发生的近似上限降水称为可能最大降水（包含降水总量及其时空分布）。这种降水量是对于特定地理位置，给定暴雨面积，在一年中某一时期是可能发生的。从定义中可以看出，降水上限是对一定的气候、一年中的某一时期、一定的历时而言的。因为气候是在变迁着的，不同的历史时期，气候条件不同，降水的上限也会不同。我们推求上限降水的目的是为了进行现时的工程设计，故强调是在现代气候条件下。一年中的不同时期，如梅雨期、台风期或者某些流域的春汛期都有各自不同的 PMP，因此强调是一年中的某一时期。

一、PMP 的推求

PMP 包含降水总量及其时空分布，而不只是一个降水总量。水文气象法推求 PMP 的过程就是将暴雨模式加以极大化的过程，其求解基本思路为：拟定暴雨模式—极大化（水汽、动力因子）—PMP。

王国安先生曾提出，PMP 的求解思路与数理统计法推求设计洪水的基本思路很相似，数理统计法求解设计洪水的基本思路为：选择典型洪水—放大（洪峰、洪量）—设计洪水。

（一）暴雨模式选择

暴雨模式相当于典型暴雨，可分为实际模式和推理模式两大类。

1. 实际模式

（1）暴雨资料较为充分，可从中选出一场时空分布较为严重的特大暴雨作为选定的暴雨模式，称为当地模式。

（2）设计流域缺乏较为严重的特大暴雨，则可以将邻近流域历史特大暴雨搬移过来并做必要的修正，作为暴雨模式，称为移置模式。

（3）若设计流域缺乏较为严重的特大暴雨，也可以将两场或两场以上的暴雨，按天气气候学的原理，合理地衔接起来作为暴雨模式，称为组合模式。

2. 推理模式

推理模式是能够反映设计流域特大暴雨主要特征的理想模式，这种模式是把天气系统的三度空间结构进行适当的概化，从而使得影响降水的主要物理参数，能够用一个暴雨物理方程表示出来。根据流场形势的不同，主要有辐合模式和层流模式等。

（二）极大化

极大化就是将影响降水的主要因子（如水汽因子和动力因子）加以放大。目前的放大方法可概括为两大类。

（1）成因分析法结合统计方法，以探求水汽动力因子的近似物理上限或最大值，并加以可能的组合来放大。

（2）用动力气象学理论，如能量平衡原理来放大。

二、PMF 的推求

有了 PMP 的时空分布之后，就可着手研究 PMF 了。主要有两种途径。

（1）按照常规方法，PMP 发生之后，进行产汇流计算。具体方法可参考本书第七章、第八章。

（2）采用流域模型法，如新安江模型，将降水、蒸发、水汽等流域参数输入模型，进行PMF 计算。

第二节　可降水量的估算

本书第二章第三节已经介绍了湿度、水汽压、比湿、露点等概念，在此基础上，对可降水量的概念及其计算进行说明。

一、可降水

所谓可降水（Precipitable Water）就是垂直空气柱中的全部水汽在气柱底面上凝结后所相当的水深，以 mm 计。可降水是表示大气中水汽含量的一种表达方式。可降水是气柱水当量的通用提法。

设空气柱中的水汽质量为 m，空气柱的高度为 z，空气柱中的水汽密度为 $\rho_\text{水}$，空气柱中的空气（包括干空气和水汽）密度为 $\rho_{湿空气}$，可降水量为 W，对于高度为 $\mathrm{d}Z$、底面积为 $A=1\mathrm{cm}^2$ 的空气块而言，其水汽质量为

$$\mathrm{d}m=\rho_{汽}\,\mathrm{d}z \tag{10-2-1}$$

当单位面积空气柱中的水汽全部凝结为水时，其水柱深度 $\mathrm{d}w$，则由质量守恒可得

$$\rho_{汽}\,\mathrm{d}z=\rho_{水}\,\mathrm{d}w \tag{10-2-2}$$

式中　$\rho_{水}$——水的密度，$\mathrm{g/cm}^3$。

由此，得

$$\mathrm{d}w=\frac{\rho_{汽}}{\rho_{水}}\mathrm{d}z \tag{10-2-3}$$

则单位面积的空气柱中的可降水量可由式（10-2-3）积分得到

$$W=\int_{z_0}^{z}\mathrm{d}w=\int_{z_0}^{z}\frac{\rho_{汽}}{\rho_{水}}\mathrm{d}z \tag{10-2-4}$$

又根据空气动力学方程，单位面积上 $\mathrm{d}z$ 厚度的空气重量即空气压力 $\mathrm{d}P$ 为

$$\mathrm{d}P=-\rho_{湿}\,g\mathrm{d}z \tag{10-2-5}$$

则

$$\mathrm{d}z=-\frac{\mathrm{d}P}{\rho_{湿空气}g} \tag{10-2-6}$$

将式（10-2-6）代入式（10-2-4）中，得

$$W=-\frac{1}{\rho_{水}\,g}\int_{P_0}^{P_z}\frac{\rho_{汽}}{\rho_{湿空气}}\mathrm{d}P=\frac{1}{\rho_{水}\,g}\int_{P_z}^{P_0}q\,\mathrm{d}P \tag{10-2-7}$$

式中　q——比湿，$q=\dfrac{\rho_{汽}}{\rho_{湿空气}}$，$\mathrm{g/kg}$。

若取水的密度为 $1\mathrm{g/cm}^3$，重力加速度 $g=980\mathrm{cm/s}^2$，比湿以 $\mathrm{g/kg}$ 计，气压 P 以 hPa 计，则

$$W=0.0102\int_{P_z}^{P_0}q\,\mathrm{d}P\approx0.01\int_{P_z}^{P_0}q\,\mathrm{d}P \tag{10-2-8}$$

二、可降水的推求

在水文气象学上推求可降水的方法，一般有以下两种。

1. 按高空探测资料计算

属于直接计算的方法，如果比湿 q 随高度及气压 P 的变化可由探空或其他观测获取，则可根据公式计算出可降水量。在应用中，从底部向上垂向分层，分别计算各层的可降水，然后叠加，即将公式（10-2-8）变为有限差的形式：

$$W=0.01\sum_{i=1}^{n}\overline{q}\Delta P \tag{10-2-9}$$

式中　$\overline{q}=\dfrac{1}{2}(q_i+q_{i+1})$；

ΔP——p_i-p_{i+1}；

i——第 i 个分层。

【例 10-2-1】 已知某区域探空资料见表 10-2-1，表中（1）～（3）栏为实测资料，试计算该地区可降水量。

解：

第（4）栏的气压差为第（2）栏中相邻两层的气压之差 $\Delta P=p_i-p_{i+1}$；

第（5）栏的平均比湿，为第（3）栏中相邻两层的比湿平均值；

第（6）栏的 ΔW 为第（4）栏与第（5）栏的乘积；最后求和的 51.09mm 即为可降水量。

表 10-2-1   某 区 域 探 空 资 料 表

层数 i	气压 P/hPa	比湿/(g/kg)	气压差 P/hPa	平均比湿/(g/kg)	ΔW/mm
（1）	（2）	（3）	（4）	（5）	（6）
1	1005	14.2			
2	850	12.4	155	13.3	20.62
3	750	9.5	100	10.95	10.95
4	700	7	50	8.25	4.13
5	620	6.3	80	6.65	5.32
6	600	5.6	20	5.95	1.19
7	500	3.8	100	4.7	4.70
8	400	1.7	100	2.75	2.75
9	250	0.2	150	0.95	1.43
求和					51.09

2. 按地面露点计算

由于高空观测站一般比较稀少，观测年限也不长，大暴雨时利用雷达观测的资料更少，而历史特大暴雨往往没有这种观测。因此，常用地面露点来推求可降水。地面露点观测方便，测站较密，观测年限也较长。

利用地面露点来推求可降水，基于以下假定：从地面到高空，空气柱内各层空气呈饱和状态而且各层均假绝热。

比湿 q、露点（t_d）、气压 P 具有下列关系：

$$q = \frac{3800}{P} \times 10^{\frac{7.45t_d}{235+t_d}} \qquad (10-2-10)$$

将其带入式（10-2-7），得

$$W = -\frac{1}{\rho_水 \, g} \int_{P_0}^{P_z} 3800 \times 10^{\frac{7.45t_d}{235+t_d}} \frac{dP}{P} \qquad (10-2-11)$$

可以看出，可降水量是露点与气压的函数，只要知道地面露点 t_{d,P_0} 的数值，就可以用数值积分的方法求出地面至某一层面的可降水量。按这个原理，可以制成可降水量查算表，自海平面至气压 P 之间的可降水量查算表见本书附录中的附表6，自海平面至高度 Z 的可降水量查算表见本书附录中的附表7。

利用地面露点推求可降水，一般是把不同高程测站的露点按假湿绝热过程换算至1000hPa 等压面来进行。这样一方面是便于比较，另一方面是便于查表。

【例 10-2-2】 已知 $P_0 = 1000$hPa 高空露点为 20℃，求地面至 $Z=600$m 处的可降水量 W。

解： 可以查附录中的附录7，600m 所对行中 20℃所对应的数值为 10mm，因此

$$W_0^{600}(t_{d,P_0=1000hPa} = 20℃) = 10(mm)$$

【例 10 - 2 - 3】　已知 $P_0=1000\text{hPa}$ 高空露点为 25.5℃，求地面至 10000m 高空整个空气柱的可降水量。

解：先分别求 $t_{\text{d},P_0}=25℃$ 和 $t_{\text{d},P_0}=26℃$ 时的 0～10000m 的可降水量，查附录中的附录 7：

$$W_0^{10000}(t_{\text{d},P_0}=25℃)=80\text{mm}；W_0^{10000}(t_{\text{d},P_0}=26℃)=87（\text{mm}）$$

$$W_0^{10000}(t_{\text{d},P_0}=25.5℃)=(80+87)/2=83.5（\text{mm}）$$

附录中的附表 6 和附表 7 也可以查算自任一地面高程（任一气压值）至顶层（一般算至 10000m）之间的可降水量，其具体步骤如下。

Step 1：在温度对数压力图（见图 10 - 2 - 1）上将地面（Z_0）露点值换算到海平面（$Z=0$ 或 $P_0=1000\text{hPa}$）露点值；

Step 2：利用可降水量查算表按下式计算其可降水量：

$$W_{Z_0}^Z(t_{\text{d},Z_0})=W^Z(t_{\text{d},P_0})-W^{Z_0}(t_{\text{d},P_0})$$

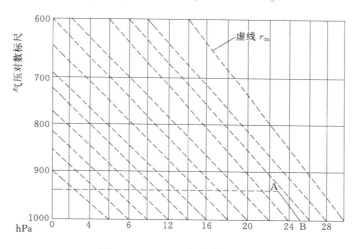

图 10 - 2 - 1　温度对数压力图

【例 10 - 2 - 4】　某测站地面高程 $P_0=960\text{hPa}$（相当于 $Z_0=400\text{m}$），地面露点 $t_{\text{d},Z_0}=23.6℃$，求地面至水汽顶层间的可降水量 $W_{Z_0}^Z(t_{\text{d},Z_0})$。

解：Step 1：在图上由坐标（23.6℃，960hPa）找到点 A，过点 A 沿假绝热线（斜线），入无斜线则做邻近斜线的平行线，向下至横轴上（$Z=0$，$P=1000\text{hPa}$）处得点 B，读出点 B 的温度值，即为 960hPa 高空换算到地面的露点。

Step 2：查附录中的附表 7，得

$$W_{400}^{10000}(t_{\text{d},400}=23.6℃)=W_0^{10000}(t_{\text{d},0}=25℃)-W^{400}(t_{\text{d},0}=25℃)=80-9=71（\text{mm}）$$

【例 10 - 2 - 5】　某测站高程为 1000m，露点为 22℃，要求换算到 1000hPa 的露点。

解：Step 1：可先在图中 1000m 高度线对应的 22℃ 温度线的交点出发，沿假绝热线（斜线）下降在横轴上读得 26℃，即是 1000m 高度换算到 1000hPa 等压面的露点。

Step 2：查附录中的附表 7，得

$$W_{1000}^{10000}(t_{\text{d},400}=22℃)=W_0^{10000}(t_{\text{d},0}=26℃)-W^{1000}(t_{\text{d},0}=26℃)=87-22=65（\text{mm}）$$

第三节　可能最大降水的估算方法

暴雨形成过程的重要因素包括充沛的水汽及其通量辐合，强烈而持久的上升运动和位势不稳定能量的释放与再生等，这些总称为暴雨机制（动力条件）。辐合上升运动的数值及其上限是不能直接观测的，因而计算 PMP 时，不得不以实测特大暴雨作为大气中辐合及垂直运动的经验性指标，再将这种实测暴雨加以放大。当设计地区特大暴雨资料不足时，可以移用邻近地区的特大暴雨资料，称为暴雨移置，最后将本地区和移置的暴雨加以放大。

一、当地模式法

若设计流域具有时空分布较为严重的大暴雨资料，则可以从中选出一场特大暴雨来作为典型，然后予以适当放大，最终求得 PMP，该方法称为当地模式法，当地模式法在具体放大的过程中，根据所选典型暴雨的特点，又有水汽放大、水汽效率放大、水汽风速及水汽输送效率放大、水汽净输送量放大等多种方法，下面作简要说明。

1. 水汽放大

若所选定的典型暴雨属于高效暴雨，即效率已达到足够大，则可以采用水汽放大法。

水汽因子通常是用可降水来表示。可降水可通过地面露点来推求，放大公式如下：

$$P_{\mathrm{m}} = \frac{W_{\mathrm{m}}}{W_{\mathrm{典}}} P_{\mathrm{典}} \tag{10-3-1}$$

式中　$P_{\mathrm{典}}$、P_{m}——典型暴雨及可能最大暴雨的雨量值，mm；

$W_{\mathrm{典}}$、W_{m}——典型暴雨及可能最大暴雨的可降水值，mm。

式（10-3-1）是用实测特大暴雨推求 PMP 的最基本公式，若想算得 PMP，需首选获取典型暴雨的雨量值、可降水量及可能最大暴雨的可降水量。其中典型暴雨的雨量值是实测值，典型暴雨的可降水和可能最大暴雨的可降水可由相应露点查算得到。

2. 水汽效率放大

如实测暴雨还达不到高效时，推求可能最大暴雨可采用水汽效率放大法，即：

$$P_{\mathrm{m}} = \frac{\eta_{\mathrm{m}} W_{\mathrm{m}}}{\eta W_{\mathrm{典}}} P_{\mathrm{典}} = \left(\frac{\eta_{\mathrm{m}}}{\eta}\right)\left(\frac{W_{\mathrm{m}}}{W_{\mathrm{典}}}\right) P_{\mathrm{典}} \tag{10-3-2}$$

$$\eta = i/W \tag{10-3-3}$$

式中　η_{m}、η——可能最大暴雨的效率及典型暴雨的效率，%；

i——降雨强度，mm/h。

3. 水汽风速及水汽输送率放大

$$P_{\mathrm{m}} = \left(\frac{V_{\mathrm{m}}}{V}\right)\left(\frac{W_{\mathrm{m}}}{W_{\mathrm{典}}}\right) P_{\mathrm{典}} \tag{10-3-4}$$

式中：V_{m}、V——可能最大暴雨的风速及典型暴雨的风速，m/s。

4. 水汽净输送量放大

$$P_{\mathrm{m}} = \frac{F_{\mathrm{wm}}}{F_{\mathrm{w}}} P_{\mathrm{典}} \tag{10-3-5}$$

式中　F_{wm}、F_{w}——可能最大暴雨和典型暴雨的水汽净输送量，mm。

5. 公式中代表性露点的确定

（1）典型暴雨代表性露点的确定。一场暴雨的代表性可降水量，可以由某一或某些地点、在特定时间的地面露点来反映，这个地面露点称为代表性露点。因此暴雨代表性露点的选择包括地点选择和时间选择两方面。

选定代表性露点的方法如下：

1）在地点选择上，为避免单站的偶然误差和局地因素，一般在大雨区边缘水汽入流方向一侧，选取几个（一般取 4～5 个）测站，作为暴雨期间的地面代表性测站。图 10-3-1 为雨区代表性露点的选取图，框起来的即为选取的测站（A、B、C、D、E）观测值。

2）每个测站的地面露点的选取包括雨量最大 24h 及其之前的 24h 共计 48h，选取其中持续 12h（或 24h）最高的地面露点，作为该站的代表性露点。代表性露点的选取可参见表 10-3-1。

表 10-3-1　　　　　　　　　　　代表性露点的选取

时间/（月·日·时）	8.2.0	8.2.06	8.2.12	8.2.18	8.3.0	8.3.06	8.3.12	8.3.18	8.4.0
实测露点/℃	22	22	23	24	26	24	20	21	21
持续 6h 露点/℃		22	22	23	24	24	20	20	21
持续 12h 露点/℃			22	22	23	24	20	20	20
代表性露点/℃					24				

3）取各地面站代表性露点的平均值，作为该场暴雨的地面代表性露点，见图 10-3-1。

我国可降水量的最大值见图 10-3-2。水汽放大值一般在 1.10～1.50。

（2）可能最大代表性地面露点的选定。

1）按历史最大代表性地面露点确定。取历年露点最大值作为可能最大露点，这是确定可能最大露点的最主要的一种方法。

当地区测站地面露点资料足够长（大于 30 年）时，则分月选用历年中最大的持续 12 小时地面代表性露点，进而求得全年的可能最大露点。需要注意的是，在选取时应排除晴好天气下露点很高的资料，只选用雨日的露点资料。

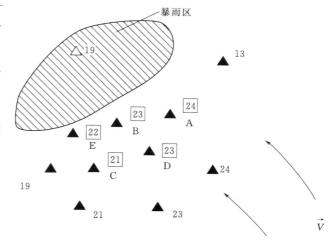

图 10-3-1　雨区代表性露点选取图

2）按频率计算确定。一般认为 50～100 年一遇的露点与长系列的最高露点接近，按中国现行规范规定，可取 50 年一遇的数值。当计算地区测站面露点资料较短（小于 30 年）时，则分月进行频率计算，一般取 $P=2\%$ 的露点值作为该站某月的可能最大露点值，再选取各月中的最大者，作为全年的可能最大露点值。

3）按地理分布确定。如设计流域和其邻近地区有足够的资料，可以对其进行分析，绘

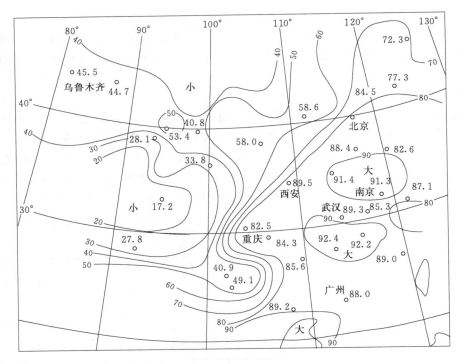

图 10-3-2　中国最大可降水分布图

出最大露点的等值线图，然后由图上的相应地点确定设计地点的可能最大露点。

4）按最高海温控制确定。形成暴雨的暖湿气团多来自广阔的海洋，此种情况，同一时期海洋表层的最高水温即认为是地面露点的物理上限。

二、移置模式

若设计流域缺少时空分布较恶劣的特大暴雨资料，则可以将气象一致区的实测特大暴雨搬移过来，加以必要的改正，作为暴雨模式，然后再进行适当放大，以求得 PMP，该方法称为移置模式法。

若设计流域的实测资料中已有特大暴雨，但对拟建工程而言，其空间分布的恶劣程度还不够严重，则可以将它的等雨量线图适当进行移动，把暴雨中心放在可能最危险的位置上，进而推求 PMP，这也属于移置模式的范畴。

暴雨移置的基本假定是：设计地区和移置地区在地理、地形条件以及暴雨的天气成因上是相似的。

1. 移置的适用条件

移置模式的适用条件有两个：

（1）设计流域缺少足够的时空分布较恶劣的特大暴雨资料。

（2）移置区与设计流域为气象一致区。

也就是说，只能在地形相差不远的情况下，例如同为非山岳地区或者地形相近的山区，才允许移置。

天气条件及地形特征相类似的区域称为一致区，在此区内的暴雨可以互相移置。但当水汽自源地向暴雨区输送时，如遇山脉横阻，就可使输入的可降水量减少。经验证明，障碍每增高30m约使可降水量减少1%，这称为削减。基于许多事实，高山大岭往往是一致区的边界。暴雨不能越过边界移置，同时也不宜在暴雨发生地区与设计地区高差过大的情况下进行移置。具体来说，应当避免落雨区与设计流域高差大于1000m作暴雨移置，我国习惯上以1000m为限，世界气象组织的文献则认为"一般要避免高程大于700m的移置"。

2. 移置的具体步骤

（1）查明拟移置暴雨发生的时间、地点及其天气成因。

（2）由天气条件初步拟定一致区。

（3）考虑地形、地理条件的限制，确定移置界限。

（4）进行移置改正与调整。

3. 移置改正

移置改正是对设计流域和暴雨原地由于区域的几何形状、地理、地形等条件的差异而造成的降雨量的改变作定量的估算。也就是说移置改正，一般包括流域形状改正、地理改正和地形改正3项，其中地理改正只考虑水汽改正，地形改正包括水汽改正和动力改正两方面。流域形状改正是任何暴雨移置首先需要进行的改正。

（1）地理改正。地理改正又称为位移水汽改正，此为不考虑高程差异，仅考虑位移距离，即因地理位置上差异而造成水汽条件不同所作的改正。这种改正可以按照设计流域和暴雨原地的最大露点来进行，其计算公式为

$$P_2 = \frac{(W_2)_{Z_A}}{(W_1)_{Z_A}} P_1 \qquad (10-3-6)$$

式中　P_1、P_2——移置前和移置后的暴雨；

　　　W_1、W_2——移置前和移置后的最大可降水；

　　　Z_A——移动区的高程。

移置时假定暴雨的机制不变，因而只作地区水汽不同的调整。

（2）地形改正。地形对降水的影响是相当复杂的，高程增加引起可降水的减少，迎风坡气流抬升，冷却引起降水量的增加，背风坡则不利于降水的生成，同时地形还会对天气系统的发展与移动产生影响。此处的地形改正主要考虑水汽改正和动力改正两方面。

地形对水汽的改正考虑障碍改正和高程改正两种。障碍改正是指设计地区在水汽入流方向受到山脉阻挡使入流水汽减少而作的改正，高程改正是由于移置后两个地区的地面高程不同使水汽变化而作的改正。需要注意的是，这两种改正只能取其一种，当遇到既有障碍改正又有高程改正的时候，应根据水汽输送情况和地理、地形条件进行分析，选其影响较大者。

这里假定水汽障碍并不改变暴雨系统的结构，仅截断迎风侧面的一段气柱中的可降水。因此，水汽障碍对设计流域的可降水减小量就等于相应障碍高度的那段气柱中的可降水量。所以，障碍改正和高程改正公式的基本原理和计算公式是相同的，调整公式如下：

$$P_2 = \frac{(W_2)_{Z_B}}{(W_2)_{Z_A}} P_1 \qquad (10-3-7)$$

$$(W_2)_{Z_B} = (W_2)_{Z_A} - \Delta W \qquad (10-3-8)$$

式中　$(W_2)_{Z_B}$、$(W_2)_{Z_A}$、ΔW——设计流域相应于气柱高度 H_A、H_B 和 ΔH 的可降水；

　　　Z_B——设计流域的高程。

在暴雨移置过程中，往往是既有较大的水平位移，又有高程的差异，此时两种改正可同

时进行：

$$P_2 = \frac{(W_2)_{Z_A}}{(W_1)_{Z_A}} \times \frac{(W_2)_{Z_B}}{(W_2)_{Z_A}} P_1 = \frac{(W_2)_{Z_B}}{(W_1)_{Z_A}} P_1 \qquad (10-3-9)$$

【例 10-3-1】 设图 10-3-3 中的暴雨可移置于设计流域。暴雨原地的平均高程为

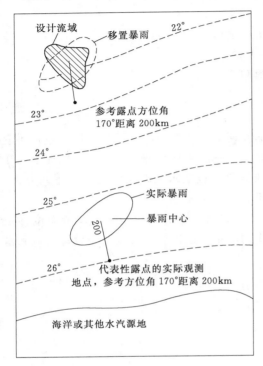

图 10-3-3　暴雨移置示意图
（长虚线为最大露点等值线）

300m，水汽入流方向或南面流域边缘的平均高程为 700m，中间无地形障碍。在高程为 300m、距暴雨中心 200km、方位角为 170° 的一地点观测得到代表性 12h 持续露点为 23℃，如想将图 10-3-3 中暴雨移置到 1000hPa 水平面上，露点为 24℃ 的设计流域，试推求其移置系数。

解： 水汽放大及障碍调整系数计算如下：

$$\begin{aligned}
P_2 &= \frac{(W_2)_{Z_A}}{(W_1)_{Z_A}} \frac{(W_2)_{Z_B}}{(W_2)_{Z_A}} P_1 = \frac{(W_2)_{Z_B}}{(W_1)_{Z_A}} P_1 \\
&= \frac{W_{700}^{10000}(t_{d,0}=23℃)}{W_{300}^{10000}(t_{d,0}=24℃)} P_1 \\
&= \frac{67-13}{74-6} P_1 = 0.79 P_1
\end{aligned}$$

如有一条巨大的水汽入流障碍，设其高程为 1000m，横亘于暴雨落区与移置流域之间，应以 $W_{1000}^{10000}(t_d=23℃)$ 代替 $W_{700}^{10000}(t_d=23℃)$，系数变为 $(67-18)/(74-6)=0.72$。

三、组合模式

暴雨组合法常常用于推求长历时的 PMP。此外，当设计流域内缺乏特大暴雨资料时，也可以将两场以上的暴雨，按天气气候原理合理地组合起来，构成一个新的理想特大暴雨序列，再选择其中的典型暴雨进行放大，从而推出可能最大暴雨。该法主要适于流域面积大，设计洪水历时长的工程。

将两场或两场以上的暴雨，按天气气候学的原理，合理地组合在一起，构成一个新的理想特大暴雨序列，以其作为典型暴雨来推求 PMP 的方法称之为组合模式。组合方式一般是从时间上进行组合，必要时也可以从空间上进行组合，或从时间和空间上均进行组合。

（一）暴雨时间组合

所谓从时间上组合，即将两场或两场以上的暴雨的雨量过程合理地衔接起来。衔接时要注意保持一个合理的时距，以便使前一个天气过程演变为后一过程。

（二）暴雨空间组合

所谓从空间上组合，即将两场或两场以上的等雨深线图合理地拼联（或重叠）在一起，拼联（或重叠）时要注意使暴雨中心保持一个合理的距离，以便使两个或两个以上的暴雨天气过程有可能在设计地区同时或错一定时间发生。这种组合所用的组合单元，可以是本流域实测的，也可以是移置过来的。

（三）组合模式放大

组合模式本身不仅延长了典型暴雨的时间，同时也增加了典型暴雨的雨量，这在某种意

义上说已经是一种放大，故在作气象因子极大化时应慎重。

组合模式的极大化方法与当地模式相同，具体是否将组合模式进一步放大，要看典型暴雨本身的严重性和组合结果的恶劣程度，具体采用何种方法放大，应视流域情况和资料条件而定。

四、PMP 的其他估算方法

（一）经验公式法

经验公式法就是根据一定地区的实测特大暴雨记录所建立的一定形式的经验方程式来估算 PMP。

1. 按世界实测最大点雨量点绘外包线的经验公式

$$P = 421.6t^{0.475} \tag{10-3-10}$$

式中　　P——降水量，mm；

　　　　t——降水历时，h。

2. 考虑降水历时和面积的经验公式

$$P = \sqrt{t}\left(a + \frac{b}{c + \sqrt{F}}\right) \tag{10-3-11}$$

式中　　F——暴雨笼罩面积，km²；

　a、b、c——经验系数。

3. 考虑水汽因子和动力因子的经验公式

$$P = (a + bT_d)(c + dV^2) \tag{10-3-12}$$

式中　　T_d——地面露点，℃；

　　　　V——代表站的风速，m/s；

　a、b、c——经验系数。

（二）统计估算法

统计估算法是美国学者 D. M. 赫希菲尔德于 20 世纪 60 年代初期提出的，是根据实际雨量资料计算出一个统计量 K_m 以用于估算 PMP 的方法。目前这种方法在许多国家广泛运用。我国在 1975 年以后也开始采用该方法，并对此方法进行了很多改进。下面介绍目前我国的一般用法。

D. M. 赫希菲尔德定义的 K_m，其表达式为

$$K_m = \frac{X_m - \overline{X}_{n-1}}{\sigma_{n-1}} \tag{10-3-13}$$

式中　　X_m——实测系列中的首项，即特大值；

　　　　$\overline{X}_{n-1}$——去掉特大值的平均值；

　　　　σ_{n-1}——去掉特大值的均方差。

中国对赫希菲尔德的方法有不同的看法，因此引进之后作了相应修正和改造。用离均系数取代原方法中的 K_m，遇到特大值时，还要对其重现期进行适当处理。这样意义更为明确，作法上更符合中国的习惯。

$$\Phi_m = \frac{X_m - \overline{X}_n}{x_n C_{vn}} \tag{10-3-14}$$

式中　　C_{vn}——包括特大值在内的 n 年系列的变差系数。

西北地区和湖北省等地区在进行 PMP 编图时均采用了上述概念，也就是采用下式推

求 PMP:

$$P_m = \bar{x}_n(1 + \Phi_{mn}C_{vn}) \tag{10-3-15}$$

式中　Φ_{mn}——Φ_m 的外包值，使用时是作为可能最大利差数看待。

（三）等值线图法

20 世纪 80 年代，为满足全国中小型水库保坝洪水设计的需要，我国在水电部和中央气象局的组织下编制了"中国可能最大 24 小时点雨量等值线图"。

美国在东部非山岳地区已制有 6、12、24、72h 各处面积的 PMP 等值线图，设计者只需查读设计流域中心处的数值便可绘制如图 10-3-4 所示的 PMP 时面深曲线图。我国目前还只有 24h 点 PMP 等值线图。

（四）时面深概化法

暴雨放大、移置、外包是美国用以估算 PMP 的一整套方法，我国一般简称为时面深概化法。世界气象组织 1973 年和 1986 年两次出版的 PMP 估算手册均对该方法进行了介绍，我国从 1987 年开始试用。

实测和移置而来的暴雨时面深关系一般不会在各种历时和各雨面上的雨量都是最大的，还需要将可移暴雨的时面深关系加以综合并取最大值，这就是所谓外包时面深关系曲线（图10-3-4）。

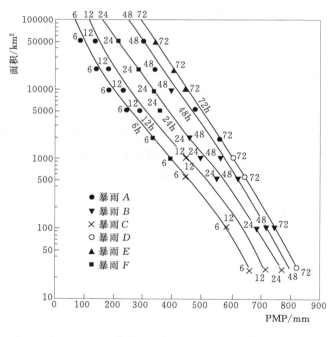

图 10-3-4　PMP 时面深曲线

PMP 的时面深曲线图所表示的只是设计流域所在地区各种雨面的平均雨深，而不是设计流域的面平均雨深，要推求设计流域的可能最大洪水（PMF）还须解决下列问题。

（1）须将地区的 PMP 雨量转换为设计流域的面平均雨量，而且这种平均雨量必须是最大的。

（2）必须将流域面平均雨量的时空分布和前期雨量定出，以便推求设计流域的 PMF。

五、可能最大降水的空间分布

流域所在的可能最大降水的空间分布必将影响可能最大洪水，水文上常用等雨量线图表示一场暴雨的空间分布，等雨量线图包括两个方面：一是它的形状，二是它的方位。确定 PMP 面分布的方法，一般有典型年法、综合概化法。

1. 典型年法

典型年法是从实测资料中选出有代表性的大暴雨，将其面分布作为 PMP 的面分布。用典型年法来确定 PMP 的时程分布和面分布。一般都选用同一个典型年。因此，在选择典型时，既要考虑时程分布的原则要求，又要照顾面分布的原则要求。

选取典型年的原则：

（1）所选典型应是实测资料中位居前几位的特大暴雨。

（2）所选典型的天气成因应与 PMP 的天气成因一致。

（3）所选典型的主要雨区应位于产汇流条件较好的地区，这样形成的洪峰和洪量都比较大，对工程防洪最为不利。

（4）当所选典型暴雨的分布对工程的威胁尚不够严重时，也可以根据暴雨的面分布规律，对实际等雨量线加以移动或转动暴雨的雨轴（一般不超过 20°）。

2. 综合概化法

此法就是根据设计流域或气象一致区的实测特大暴雨资料，综合概化出来的一种等雨量线图。实测资料表明，在广阔的平原或者地形起伏较小的地区，暴雨的等雨量线图常呈现椭圆形。美国第 52 号水文气象报告用两个特征量来概化椭圆形的等雨量线，分别为形状比率和雨轴方位。

（1）形状比率。形状比率为概化椭圆长轴与短轴的长度的比值。分析研究地区内的若干场大暴雨等雨量线图之后，可以分析出频次较高的形状比率，美国根据实测大暴雨分析后将形状比率定为 2.5。据粗略分析，中国中纬度地区 1 天暴雨的形状比率，$1000km^2$ 流域平均值为 2.3，$10000km^2$ 流域的平均值为 3.0。

（2）雨轴方位。雨轴方位表示暴雨等雨量线长轴与经线的夹角。以原点向北方向为 0°，考虑与水汽入流方向作比较，美国取值 180°~270°，中国则取 0°~180°，即位于第一、第四象限的雨轴与原点以北的 y 轴的夹角。

一般暴雨中心与流域中心重合时洪量最大，暴雨中心靠近出口断面则洪峰增大。在山区，暴雨中心可以放在常见暴雨中心位置，平原流域上可放在使工程不利的位置，这需要作试算优选。

采用综合概化法，在定出暴雨中心后，形状比率及雨轴方向后，可以假定控制面积内外的各条等雨量线，然后通过计算确定各条等雨量线的具体值。

【例 10-3-2】 某河兴建水库，求设计流域 6h 的 PMP 平均雨量及面分布。设计流域面积为 $3660km^2$（图 10-3-5）。

解： 第一步，从流域所在地区由流域中心根据 PMP 等值线图绘制 PMP 时面深曲线图，抄读雨面与 6h 的雨深，见表 10-3-2。

第二步，将雨区的暴雨等雨量线概化为模型，本例为长短轴比 2.5：1 的椭圆形，见图 10-3-5。模型中的各等雨量线命名为 A、B、C、…、N。然后将模型笼罩在设计流域上，模型的中心与流域中心重合时洪量最大，靠近流域出口时洪峰最大，也可以放置于暴雨常见中心，由设计者按工程要求决定。本例放置于流域中心。

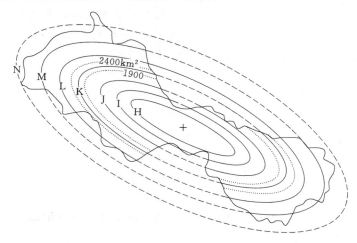

图 10 - 3 - 5　设计流域及暴雨模型图

表 10 - 3 - 2　　　　　　　　　　某流域雨面 6hPMP 雨量

雨面 /km²	6hPMP 雨量 /mm	改正后 6hPMP 雨量 /mm	雨面 /km²	6hPMP 雨量 /mm	改正后 6hPMP 雨量 /mm
1000	161	154.7	4500	98	83.3
1500	144	134.4	6500	85	72.3
2150	129	115.1	10000	71	60.4
3000	115	97.8	15000	59	50.2

第三步，将各雨面的 PMP 雨量换算为模型中各等雨量线数值（这种换算是根据等雨量线几何形状及雨面平均雨与等雨量线关系定出的。在美国东部非山岳地区制有专用表可查，其他地区可以由实测资料制表）。本例列举设计流域 3660km² 中 1500km² 雨面 6hPMP 在流域各等雨量线的数值，见表 10 - 3 - 3 第（2）栏。由此求得流域面平均雨量为 86.1mm，即：流域平均雨量＝314985/3660＝86.1mm。

表 10 - 3 - 3　　　　　　　某流域 6hPMP 等值线及平均雨量计算表

等雨量线名	等雨量线雨量 /mm	等雨量线平均雨量 /mm	流域面积内的面积增量 ΔA/km²	降雨增量 /(mm/km²)
（1）	（2）	（2）	（4）	（5）
A	217.7	217.7	10	2177
B	204.3	211.0	15	3165
C	190.8	197.6	25	4939
D	177.4	184.1	50	9206
E	164.0	170.7	75	12802
F	150.5	157.2	125	19656
G	141.1	145.8	150	21874
H	129.0	135.1	250	33768

续表

等雨量线名	等雨量线雨量 /mm	等雨量线平均雨量 /mm	流域面积内的面积 增量 $\Delta A/\text{km}^2$	降雨增量 /(mm/km²)
I	118.3	123.6	271	33509
J	107.5	112.9	393	44368
K	75.3	91.4	488	44599
L	55.1	65.2	582	37937
M	34.9	45.0	737	33183
N	21.5	28.2	489	13802
总计			3660	314985

第四步，将表 10-3-2 中各雨面的雨量按第二步、第三步方法一一计算，制成各种雨面与设计流域降雨增量，见表 10-3-3 第（6）栏，关系如图 10-3-6 所示，由图 10-3-6 得到设计流域最大总雨量对应的雨面，这种雨面的 PMP 在设计流域上的平均雨量最大，也就是雨量线分布即是所求的 6hPMP 面分布。

图 10-3-7 为残雨等雨量线图，从图中可以看出：不但可求得设计流域的 PMP 等雨量线（区间 A），还可以求得设计流域外的等雨量线。流域外的等雨量线称为残雨等雨量线。利用它可求当设计流域发生 PMP 时，相邻区间的雨量，即水文计算中相邻区间的相应雨量，从而可以解决上下游相邻梯级水库的相应洪水问题，不需频率组合。

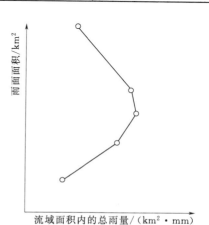

图 10-3-6 设计流域降雨面积与降雨增量关系图

美国、英国、加拿大等国重要工程的设计洪水一般不用频率，而用 PMP/PMF 方法。多年以来实际发生的特大暴雨未突破 PMP，只有接近 PMP 的暴雨。

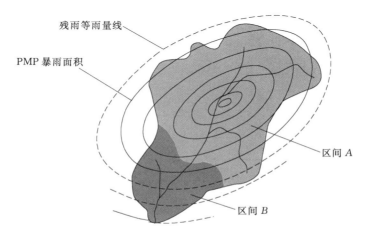

图 10-3-7 残雨等雨量线图

可以用同样步骤求出设计流域各不同 6h 时段的 PMP 雨量，然后将各不同 6h 时段的雨量排列组合，如图 10-3-8 所示。一般大雨时段居中，头尾较小，或者参考实际雨型（表10-3-4）定出。

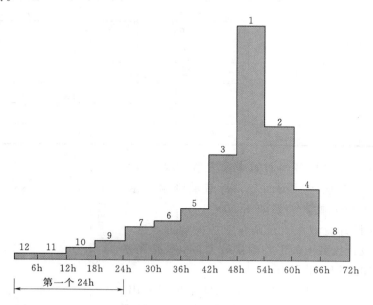

图 10-3-8　设计流域 PMP 的时程分布

表 10-3-4　　　　　　　　　　　　　中国典型特大暴雨实际雨型　　　　　　　　　　　单位：mm/6h

地区	辽宁	河北	河南	安徽	台湾	广东	广西
地点	荒沟	司仓	林庄	大水河	白石	白石门	老虎滩
年份	1958	1963	1975	1969	1963	1977	1960
时间/（月.日）	8.3—8.6	8.5—8.8	8.5—8.8	7.13—7.17	9.9—9.12	5.28—6.1	7.10—7.13
1	2.7	33.5	4.0	383.8	17.0	30.0	29.0
2	79.2	56.0	25.1	57.0	38.1	118.0	27.9
3	106.7	50.0	295.7	8.4	41.9	59.0	176.9
4	140.4	15.0	54.8	23.0	72.8		130.2
5	247.2	60.0	12.0	78.9	130.0	193.0	28.1
6	78.3	67.0	75.8	17.8	200.9	40.0	43.2
7	12.6	26.0	103.5		277.1	9.0	432.6
8	7.8	118.5	29.0		429.0	54.0	130.5
9	2.5	40.0	47.2	28.9	331.0	196.0	0.8
10	19.6	319.0	274.9	146.4	135.1	174.0	27.3
11	2.2	256.0	679.5	97.8	9.9	460.0	5.9
12	0.3	89.0	6.3	117.2	1.0	28.0	64.2
	699.5	1130.0	1605.3	959.2	1683.8	1361.0	1096.3

第四节　可能最大洪水 PMF

这种洪水由最恶劣的气象和水文条件组合形成，本章所介绍的水文气象法，通过计算可能最大暴雨，推求可能最大洪水。其计算方法与由设计暴雨推求设计洪水的方法基本相同。主要有常规产汇流计算方法及水文模型法两大类方法。

1. 常规方法

常规方法即产汇流计算方法，主要需要以下步骤：①产流计算，由降水过程扣除损失，求出净雨过程；②汇流计算，由净雨过程，通过相应的方法，求出洪水过程；③合理性检验。

由于 PMF 是由 PMP 产生的，而 PMP 是一种特殊情况的暴雨，在产汇流计算过程中需作一些特殊考虑。

(1) 我国湿润地区，有时取偏于安全的数值，令 $P_a = I_m$。干旱地区，P_a 可取为各次大洪水前期平均值。

(2) 我国特大暴雨区的前期情况见表 10-4-1，说明 P_a 可采用 $I_m/2$。国外的经验亦是如此。

表 10-4-1　　　　　　　　　　我国特大暴雨主要雨区的洪水径流系数

暴雨名称	河流	站名	流域面积 /km²	面平均雨量		径流深 /mm	前期土壤含水情况	径流系数
				历时	雨量/mm			
35.7	澧水	三江口	14500		660.2	589.6	处于平均情况，即 $P_a \approx$ $I_m/2$	0.893
	清江	拦鱼咀	15560		376.6	337.3		0.917
63.8	界河	刘家台	174	3 日	725	594	邢台、邯郸地区接近平均情况，其他地区比平均情况偏小 50%	0.820
	槐河	马村	760		1221	1021		0.835
	泜河	临城水库	384		1568	1391		0.888
	小马河	又河水库	113		1282	1115		0.869
	渡口川	佐村水库	224		1257	1084		0.862
	沙河	朱庄	1318		1202	993		0.862
75.8	洪河	板桥水库	762	3 日	1028.5	915	干燥	0.890
	唐河	唐河站	4772		498	378	平均情况	0.760
	唐河	郭滩站	7591		307	307	湿润情况	0.773

(3) 湿润地区在蓄满产流后，降雨流量关系呈 45°直线，外延并无困难。干旱地区可采用下渗曲线或初损后损法，但须注意雨量对产流的影响，特大暴雨的径流系数很大，扣损误差可能不大。

(4) 美国气象局认为 P_a 与 PMP 之间的时距在大流域可定为 3d，小流域可定为 1d。P_a 的数量约为 PMP 总量的 20%～30%。

(5) 大流域的下垫面情况相差很大时应考虑分区，分区因气象条件及下垫面情况不同而影响洪水形成，有时还需进行洪水演算。

（6）其他条件如水库的起始水位、风浪计算，建议以暴雨季节的中值为准。

2. 流域模型法

PMP 条件下的汇流，一般可用单位线或模型，但须采用由流域特大雨洪推出的单位线，且暴雨分布接近于可能最大暴雨 PMP 分布。各种汇流计算应注意汇流参数的非线性外延的影响。基流可采用特大洪水的最大值。

第五节　讨　　论

PMP/PMF 的选用是一个非常复杂的试算过程，本节对其略加论述。

（1）山区地形对降水的影响非常显著，但其定量一直是一个非常困难的问题。PMP 方法一般只适用于非山岳地区。目前有两类方法可供山区 PMP 推算参考。

第一类方法是将前述非山岳地区的方法用于山岳地区。即将暴雨作水汽放大、移置和外包。但移置必须非常慎重，只限于在一致区内作移置。例如，将我国著名的"35.7 暴雨"沿山脉平行移置于五强溪水电站的流域是一个典型的例子。

第二类方法是将山区暴雨分解为辐合分量（由天气系统产生）和地形分量两个部分。辐合分量由附近非山岳地区的雨量求得，地形分量则利用所谓"地形增强因子"来计算。有一些方法可计算这个因子，例如 J. E. Miller 等提出的山区各站百年一遇的雨量能反映地形影响，它与周围非山岳雨量的比值可作为地形增强因子。

我国几场特大暴雨和最大暴雨的时面深关系见图 10-5-1 和表 10-5-1～表 10-5-4。

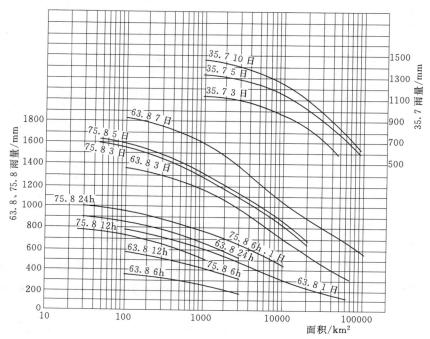

图 10-5-1　35.7、63.8、75.8 大暴雨时面深曲线图

表 10 - 5 - 1 我国五大暴雨一览表

暴雨名称	35.7	63.8	63.9	67.10	75.8
暴雨中心	湖北五峰	河北獐么	台湾白石	台湾新寮	河南林庄
发生日期	1935 年 7 月 3—7 日	1963 年 8 月 3—8 日	1963 年 9 月 10—12 日	1967 年 10 月 17—19 日	1975 年 8 月 4—8 日
暴雨中心 24h 雨量/mm	423	950	1248	1672	1060
最大雨量/mm	1282（5 日）	1458（3 日）	1684（3 日）	2749（3 日）	1605（3 日）
山脉位置	鄂西山地东麓	大行山东麓	台北山地北坡	台东北山地东坡	伏牛山余脉东麓
暴雨中心高程/m	700	400	1600	500	100
山脉平均高程/m	2000	1300	3000	1500	400
地形影响	抬升	抬升喇叭口效应	抬升喇叭口效应	抬升喇叭口效应	抬升喇叭口效应
影响天气系统	西南涡	西南涡低槽	6312 台风	6718 台风	7503 台风

表 10 - 5 - 2 中国最大暴雨时面深记录 单位：mm

历时	面 积/km²							
	点	100	300	1000	3000	10000	30000	100000
1h	401	267	167	107				
	上地	高家河	高家河	林庄				
3h	600	447	399	297	120			
	段家庄	林庄	林庄	林庄	木多才当			
6h	840	723	643	503	360	127		
	木多才当	林庄	林庄	林庄	大湖山	木多才当		
12h	1400	1050	854	675	570	212		
	木多才当	木多才当	木多才当	木多才当	白石	木多才当		
24h	1673	1200	1150	1060	830	435	306	155
	新寮	白石	白石	白石	白石	林庄	泥市	泥市
3d	2749	1554	1460	1350	1080	940	715	420
	新寮	林庄	白石	白石	林庄	泥市	泥市	泥市
7d	2749	1805	1720	1573	1350	1200	960	570
	新寮	獐么	獐么	獐么	泥市	泥市	泥市	泥市

表 10 - 5 - 3 中国最大暴雨中心

地点	省（自治区）	北纬/(°)	东经/(°)	日期	备注
上地	内蒙古	42～16	119～08	1975.7.3	调查
高家河	甘肃	34～51	104～40	1985.8.12	调查
林庄	河南	33～03	113～39	1975.8.7	
段家庄	河北	40～20	114～35	1973.6.28	调查
木多才当	内蒙古	38～55	109～24	1944.8.1	调查
大湖山	台湾	23～29	120～38	1969.8.7	
白石	台湾	24～33	121～13	1963.9.10	
新寮	台湾	24～33	121～45	1967.10.17	
泥市	湖南	29～56	110～46	1935.7.4	调查
獐么	河北	37～22	114～13	1963.8.4	

表 10 - 5 - 4　　　　　　　　　　　　世界最大暴雨时面深记录　　　　　　　　单位：mm

面积/km²	历　　时/h						
	6	12	18	24	36	48	72
25.9	627	757	1036	1232	1488	1585	
259	526	716	950	1166	1405	1473	
518	500	686	925	1120	1354	1412	
1259	452	625	856	1036	1242	1308	792
2590	381	594	744	881	1062	1113	671
5180	284	450	572	472	4751	734	371
12950	206	282	257	371	384	587	546
25900	145	201	257	371	384	587	389
51800	102	152	201	264	295	424	226
129000	64	107	135	160	201	279	
159000	43	64	89	109	152	170	

（2）PMF 的控制因素的选定。就 PMP 和 PMF 的控制因素而论，暴雨模型长短轴的比值、长轴的转动、暴雨中心在流域的放置地点以及笼罩面积的下垫面积情况、暴雨的时程分布、单位线的选择等都会影响最后的成果，而它们又是互相制约的，设计者和决策者须经多次试验组合判断成果的合理性与最大性。

（3）最终成果。PMF 的最后成果应与类似流域的成果、实测暴雨历史洪水、古洪水作对比，特别是应与古洪水中的晚合新世最大洪水加以比较。

习题与思考题

10-1　什么叫代表性露点？如何选取代表性露点？

10-2　什么叫可降水量？如何计算？

10-3　某流域缺少典型大暴雨，怎样推求 PMP？试举出一种方法，并说明计算的基本步骤。

10-4　在什么情况下才能对暴雨进行移置？简述暴雨移置法的步骤。

10-5　简述用暴雨移置法由邻近地区的高效典型暴雨推求设计流域 PMP 的方法步骤。

10-6　由 PMP 推求 PMF，扼要说明 PMF 的推求步骤。

10-7　已知某流域地面高程 500m，测得地面露点为 26℃（已换算至 1000hPa），要求计算该地面至水汽顶界（200hPa 等压面）的可降水量。

10-8　已知某场暴雨雨峰发生在 7 月 6 日零时附近，根据入流站露点资料（见表 10-1，表中露点已换算至 1000hPa 地面处），确定该站代表性露点值。

表 10 - 1　　　　　　　　　　　某站 8 月 12 日至 14 日各时刻的露点温度

时间	日期	7月4日				7月5日				7月6日
	时刻	00	06	12	18	00	06	12	18	00
露点/℃		20	21	22	23.4	24	25	25.7	24.2	23.8

10-9 某流域平均高程为600m，流域内某站各高度的露点温度见表10-2。某年发生一场典型暴雨，其24h面雨量为410mm，代表性露点22℃，效率 $\eta = 0.5$，并分析得该流域历年持续12h最大露点为27℃，可能最大降雨效率为 $\eta_m = 0.53$，试求此流域的可能最大暴雨（题中的露点值均是换算至海平面的数值）。

表 10-2   某站各高度的露点温度

高度/m		200	400	800	1000	…	10000	11000	12000
1000hPa 温度 /℃	20	3	6	13	15	…	52	52	52
	22	4	7	14	17	…	63	63	63
	25	4	9	17	21	…	80	81	81
	27	5	10	19	23	…	95	96	96

10-10 设某一移置暴雨，其24h暴雨中心雨量 $P_A = 1060$mm，代表性露点为25.6℃（1000hPa等压面），暴雨发生地区高程 $Z_A = 400$m，设计流域平均高程 $Z_B = 200$m，在设计流域上与移置暴雨代表站位置相应处的可能最大露点为28℃（1000hPa等压面），试求设计流域的可能最大24h小时暴雨量。

参 考 文 献

［1］ 王文川，邱林. 工程水文学［M］. 2 版. 北京：中国水利水电出版社，2016.

［2］ 徐冬梅，刘晓民. 赵晓慎. 水文水利计算［M］. 郑州：黄河水利出版社，2013.

［3］ 梁忠民，钟平安，华家鹏. 水文水利计算［M］. 北京：中国水利水电出版社，2008.

［4］ 叶守泽. 水文水利计算［M］. 北京：中国水利水电出版社，1992.

［5］ 芮孝芳. 水文学原理［M］. 北京：中国水利水电出版社，2004.

［6］ 芮孝芳. 水文学原理［M］. 北京：高等教育出版社，2013.

［7］ 王国安. 可能最大暴雨和洪水计算原理与方法［M］. 北京：中国水利水电出版社，1999.

［8］ 盛骤，等. 概率论与数理统计［M］. 4 版. 北京：高等教育出版社，2010.

［9］ 黄廷林，马学尼. 水文学［M］. 5 版. 北京：中国建筑工业出版社，2014.

［10］ 詹道江，叶守泽. 工程水文学［M］. 3 版. 北京：中国水利水电出版社，2005.

［11］ 魏永霞，王丽学. 工程水文学［M］. 北京：中国水利水电出版社，2010.

［12］ 林益冬，孙宝沭. 工程水文学［M］. 南京：河海大学出版社，2003.

［13］ 宋孝玉，马细霞. 工程水文学［M］. 郑州：黄河水利出版社，2009.

［14］ 梁忠民，钟平安等. 水文水利计算［M］. 2 版. 北京：中国水利水电出版社，2008.

［15］ 陈元芳，等. 工程水文及水利计算［M］. 北京：中国水利水电出版社，2013.

［16］ 王文鑫，徐义萍，等. 城市水文学［M］. 成都：西南交通大学出版社，2017.

［17］ 刘经强、赵兴忠. 城市洪水防治与排水［M］. 北京：化学工业出版社，2014.

［18］ 章子贤，拜存有. 工程水文及水利计算［M］. 北京：中国水利水电出版社，2006.

［19］ 中华人民共和国水利部. 防洪标准（GB 50201—2014）［S］. 北京：中国计划出版社，2014.

［20］ 中华人民共和国水利部. 水利水电工程设计洪水计算规范（SL 44—2006）［S］. 北京：中国水利水电出版社，2006.

［21］ 水利部长江水利委员会水文局. 水利水电工程水文计算规范（SL 278—2002）［S］. 北京：中国水利水电出版社，2002.

［22］ 中华人民共和国水利部. 水利水电工程等级划分及洪水标准（SL 252—2017）［S］. 北京：中国水利水电出版社，2017.

［23］ 中华人民共和国住房和城乡建设部. 城市防洪工程设计规范（GB/T 50805—2012）［S］. 北京：中国计划出版社，2012.

［24］ 中华人民共和国住房和城乡建设部.《室外排水设计规范》（GB 50014—2006）［S］. 北京：中国计划出版社，2016.

附　录

皮尔逊 III 型频率曲线的离均系数 Φ_p 值表

附表 1

C_s \ P/%	0.001	0.01	0.10	0.20	0.333	0.50	1.0	2.0	3.0	5.0	10.0	20.0	25.0	30.0	40.0	50.0	60.0	70.0	75.0	80.0	85.0	90.0	95.0	97.0	99.0	99.9
0.0	4.26	3.72	3.09	2.88	2.71	2.58	2.33	2.05	1.88	1.64	1.28	0.84	0.67	0.52	0.25	0.00	−0.25	−0.52	−0.67	−0.84	−1.04	−1.28	−1.64	−1.88	−2.33	−3.09
0.1	4.56	3.94	3.23	3.00	2.82	2.67	2.40	2.11	1.92	1.67	1.29	0.84	0.66	0.51	0.24	−0.02	−0.27	−0.53	−0.68	−0.85	−1.04	−1.27	−1.62	−1.84	−2.25	−2.95
0.2	4.86	4.16	3.38	3.12	2.92	2.76	2.47	2.16	1.96	1.70	1.30	0.83	0.65	0.50	0.22	−0.03	−0.28	−0.55	−0.69	−0.85	−1.03	−1.26	−1.59	−1.79	−2.18	−2.81
0.3	5.16	4.38	3.52	3.24	3.03	2.86	2.54	2.21	2.00	1.73	1.31	0.82	0.64	0.48	0.20	−0.05	−0.30	−0.56	−0.70	−0.85	−1.03	−1.24	−1.55	−1.75	−2.10	−2.67
0.4	5.47	4.61	3.67	3.36	3.14	2.95	2.62	2.26	2.04	1.75	1.32	0.82	0.64	0.47	0.19	−0.07	−0.31	−0.57	−0.71	−0.85	−1.03	−1.23	−1.52	−1.70	−2.03	−2.54
0.5	5.78	4.83	3.81	3.48	3.25	3.04	2.68	2.31	2.08	1.77	1.32	0.81	0.62	0.46	0.17	−0.08	−0.33	−0.58	−0.71	−0.85	−1.02	−1.22	−1.49	−1.66	−1.96	−2.40
0.6	6.09	5.05	3.96	3.60	3.35	3.13	2.75	2.35	2.12	1.80	1.33	0.80	0.61	0.44	0.16	−0.10	−0.34	−0.59	−0.72	−0.85	−1.02	−1.20	−1.45	−1.61	−1.88	−2.27
0.7	6.40	5.28	4.10	3.72	3.45	3.22	2.82	2.40	2.15	1.82	1.33	0.79	0.59	0.43	0.14	−0.12	−0.36	−0.60	−0.72	−0.85	−1.01	−1.18	−1.42	−1.57	−1.81	−2.14
0.8	6.71	5.50	4.24	3.85	3.55	3.31	2.89	2.45	2.18	1.84	1.34	0.78	0.58	0.41	0.12	−0.13	−0.37	−0.60	−0.73	−0.85	−1.00	−1.17	−1.38	−1.52	−1.74	−2.02
0.9	7.02	5.73	4.39	3.97	3.65	3.40	2.96	2.50	2.22	1.86	1.34	0.77	0.57	0.40	0.11	−0.15	−0.38	−0.61	−0.73	−0.85	−0.99	−1.15	−1.35	−1.47	−1.66	−1.90
1.0	7.33	5.96	4.53	4.09	3.76	3.49	3.02	2.54	2.25	1.88	1.34	0.76	0.55	0.38	0.09	−0.16	−0.39	−0.62	−0.73	−0.85	−0.98	−1.13	−1.32	−1.42	−1.59	−1.79
1.1	7.65	6.18	4.67	4.20	3.86	3.58	3.09	2.58	2.28	1.89	1.34	0.74	0.54	0.36	0.07	−0.18	−0.41	−0.62	−0.74	−0.85	−0.97	−1.10	−1.28	−1.38	−1.52	−1.68
1.2	7.97	6.41	4.81	4.32	3.95	3.66	3.15	2.62	2.31	1.91	1.34	0.73	0.52	0.35	0.05	−0.19	−0.42	−0.63	−0.74	−0.84	−0.96	−1.08	−1.24	−1.33	−1.45	−1.58
1.3	8.29	6.64	4.95	4.44	4.05	3.74	3.21	2.67	2.34	1.92	1.34	0.72	0.51	0.33	0.04	−0.21	−0.43	−0.63	−0.74	−0.84	−0.95	−1.06	−1.20	−1.28	−1.38	−1.48
1.4	8.61	6.87	5.09	4.56	4.15	3.83	3.27	2.71	2.37	1.94	1.33	0.71	0.49	0.31	0.002	−0.22	−0.44	−0.64	−0.73	−0.83	−0.93	−1.04	−1.17	−1.23	−1.32	−1.39
1.5	8.93	7.09	5.23	4.68	4.24	3.91	3.33	2.74	2.39	1.95	1.33	0.69	0.47	0.30	0.00	−0.24	−0.45	−0.64	−0.73	−0.82	−0.92	−1.02	−1.13	−1.19	−1.26	−1.31
1.6	9.25	7.31	5.37	4.80	4.34	3.99	3.39	2.78	2.42	1.96	1.33	0.68	0.46	0.28	−0.02	−0.25	−0.46	−0.64	−0.73	−0.81	−0.90	−0.99	−1.10	−1.14	−1.20	−1.24
1.7	9.57	7.54	5.50	4.91	4.43	4.07	3.44	2.82	2.44	1.97	1.32	0.66	0.44	0.26	−0.03	−0.27	−0.47	−0.64	−0.72	−0.81	−0.89	−0.97	−1.06	−1.10	−1.14	−1.17

续表

$P/\%$ ＼ C_s	0.001	0.01	0.10	0.20	0.333	0.50	1.0	2.0	3.0	5.0	10.0	20.0	25.0	30.0	40.0	50.0	60.0	70.0	75.0	80.0	85.0	90.0	95.0	97.0	99.0	99.9
1.8	9.89	7.76	5.64	5.01	4.52	4.15	3.50	2.85	2.46	1.98	1.32	0.64	0.42	0.24	−0.05	−0.28	−0.48	−0.64	−0.72	−0.80	−0.87	−0.94	−1.02	−1.06	−1.09	−1.11
1.9	10.20	7.98	5.77	5.12	4.61	4.23	3.55	2.88	2.49	1.99	1.31	0.63	0.40	0.22	−0.07	−0.29	−0.48	−0.64	−0.72	−0.79	−0.85	−0.92	−0.98	−1.01	−1.04	−1.05
2.0	10.51	8.21	5.91	5.22	4.70	4.30	3.61	2.91	2.51	2.00	1.30	0.61	0.39	0.20	−0.08	−0.31	−0.49	−0.64	−0.71	−0.78	−0.84	−0.895	−0.949	−0.970	−0.989	−0.999
2.1	10.83	8.43	6.04	5.33	4.79	4.37	3.66	2.93	2.53	2.00	1.29	0.59	0.37	0.19	−0.10	−0.32	−0.49	−0.64	−0.71	−0.76	−0.82	−0.869	−0.914	−0.935	−0.945	−0.952
2.2	11.14	8.65	6.17	5.43	4.88	4.44	3.71	2.96	2.55	2.00	1.28	0.57	0.35	0.17	−0.11	−0.33	−0.50	−0.64	−0.70	−0.75	−0.80	−0.844	−0.879	−0.900	−0.905	−0.909
2.3	11.45	8.87	6.30	5.53	4.97	4.51	3.76	2.99	2.56	2.00	1.27	0.55	0.33	0.15	−0.13	−0.34	−0.50	−0.64	−0.69	−0.74	−0.78	−0.820	−0.849	−0.865	−0.867	−0.870
2.4	11.76	9.08	6.42	5.63	5.05	4.58	3.81	3.02	2.57	2.01	1.26	0.54	0.31	0.13	−0.15	−0.35	−0.51	−0.63	−0.68	−0.72	−0.77	−0.795	−0.820	−0.830	−0.831	−0.833
2.5	12.07	9.30	6.55	5.73	5.13	4.65	3.85	3.04	2.59	2.01	1.25	0.52	0.29	0.11	−0.16	−0.36	−0.51	−0.63	−0.67	−0.71	−0.75	−0.772	−0.791	−0.800	−0.800	−0.800
2.6	12.38	9.51	6.67	5.82	5.20	4.72	3.89	3.06	2.60	2.01	1.23	0.50	0.27	0.09	−0.17	−0.37	−0.51	−0.62	−0.66	−0.70	−0.73	−0.748	−0.764	−0.769	−0.769	−0.769
2.7	12.69	9.72	6.79	5.92	5.28	4.78	3.93	3.09	2.61	2.01	1.22	0.48	0.25	0.08	−0.18	−0.37	−0.51	−0.61	−0.65	−0.68	−0.71	−0.726	−0.736	−0.740	−0.740	−0.741
2.8	13.00	9.93	6.91	6.01	5.36	4.84	3.97	3.11	2.62	2.01	1.21	0.46	0.23	0.06	−0.20	−0.38	−0.51	−0.61	−0.64	−0.67	−0.69	−0.702	−0.710	−0.714	−0.714	−0.714
2.9	13.31	10.14	7.03	6.10	5.44	4.90	4.01	3.13	2.63	2.01	1.20	0.44	0.21	0.04	−0.21	−0.39	−0.51	−0.60	−0.63	−0.66	−0.67	−0.680	−0.687	−0.690	−0.690	−0.690
3.0	13.61	10.35	7.15	6.20	5.51	4.96	4.05	3.15	2.64	2.00	1.18	0.42	0.19	0.03	−0.23	−0.39	−0.51	−0.59	−0.62	−0.64	−0.65	−0.658	−0.665	−0.667	−0.667	−0.667
3.1	13.92	10.56	7.26	6.30	5.59	5.02	4.08	3.17	2.64	2.00	1.16	0.40	0.17	0.01	−0.24	−0.40	−0.51	−0.58	−0.60	−0.62	−0.63	−0.639	−0.644	−0.645	−0.645	−0.645
3.2	14.22	10.77	7.38	6.39	5.66	5.08	4.12	3.19	2.65	2.00	1.14	0.38	0.15	−0.01	−0.25	−0.40	−0.50	−0.57	−0.59	−0.61	−0.62	−0.621	−0.624	−0.625	−0.625	−0.625
3.3	14.52	10.97	7.49	6.48	5.74	5.14	4.15	3.21	2.65	2.00	1.12	0.36	0.14	−0.02	−0.26	−0.40	−0.50	−0.56	−0.58	−0.59	−0.60	−0.604	−0.605	−0.606	−0.606	−0.606
3.4	14.81	11.17	7.60	6.56	5.80	5.20	4.18	3.22	2.65	1.99	1.11	0.34	0.12	−0.04	−0.27	−0.41	−0.50	−0.55	−0.57	−0.58	−0.58	−0.587	−0.588	−0.588	−0.588	−0.588
3.5	15.11	11.37	7.72	6.65	5.86	5.25	4.22	3.23	2.66	1.98	1.09	0.32	0.10	−0.06	−0.28	−0.41	−0.50	−0.54	−0.55	−0.56	−0.56	−0.570	−0.571	−0.571	−0.571	−0.571
3.6	15.41	11.57	7.83	6.73	5.93	5.30	4.25	3.24	2.66	1.97	1.08	0.30	0.09	−0.07	−0.29	−0.41	−0.49	−0.53	−0.54	−0.55	−0.55	−0.555	−0.556	−0.556	−0.556	−0.556
3.7	15.70	11.77	7.94	6.81	5.99	5.35	4.28	3.25	2.66	1.96	1.06	0.28	0.07	−0.09	−0.29	−0.42	−0.48	−0.52	−0.53	−0.535	−0.537	−0.540	−0.541	−0.541	−0.541	−0.541
3.8	16.00	11.97	8.05	6.89	6.05	5.40	4.31	3.26	2.66	1.95	1.04	0.26	0.06	−0.10	−0.30	−0.42	−0.48	−0.51	−0.52	−0.522	−0.524	−0.525	−0.526	−0.526	−0.526	−0.526
3.9	16.29	12.16	8.15	6.97	6.11	5.45	4.34	3.27	2.66	1.94	1.02	0.24	0.04	−0.11	−0.30	−0.41	−0.47	−0.50	−0.506	−0.510	−0.511	−0.512	−0.513	−0.513	−0.513	−0.513
4.0	16.58	12.36	8.25	7.05	6.18	5.50	4.37	3.27	2.66	1.92	1.00	0.23	0.02	−0.13	−0.31	−0.41	−0.46	−0.49	−0.49	−0.495	−0.499	−0.500	−0.500	−0.500	−0.500	−0.500

续表

C_s \ $P/\%$	0.001	0.01	0.10	0.20	0.333	0.50	1.0	2.0	3.0	5.0	10.0	20.0	25.0	30.0	40.0	50.0	60.0	70.0	75.0	80.0	85.0	90.0	95.0	97.0	99.0	99.9
4.1	16.87	12.55	8.35	7.13	6.24	5.54	4.39	3.28	2.66	1.91	0.98	0.21	0.00	-0.14	-0.32	-0.41	-0.46	-0.48	-0.484	-0.486	-0.487	-0.488	-0.488	-0.488	-0.488	-0.488
4.2	17.16	12.74	8.45	7.21	6.30	5.59	4.41	3.29	2.65	1.90	0.96	0.19	-0.02	-0.15	-0.32	-0.41	-0.45	-0.47	-0.473	-0.475	-0.475	-0.476	-0.476	-0.476	-0.476	-0.476
4.3	17.44	12.93	8.55	7.29	6.36	5.63	4.44	3.29	2.65	1.88	0.94	0.17	-0.03	-0.16	-0.33	-0.41	-0.44	-0.46	-0.462	-0.464	-0.464	-0.465	-0.465	-0.465	-0.465	-0.465
4.4	17.72	13.12	8.65	7.36	6.41	5.68	4.46	3.00	2.65	1.87	0.92	0.16	-0.04	-0.17	-0.33	-0.40	-0.44	-0.46	-0.453	-0.454	-0.454	-0.454	-0.454	-0.454	-0.454	-0.454
4.5	18.01	13.30	8.75	7.43	6.46	5.72	4.48	3.30	2.64	1.85	0.90	0.14	-0.05	-0.18	-0.33	-0.40	-0.44	-0.45	-0.444	-0.444	-0.444	-0.444	-0.444	-0.444	-0.444	-0.444
4.6	18.29	13.49	8.85	7.50	6.52	5.76	4.50	3.30	2.63	1.84	0.88	0.13	-0.06	-0.18	-0.33	-0.40	-0.43	-0.43	-0.435	-0.435	-0.435	-0.435	-0.435	-0.435	-0.435	-0.435
4.7	18.57	13.67	8.95	7.56	6.57	5.80	4.52	3.30	2.62	1.82	0.86	0.11	-0.07	-0.19	-0.33	-0.39	-0.42	-0.42	-0.426	-0.426	-0.426	-0.426	-0.426	-0.426	-0.426	-0.426
4.8	18.85	13.85	9.04	7.63	6.63	5.84	4.54	3.30	2.61	1.80	0.84	0.09	-0.08	-0.20	-0.33	-0.39	-0.41	-0.41	-0.417	-0.417	-0.417	-0.417	-0.417	-0.417	-0.417	-0.417
4.9	19.13	14.04	9.13	7.70	6.68	5.88	4.55	3.30	2.60	1.78	0.82	0.08	-0.10	-0.21	-0.33	-0.38	-0.40	-0.40	-0.408	-0.408	-0.408	-0.408	-0.408	-0.408	-0.408	-0.408
5.0	19.41	14.22	9.22	7.77	6.73	5.92	4.57	3.30	2.60	1.77	0.80	0.06	-0.11	-0.22	-0.33	-0.379	-0.395	-0.399	-0.400	-0.400	-0.400	-0.400	-0.400	-0.400	-0.400	-0.400
5.1	19.68	14.40	9.31	7.84	6.78	5.95	4.58	3.30	2.59	1.75	0.78	0.05	-0.12	-0.22	-0.32	-0.374	-0.387	-0.391	-0.392	-0.392	-0.392	-0.392	-0.392	-0.392	-0.392	-0.392
5.2	19.95	14.57	9.40	7.90	6.83	5.99	4.59	3.30	2.58	1.73	0.76	0.03	-0.13	-0.22	-0.32	-0.369	-0.380	-0.384	-0.385	-0.385	-0.385	-0.385	-0.385	-0.385	-0.385	-0.385
5.3	20.20	14.75	9.49	7.96	6.87	6.02	4.60	3.30	2.57	1.72	0.74	0.02	-0.14	-0.22	-0.32	-0.363	-0.373	-0.376	-0.377	-0.377	-0.377	-0.377	-0.377	-0.377	-0.377	-0.377
5.4	20.46	14.92	9.57	8.02	6.91	6.05	4.62	3.29	2.56	1.70	0.72	0.00	-0.14	-0.23	-0.32	-0.358	-0.366	-0.369	-0.370	-0.370	-0.370	-0.370	-0.370	-0.370	-0.370	-0.370
5.5	20.76	15.10	9.66	8.08	6.96	6.08	4.63	3.28	2.55	1.68	0.70	-0.01	-0.15	-0.23	-0.32	-0.353	-0.360	-0.363	-0.364	-0.364	-0.364	-0.364	-0.364	-0.364	-0.364	-0.364
5.6	21.03	15.27	9.74	8.14	7.00	6.11	4.64	3.28	2.53	1.66	0.67	-0.03	-0.16	-0.24	-0.32	-0.349	-0.355	-0.356	-0.357	-0.357	-0.357	-0.357	-0.357	-0.357	-0.357	-0.357
5.7	21.31	15.45	9.82	8.21	7.04	6.14	4.65	3.27	2.52	1.65	0.65	-0.04	-0.17	-0.24	-0.32	-0.344	-0.349	-0.350	-0.351	-0.351	-0.351	-0.351	-0.351	-0.351	-0.351	-0.351
5.8	21.58	15.62	9.91	8.27	7.08	6.17	4.67	3.27	2.51	1.63	0.63	-0.05	-0.18	-0.25	-0.32	-0.339	-0.344	-0.345	-0.345	-0.345	-0.345	-0.345	-0.345	-0.345	-0.345	-0.345
5.9	21.84	15.78	9.99	8.32	7.12	6.20	4.68	3.26	2.49	1.61	0.61	-0.06	-0.18	-0.25	-0.32	-0.334	-0.338	-0.339	-0.339	-0.339	-0.339	-0.339	-0.339	-0.339	-0.339	-0.339
6.0	22.10	15.94	10.07	8.38	7.15	6.23	4.68	3.25	2.48	1.59	0.59	-0.07	-0.19	-0.25	-0.31	-0.329	-0.333	-0.333	-0.333	-0.333	-0.333	-0.333	-0.333	-0.333	-0.333	-0.333
6.1	22.37	16.11	10.15	8.43	7.19	6.26	4.69	3.24	2.46	1.57	0.57	-0.08	-0.19	-0.26	-0.31	-0.325	-0.328	-0.328	-0.328	-0.328	-0.328	-0.328	-0.328	-0.328	-0.328	-0.328
6.2	22.68	16.28	10.22	8.49	7.23	6.28	4.70	3.23	2.45	1.55	0.55	-0.09	-0.20	-0.26	-0.30	-0.320	-0.322	-0.323	-0.323	-0.323	-0.323	-0.323	-0.323	-0.323	-0.323	-0.323
6.3	22.89	16.45	10.30	8.54	7.26	6.30	4.70	3.22	2.43	1.53	0.53	-0.10	-0.20	-0.26	-0.30	-0.315	-0.317	-0.317	-0.317	-0.317	-0.317	-0.317	-0.317	-0.317	-0.317	-0.317
6.4	23.15	16.61	10.38	8.60	7.30	6.32	4.71	3.21	2.41	1.51	0.51	-0.11	-0.21	-0.26	-0.30	-0.311	-0.312	-0.313	-0.313	-0.313	-0.313	-0.313	-0.313	-0.313	-0.313	-0.313

附表 2　　　　　皮尔逊 Ⅲ（P-Ⅲ）型曲线的模比系数 K_P 值表

	(1) $C_s=2C_v$																
C_v \ P/%	0.01	0.1	0.2	0.33	0.5	1	2	5	10	20	50	75	80	90	95	99	P/% \ C_s
0.05	1.20	1.16	1.15	1.14	1.13	1.12	1.11	1.08	1.06	1.04	1.00	0.97	0.96	0.94	0.92	0.89	0.10
0.10	1.42	1.34	1.31	1.29	1.27	1.25	1.21	1.17	1.13	1.08	1.00	0.93	0.90	0.87	0.84	0.78	0.20
0.15	1.67	1.54	1.48	1.46	1.43	1.38	1.33	1.26	1.20	1.12	0.99	0.90	0.86	0.81	0.77	0.69	0.30
0.18	1.82	1.65	1.59	1.56	1.53	1.46	1.40	1.31	1.23	1.14	0.99	0.88	0.83	0.77	0.73	0.63	0.36
0.20	1.92	1.73	1.67	1.63	1.59	1.52	1.45	1.35	1.25	1.16	0.99	0.86	0.81	0.75	0.70	0.59	0.40
0.22	2.04	1.82	1.75	1.70	1.66	1.58	1.50	1.39	1.29	1.18	0.98	0.84	0.79	0.73	0.67	0.56	0.44
0.24	2.16	1.91	1.83	1.77	1.73	1.64	1.55	1.43	1.32	1.19	0.98	0.83	0.80	0.71	0.64	0.53	0.48
0.25	2.22	1.96	1.87	1.81	1.77	1.67	1.58	1.45	1.33	1.20	0.98	0.82	0.76	0.70	0.63	0.52	0.50
0.26	2.28	2.01	1.91	1.85	1.80	1.70	1.60	1.46	1.34	1.21	0.98	0.82	0.76	0.69	0.62	0.50	0.52
0.28	2.40	2.10	2.00	1.93	1.87	1.76	1.66	1.50	1.37	1.22	0.97	0.79	0.73	0.66	0.59	0.47	0.56
0.30	2.52	2.19	2.08	2.01	1.94	1.83	1.71	1.54	1.40	1.24	0.97	0.78	0.71	0.64	0.56	0.44	0.60
0.35	2.86	2.44	2.31	2.22	2.13	2.00	1.84	1.64	1.47	1.28	0.96	0.75	0.67	0.59	0.51	0.37	0.70
0.40	3.20	2.70	2.54	2.42	2.32	2.15	1.98	1.74	1.54	1.31	0.95	0.71	0.62	0.53	0.45	0.30	0.80
0.45	3.59	2.98	2.80	2.65	2.53	2.33	2.13	1.84	1.60	1.35	0.93	0.67	0.58	0.48	0.40	0.26	0.90
0.50	3.98	3.27	3.05	2.88	2.74	2.51	2.27	1.94	1.67	1.38	0.92	0.64	0.54	0.44	0.34	0.21	1.00
0.55	4.42	3.58	3.32	3.12	2.97	2.70	2.42	2.04	1.74	1.41	0.90	0.59	0.50	0.40	0.30	0.16	1.10
0.60	4.85	3.89	3.59	3.37	3.20	2.89	2.57	2.15	1.80	1.44	0.89	0.56	0.46	0.35	0.26	0.13	1.20
0.65	5.33	4.22	3.89	3.64	3.44	3.09	2.74	2.25	1.87	1.47	0.87	0.52	0.42	0.31	0.22	0.10	1.30
0.70	5.81	4.56	4.19	3.91	3.68	3.29	2.90	2.36	1.94	1.50	0.85	0.49	0.38	0.27	0.18	0.08	1.40
0.75	6.33	4.93	4.52	4.19	3.93	3.50	3.06	2.46	2.00	1.52	0.82	0.45	0.35	0.24	0.15	0.06	1.50
0.80	6.85	5.30	4.84	4.47	4.19	3.71	3.22	2.57	2.06	1.54	0.80	0.42	0.32	0.21	0.12	0.04	1.60
0.90	7.98	6.08	5.51	5.07	4.74	4.15	3.56	2.78	2.19	1.58	0.75	0.35	0.25	0.15	0.08	0.02	1.80
	(2) $C_s=3C_v$																
C_v \ P/%	0.01	0.1	0.2	0.33	0.5	1	2	5	10	20	50	75	80	90	95	99	P/% \ C_s
0.20	2.02	1.79	1.72	1.67	1.63	1.55	1.47	1.33	1.27	1.16	0.98	0.86	0.81	0.76	0.71	0.62	0.60
0.25	2.35	2.05	1.95	1.88	1.82	1.72	1.61	1.46	1.34	1.20	0.97	0.82	0.77	0.71	0.65	0.56	0.75
0.30	2.72	2.32	2.19	2.10	2.02	1.89	1.75	1.56	1.40	1.23	0.96	0.78	0.72	0.66	0.60	0.50	0.90
0.35	3.12	2.61	2.46	2.33	2.24	2.07	1.90	1.66	1.47	1.26	0.94	0.74	0.68	0.61	0.55	0.46	1.05
0.40	3.56	2.92	2.73	2.58	2.46	2.26	2.05	1.76	1.54	1.29	0.92	0.70	0.64	0.57	0.50	0.42	1.20
0.42	3.75	3.06	2.85	2.69	2.56	2.34	2.11	1.81	1.56	1.31	0.91	0.69	0.62	0.55	0.49	0.41	1.26
0.44	3.94	3.19	2.97	2.80	2.66	2.42	2.17	1.85	1.59	1.32	0.91	0.67	0.61	0.54	0.47	0.40	1.32

（2）$C_s = 3C_v$

$P/\%$ \ C_v	0.01	0.1	0.2	0.33	0.5	1	2	5	10	20	50	75	80	90	95	99	$P/\%$ \ C_s
0.45	4.04	3.26	3.03	2.85	2.70	2.46	2.21	1.87	1.60	1.32	0.80	0.67	0.60	0.53	0.47	0.39	1.35
0.46	4.14	3.33	3.09	2.90	2.75	2.50	2.24	1.89	1.61	1.33	0.90	0.66	0.59	0.52	0.46	0.39	1.38
0.48	4.34	3.47	3.21	3.01	2.85	2.58	2.31	1.93	1.65	1.34	0.89	0.65	0.58	0.51	0.45	0.38	1.44
0.50	4.56	3.62	3.34	3.12	2.93	2.67	2.37	1.98	1.67	1.35	0.88	0.64	0.57	0.49	0.44	0.37	1.50
0.52	4.76	3.76	3.46	3.24	3.06	2.75	2.44	2.02	1.69	1.35	0.87	0.62	0.55	0.48	0.42	0.36	1.56
0.54	4.98	3.91	3.60	3.36	3.16	2.84	2.51	2.06	1.72	1.36	0.86	0.61	0.54	0.47	0.41	0.36	1.62
0.55	5.09	3.99	3.66	3.42	3.21	2.88	2.54	2.08	1.73	1.36	0.86	0.60	0.53	0.46	0.41	0.36	1.65
0.56	5.20	4.07	3.73	3.48	3.27	2.93	2.57	2.10	1.74	1.37	0.85	0.59	0.53	0.46	0.40	0.35	1.68
0.58	5.43	4.23	3.86	3.59	3.33	3.01	2.64	2.14	1.77	1.38	0.84	0.58	0.52	0.45	0.40	0.35	1.74
0.60	5.66	4.38	4.01	3.71	3.49	3.10	2.71	2.19	1.79	1.38	0.83	0.57	0.51	0.44	0.39	0.35	1.80
0.65	6.26	4.81	4.36	4.03	3.77	3.33	2.88	2.29	1.85	1.40	0.80	0.53	0.47	0.41	0.37	0.34	1.95
0.70	6.90	5.23	4.73	4.35	4.06	3.56	3.05	2.40	1.90	1.41	0.78	0.50	0.45	0.39	0.36	0.34	2.10
0.75	7.57	5.68	5.12	4.59	4.36	3.80	3.24	2.50	1.95	1.42	0.76	0.48	0.43	0.38	0.35	0.34	2.25
0.80	8.26	6.14	5.50	5.04	4.65	4.05	3.42	2.61	2.01	1.43	0.72	0.46	0.41	0.36	0.34	0.34	2.40

（3）$C_s = 3.5C_v$

$P/\%$ \ C_v	0.01	0.1	0.2	0.33	0.5	1	2	5	10	20	50	75	80	90	95	99	$P/\%$ \ C_s
0.20	2.06	1.82	1.74	1.69	1.64	1.56	1.48	1.36	1.27	1.16	0.98	0.86	0.81	0.76	0.72	0.64	0.70
0.25	2.42	2.09	1.99	1.91	1.85	1.74	1.62	1.46	1.34	1.19	0.96	0.82	0.77	0.71	0.66	0.58	0.88
0.30	2.82	2.38	2.24	2.14	2.06	1.92	1.77	1.57	1.40	1.22	0.95	0.78	0.73	0.67	0.61	0.53	1.05
0.35	3.26	2.70	2.52	2.39	2.29	2.11	1.92	1.67	1.47	1.26	0.93	0.74	0.68	0.62	0.57	0.50	1.23
0.40	3.75	3.04	2.82	2.66	2.58	2.31	2.08	1.78	1.53	1.28	0.91	0.71	0.65	0.58	0.53	0.47	1.40
0.42	3.95	3.18	2.95	2.77	2.63	2.39	2.15	1.82	1.56	1.29	0.90	0.69	0.63	0.57	0.52	0.46	1.47
0.44	4.16	3.33	3.08	2.88	2.73	2.48	2.21	1.86	1.59	1.30	0.89	0.68	0.62	0.56	0.51	0.46	1.54
0.45	4.27	3.40	3.14	2.94	2.79	2.52	2.25	1.88	1.60	1.31	0.89	0.67	0.61	0.55	0.50	0.45	1.58
0.46	4.37	3.48	3.21	3.00	2.84	2.56	2.28	1.90	1.61	1.31	0.88	0.66	0.60	0.54	0.50	0.45	1.61
0.48	4.60	3.63	3.35	3.12	2.94	2.65	2.35	1.95	1.64	1.32	0.87	0.65	0.59	0.53	0.49	0.45	1.68
0.49	4.71	3.71	3.42	3.18	3.00	2.70	2.39	1.97	1.65	1.32	0.87	0.65	0.59	0.53	0.49	0.45	1.72
0.50	4.82	3.78	3.48	3.24	3.06	2.74	2.42	1.99	1.66	1.32	0.86	0.64	0.58	0.52	0.48	0.44	1.75
0.52	5.06	3.95	3.62	3.36	3.16	2.83	2.48	2.03	1.69	1.33	0.85	0.63	0.57	0.51	0.47	0.44	1.82
0.54	5.30	4.11	3.76	3.48	3.28	2.91	2.55	2.07	1.71	1.34	0.84	0.61	0.56	0.50	0.47	0.44	1.89

（3）$C_s = 3.5C_v$

$P/\%$ \ C_v	0.01	0.1	0.2	0.33	0.5	1	2	5	10	20	50	75	80	90	95	99	$P/\%$ \ C_s
0.55	5.41	4.20	3.83	3.55	3.34	2.96	2.58	2.10	1.72	1.34	0.84	0.60	0.55	0.50	0.46	0.44	1.93
0.56	5.55	4.28	3.91	3.61	3.39	3.01	2.62	2.12	1.73	1.35	0.83	0.60	0.55	0.49	0.46	0.43	1.96
0.58	5.80	4.45	4.05	3.74	3.51	3.10	2.69	2.16	1.75	1.35	0.82	0.58	0.53	0.48	0.46	0.43	2.03
0.60	6.06	4.62	4.20	3.87	3.62	3.20	2.76	2.20	1.77	1.35	0.81	0.57	0.53	0.48	0.45	0.43	2.10
0.65	6.73	5.08	4.58	4.22	3.92	3.44	2.94	2.30	1.83	1.36	0.78	0.55	0.51	0.46	0.44	0.43	2.28
0.70	7.43	5.54	4.98	4.56	4.23	3.68	3.12	2.41	1.83	1.37	0.75	0.53	0.49	0.45	0.44	0.43	2.45
0.75	8.16	6.02	5.38	4.92	4.55	3.92	3.30	2.51	1.92	1.37	0.72	0.50	0.47	0.44	0.43	0.43	2.63
0.80	8.91	6.53	5.81	5.29	4.87	4.18	3.49	2.61	1.97	1.37	0.70	0.49	0.47	0.44	0.43	0.43	2.80

（4）$C_s = 4C_v$

$P/\%$ \ C_v	0.01	0.1	0.2	0.33	0.5	1	2	5	10	20	50	75	80	90	95	99	$P/\%$ \ C_s
0.20	2.10	1.85	1.77	1.71	1.66	1.58	1.49	1.37	1.27	1.16	0.97	0.85	0.81	0.77	0.72	0.65	0.80
0.25	2.49	2.13	2.02	1.94	1.87	1.76	1.64	1.47	1.34	1.19	0.96	0.82	0.77	0.72	0.67	0.60	1.00
0.30	2.92	2.44	2.30	2.18	2.10	1.94	1.79	1.57	1.40	1.22	0.94	0.78	0.73	0.68	0.63	0.56	1.20
0.35	3.40	2.78	2.60	2.45	2.34	2.14	1.95	1.68	1.47	1.25	0.92	0.74	0.69	0.64	0.59	0.54	1.40
0.40	3.92	3.15	2.92	2.74	2.60	2.36	2.11	1.78	1.53	1.27	0.90	0.71	0.66	0.60	0.56	0.52	1.60
0.42	4.15	3.30	3.05	2.86	2.70	2.44	2.18	1.83	1.56	1.28	0.89	0.70	0.65	0.59	0.55	0.52	1.68
0.44	4.38	3.46	3.19	2.98	2.81	2.53	2.25	1.87	1.58	1.29	0.88	0.68	0.63	0.58	0.55	0.51	1.76
0.45	4.49	3.54	3.25	3.03	2.87	2.58	2.28	1.89	1.59	1.29	0.87	0.68	0.63	0.58	0.54	0.51	1.80
0.46	4.62	3.62	3.32	3.10	2.92	2.62	2.32	1.91	1.61	1.29	0.87	0.67	0.62	0.57	0.54	0.51	1.84
0.48	4.86	3.79	3.47	3.22	3.04	2.71	2.39	1.96	1.63	1.30	0.86	0.66	0.61	0.56	0.53	0.51	1.92
0.50	5.10	3.96	3.61	3.35	3.15	2.80	2.45	2.00	1.65	1.31	0.84	0.64	0.60	0.55	0.53	0.50	2.00
0.52	5.36	4.12	3.76	3.48	3.27	2.90	2.52	2.04	1.67	1.31	0.83	0.63	0.59	0.55	0.52	0.50	2.08
0.54	5.62	4.30	3.91	3.61	3.38	2.99	2.59	2.08	1.69	1.31	0.82	0.62	0.58	0.54	0.52	0.50	2.16
0.55	5.76	4.39	3.99	3.68	3.44	3.03	2.63	2.10	1.70	1.31	0.82	0.62	0.58	0.54	0.52	0.50	2.20
0.56	5.90	4.48	4.06	3.75	3.50	3.09	2.66	2.12	1.71	1.31	0.81	0.61	0.57	0.53	0.51	0.50	2.24
0.58	6.18	4.67	4.22	3.89	3.62	3.19	2.74	2.16	1.74	1.32	0.80	0.60	0.57	0.53	0.51	0.50	2.32
0.60	6.45	4.85	4.38	4.03	3.75	3.29	2.81	2.21	1.76	1.32	0.79	0.59	0.56	0.52	0.51	0.50	2.40
0.65	7.18	5.34	4.78	4.38	4.07	3.53	2.99	2.31	1.80	1.32	0.76	0.57	0.54	0.51	0.50	0.50	2.60
0.70	7.95	5.84	5.21	4.75	4.39	3.78	3.18	2.41	1.85	1.32	0.73	0.55	0.53	0.51	0.50	0.50	2.80
0.75	8.76	6.36	5.65	5.13	4.72	4.03	3.36	2.50	1.88	1.32	0.71	0.54	0.53	0.51	0.50	0.50	3.00
0.80	9.62	6.90	6.11	5.53	5.06	4.30	3.55	2.60	1.91	1.30	0.68	0.53	0.52	0.50	0.50	0.50	3.20

附表 3　　　　　　　　　三点法用表——S 与 C_s 关系表

\multicolumn{10}{c}{（1）$P=1\%\sim50\%\sim99\%$}

S	0	1	2	3	4	5	6	7	8	9
0.0	0.00	0.03	0.05	0.07	0.10	0.12	0.15	0.17	0.20	0.23
0.1	0.26	0.28	0.31	0.34	0.36	0.39	0.41	0.44	0.47	0.49
0.2	0.52	0.54	0.57	0.59	0.62	0.65	0.67	0.70	0.73	0.76
0.3	0.78	0.81	0.84	0.86	0.89	0.92	0.94	0.97	1.00	1.02
0.4	1.05	1.08	1.10	1.13	1.16	1.18	1.21	1.24	1.27	1.30
0.5	1.32	1.36	1.39	1.42	1.45	1.48	1.51	1.55	1.58	1.61
0.6	1.64	1.68	1.71	1.74	1.78	1.81	1.84	1.88	1.92	1.95
0.7	1.99	2.03	2.07	2.11	2.16	2.20	2.25	2.30	2.34	2.39
0.8	2.44	2.50	2.55	2.61	2.67	2.74	2.81	2.89	2.97	3.05
0.9	3.14	3.22	3.33	3.46	3.59	3.73	3.92	4.14	4.44	4.90

（2）$P=3\%\sim50\%\sim97\%$

S	0	1	2	3	4	5	6	7	8	9
0.0	0.00	0.04	0.08	0.11	0.14	0.17	0.20	0.23	0.26	0.29
0.1	0.32	0.35	0.38	0.42	0.45	0.48	0.51	0.54	0.57	0.60
0.2	0.63	0.66	0.70	0.73	0.76	0.79	0.82	0.86	0.89	0.92
0.3	0.95	0.98	1.01	1.04	1.08	1.11	1.14	1.17	1.20	1.24
0.4	1.27	1.30	1.33	1.36	1.40	1.43	1.46	1.49	1.52	1.56
0.5	1.59	1.63	1.66	1.70	1.73	1.76	1.80	1.83	1.87	1.90
0.6	1.94	1.97	2.00	2.04	2.08	2.12	2.16	2.20	2.23	2.27
0.7	2.31	2.36	2.40	2.44	2.49	2.54	2.58	2.63	2.68	2.74
0.8	2.79	2.85	2.90	2.96	3.02	3.09	3.15	3.22	3.29	3.37
0.9	3.46	3.55	3.67	3.79	3.92	4.08	4.26	4.50	4.75	5.21

（3）$P=5\%\sim50\%\sim95\%$

S	0	1	2	3	4	5	6	7	8	9
0.0	0.00	0.04	0.08	0.12	0.16	0.20	0.24	0.27	0.31	0.35
0.1	0.38	0.41	0.45	0.48	0.52	0.55	0.59	0.63	0.66	0.70
0.2	0.73	0.76	0.80	0.84	0.87	0.90	0.94	0.98	1.01	1.04
0.3	1.08	1.11	1.14	1.18	1.21	1.25	1.28	1.31	1.35	1.38
0.4	1.42	1.46	1.49	1.52	1.56	1.59	1.63	1.66	1.70	1.74
0.5	1.78	1.81	1.85	1.88	1.92	1.95	1.99	2.03	2.06	2.10
0.6	2.13	2.17	2.20	2.24	2.28	2.32	2.36	2.40	2.44	2.48
0.7	2.53	2.57	2.62	2.66	2.70	2.76	2.81	2.86	2.91	2.97
0.8	3.02	3.07	3.13	3.19	3.25	3.32	3.38	3.46	3.52	3.60
0.9	3.70	3.80	3.91	4.03	4.17	4.32	4.49	4.72	4.94	5.43

(4) $P=10\%\sim50\%\sim90\%$									
S	0	1	2	3	4	5	6	7	8	9
0.0	0.00	0.05	0.10	0.15	0.20	0.24	0.29	0.34	0.38	0.43
0.1	0.47	0.52	0.56	0.60	0.65	0.69	0.74	0.78	0.83	0.87
0.2	0.92	0.96	1.00	1.04	1.08	1.13	1.17	1.22	1.26	1.30
0.3	1.34	1.38	1.43	1.47	1.51	1.55	1.59	1.63	1.67	1.71
0.4	1.75	1.79	1.83	1.87	1.91	1.95	1.99	2.02	2.06	2.10
0.5	2.14	2.18	2.22	2.26	2.30	2.34	2.38	2.42	2.46	2.50
0.6	2.54	2.58	2.62	2.66	2.70	2.74	2.78	2.82	2.86	2.90
0.7	2.95	3.00	3.04	3.08	3.13	3.18	3.24	3.28	3.33	3.38
0.8	3.44	3.50	3.55	3.61	3.67	3.74	3.80	3.87	3.94	4.02
0.9	4.11	4.20	4.32	4.45	4.59	4.75	4.96	5.20	5.56	—

注　表头的数字代表 S 的百分位，如 $S=0.36$ 时 $C_s=0.94$

附表 4　　　　　　　三点法用表——C_s 与有关 ϕ 值的关系表

C_s	$\Phi_{50\%}$	$\Phi_{1\%}-\Phi_{99\%}$	$\Phi_{3\%}-\Phi_{97\%}$	$\Phi_{5\%}-\Phi_{95\%}$	$\Phi_{10\%}-\Phi_{90\%}$
0.0	0.000	4.652	3.762	3.290	2.564
0.1	−0.017	4.648	3.756	3.287	2.560
0.2	−0.033	4.645	3.750	3.284	2.557
0.3	−0.055	4.641	3.743	3.278	2.550
0.4	−0.068	4.637	3.736	3.273	2.543
0.5	−0.084	4.633	3.732	3.266	2.532
0.6	−0.100	4.629	3.727	3.259	2.522
0.7	−0.116	4.624	3.718	3.246	2.510
0.8	−0.132	4.620	3.709	3.233	2.498
0.9	−0.148	4.615	3.692	3.218	2.483
1.0	−0.164	4.611	3.674	3.204	2.468
1.1	−0.179	4.606	3.656	3.185	2.448
1.2	−0.194	4.601	3.638	3.167	2.427
1.3	−0.208	4.595	3.620	3.144	2.404
1.4	−0.223	4.590	3.601	3.120	2.380
1.5	−0.238	4.586	3.582	3.090	2.353
1.6	−0.253	4.586	3.562	3.062	2.326
1.7	−0.267	4.587	3.541	3.032	2.296
1.8	−0.282	4.588	3.520	3.002	2.265
1.9	−0.294	4.591	3.499	2.974	2.232
2.0	−0.307	4.594	3.477	2.945	2.198
2.1	−0.319	4.603	3.469	2.918	2.164

C_s	$\Phi_{50\%}$	$\Phi_{1\%}-\Phi_{99\%}$	$\Phi_{3\%}-\Phi_{97\%}$	$\Phi_{5\%}-\Phi_{95\%}$	$\Phi_{10\%}-\Phi_{90\%}$
2.2	−0.330	4.613	3.440	2.890	2.130
2.3	−0.340	4.625	3.421	2.862	2.095
2.4	−0.350	4.636	3.403	2.833	2.060
2.5	−0.359	4.648	3.385	2.806	2.024
2.6	−0.367	4.660	3.367	2.778	1.987
2.7	−0.376	4.674	3.350	2.749	1.949
2.8	−0.383	4.687	3.333	2.720	1.911
2.9	−0.389	4.701	3.318	2.695	1.876
3.0	−0.395	4.716	3.303	2.670	1.840
3.1	−0.399	4.732	3.288	2.645	1.806
3.2	−0.404	4.748	3.273	2.619	1.772
3.3	−0.407	4.765	3.259	2.594	1.738
3.4	−0.410	4.781	3.245	2.568	1.705
3.5	−0.412	4.796	3.225	2.543	1.670
3.6	−0.414	4.810	3.216	2.518	1.635
3.7	−0.415	4.824	3.203	2.494	1.600
3.8	−0.416	4.837	3.189	2.470	1.570
3.9	−0.415	4.850	3.175	2.446	1.536
4.0	−0.414	4.863	3.160	2.422	1.502
4.1	−0.412	4.876	3.145	2.396	1.471
4.2	−0.410	4.888	3.130	2.372	1.440
4.3	−0.407	4.901	3.115	2.348	1.408
4.4	−0.404	4.914	3.100	2.325	1.376
4.5	−0.400	4.924	3.084	2.300	1.345
4.6	−0.396	4.934	3.067	2.276	1.315
4.7	−0.392	4.942	3.050	2.251	1.286
4.8	−0.388	4.949	3.034	2.226	1.257
4.9	−0.384	4.955	3.016	2.200	1.229
5.0	−0.379	4.961	2.997	2.174	1.200
5.1	−0.374		2.978	2.148	1.173
5.2	−0.370		2.960	2.123	1.145
5.3	−0.365			2.098	1.118
5.4	−0.360			2.072	1.090
5.5	−0.356			2.047	1.063
5.6	−0.350			2.021	1.035

附表 5

瞬时单位线 S 曲线查用表

t/k \ n	1.0	1.1	1.2	1.3	1.4	1.5	1.6	1.7	1.8	1.9	2.0	2.1	2.2	2.3	2.4	2.5	2.6	2.7	2.8	2.9
0.0	0	0	0	0	0	0	0	0	0	0	0	0	0	0	0	0	0	0	0	0
0.1	0.0952	0.0721	0.0542	0.0406	0.0302	0.0224	0.0165	0.0121	0.0089	0.0065	0.0047	0.0034	0.0024	0.0017	0.0012	0.0009	0.0006	0.0004	0.0003	0.0002
0.2	0.1813	0.1468	0.1181	0.0946	0.0754	0.0598	0.0472	0.0370	0.0290	0.0226	0.0175	0.0135	0.0104	0.0080	0.0061	0.0047	0.0035	0.0027	0.0020	0.0015
0.3	0.2592	0.2180	0.1823	0.1517	0.1257	0.1036	0.0850	0.0694	0.0565	0.0458	0.0369	0.0297	0.0238	0.0190	0.0151	0.0120	0.0095	0.0075	0.0059	0.0046
0.4	0.3297	0.2847	0.2445	0.2090	0.1778	0.1505	0.1269	0.1065	0.0891	0.0742	0.0616	0.0509	0.0419	0.0344	0.0282	0.0230	0.0187	0.0151	0.0122	0.0099
0.5	0.3935	0.3466	0.3037	0.2649	0.2299	0.1987	0.1711	0.1466	0.1252	0.1065	0.0902	0.0762	0.0641	0.0537	0.0449	0.0374	0.0311	0.0258	0.0213	0.0175
0.6	0.4512	0.4037	0.3594	0.3186	0.2811	0.2470	0.2161	0.1884	0.1635	0.1414	0.1219	0.1047	0.0896	0.0765	0.0650	0.0551	0.0466	0.0393	0.0330	0.0277
0.7	0.5034	0.4563	0.4116	0.3697	0.3306	0.2945	0.2612	0.2308	0.2032	0.1782	0.1558	0.1357	0.1178	0.1020	0.0880	0.0757	0.0649	0.0555	0.0473	0.0403
0.8	0.5507	0.5045	0.4602	0.4180	0.3781	0.3406	0.3057	0.2733	0.2435	0.2161	0.1912	0.1686	0.1482	0.1298	0.1134	0.0988	0.0857	0.0742	0.0641	0.0552
0.9	0.5934	0.5487	0.5053	0.4633	0.4232	0.3851	0.3491	0.3153	0.2837	0.2545	0.2275	0.2027	0.1801	0.1595	0.1408	0.1239	0.1088	0.0952	0.0831	0.0724
1.0	0.6321	0.5892	0.5470	0.5058	0.4659	0.4276	0.3910	0.3563	0.3236	0.2929	0.2642	0.2376	0.2131	0.1905	0.1697	0.1509	0.1337	0.1182	0.1042	0.0916
1.1	0.6671	0.6262	0.5854	0.5453	0.5061	0.4681	0.4313	0.3962	0.3626	0.3309	0.3010	0.2729	0.2467	0.2224	0.1999	0.1792	0.1601	0.1428	0.1269	0.1126
1.2	0.6988	0.6599	0.6209	0.5821	0.5439	0.5064	0.4699	0.4346	0.4007	0.3682	0.3374	0.3082	0.2807	0.2549	0.2309	0.2085	0.1878	0.1687	0.1512	0.1352
1.3	0.7275	0.6907	0.6536	0.6163	0.5792	0.5425	0.5065	0.4714	0.4374	0.4046	0.3732	0.3432	0.3147	0.2877	0.2624	0.2386	0.2165	0.1958	0.1767	0.1591
1.4	0.7534	0.7188	0.6835	0.6479	0.6121	0.5765	0.5413	0.5066	0.4728	0.4399	0.4082	0.3776	0.3484	0.3206	0.2941	0.2692	0.2458	0.2238	0.2033	0.1842
1.5	0.7769	0.7444	0.7111	0.6771	0.6428	0.6084	0.5741	0.5401	0.5067	0.4740	0.4422	0.4113	0.3816	0.3531	0.3259	0.3000	0.2755	0.2523	0.2306	0.2102
1.6	0.7981	0.7677	0.7363	0.7041	0.6713	0.6382	0.6050	0.5719	0.5391	0.5067	0.4751	0.4442	0.4142	0.3853	0.3575	0.3308	0.3054	0.2813	0.2584	0.2369
1.7	0.8173	0.7890	0.7594	0.7290	0.6978	0.6660	0.6340	0.6019	0.5698	0.5381	0.5068	0.4760	0.4460	0.4168	0.3886	0.3614	0.3353	0.3104	0.2866	0.2641
1.8	0.8347	0.8083	0.7806	0.7519	0.7223	0.6920	0.6612	0.6302	0.5990	0.5680	0.5372	0.5067	0.4769	0.4477	0.4192	0.3917	0.3651	0.3395	0.3150	0.2916
1.9	0.8504	0.8259	0.8000	0.7729	0.7449	0.7161	0.6867	0.6568	0.6267	0.5964	0.5663	0.5363	0.5067	0.4777	0.4492	0.4214	0.3945	0.3685	0.3434	0.3193
2.0	0.8647	0.8419	0.8177	0.7923	0.7659	0.7385	0.7104	0.6818	0.6527	0.6234	0.5940	0.5646	0.5355	0.5067	0.4784	0.4506	0.4235	0.3971	0.3716	0.3470
2.1	0.8775	0.8564	0.8339	0.8101	0.7852	0.7593	0.7326	0.7052	0.6773	0.6489	0.6204	0.5917	0.5632	0.5348	0.5067	0.4790	0.4519	0.4254	0.3996	0.3745
2.2	0.8892	0.8696	0.8487	0.8265	0.8031	0.7786	0.7533	0.7271	0.7003	0.6731	0.6454	0.6176	0.5896	0.5618	0.5340	0.5066	0.4796	0.4531	0.4271	0.4018

续表

t/k＼n	1.0	1.1	1.2	1.3	1.4	1.5	1.6	1.7	1.8	1.9	2.0	2.1	2.2	2.3	2.4	2.5	2.6	2.7	2.8	2.9
2.3	0.8997	0.8816	0.8622	0.8414	0.8195	0.7965	0.7724	0.7476	0.7220	0.6958	0.6691	0.6422	0.6150	0.5877	0.5605	0.5334	0.5066	0.4801	0.4542	0.4288
2.4	0.9093	0.8926	0.8745	0.8552	0.8346	0.8130	0.7903	0.7667	0.7423	0.7172	0.6916	0.6655	0.6391	0.6125	0.5858	0.5592	0.5328	0.5065	0.4807	0.4552
2.5	0.9179	0.9025	0.8858	0.8678	0.8485	0.8282	0.8068	0.7845	0.7613	0.7373	0.7127	0.6876	0.6620	0.6362	0.6102	0.5841	0.5581	0.5322	0.5065	0.4811
2.6	0.9257	0.9115	0.8960	0.8793	0.8613	0.8423	0.8221	0.8010	0.7790	0.7562	0.7326	0.7085	0.6838	0.6588	0.6335	0.6080	0.5825	0.5570	0.5316	0.5064
2.7	0.9328	0.9197	0.9054	0.8898	0.8731	0.8553	0.8363	0.8164	0.7955	0.7738	0.7513	0.7282	0.7045	0.6803	0.6558	0.6310	0.6060	0.5810	0.5559	0.5311
2.8	0.9392	0.9271	0.9139	0.8995	0.8839	0.8672	0.8495	0.8307	0.8110	0.7903	0.7689	0.7468	0.7240	0.7007	0.6770	0.6529	0.6286	0.6041	0.5795	0.5550
2.9	0.9450	0.9339	0.9217	0.9083	0.8938	0.8782	0.8616	0.8439	0.8253	0.8058	0.7854	0.7643	0.7425	0.7201	0.6972	0.6738	0.6502	0.6263	0.6022	0.5781
3.0	0.9502	0.9400	0.9287	0.9164	0.9029	0.8884	0.8728	0.8562	0.8387	0.8202	0.8009	0.7807	0.7599	0.7384	0.7163	0.6938	0.6708	0.6476	0.6241	0.6005
3.1	0.9550	0.9456	0.9352	0.9238	0.9113	0.8977	0.8832	0.8676	0.8511	0.8336	0.8153	0.7962	0.7763	0.7557	0.7345	0.7128	0.6906	0.6680	0.6451	0.6221
3.2	0.9592	0.9506	0.9411	0.9305	0.9189	0.9063	0.8927	0.8781	0.8626	0.8461	0.8288	0.8106	0.7917	0.7720	0.7517	0.7308	0.7094	0.6875	0.6653	0.6428
3.3	0.9631	0.9552	0.9464	0.9366	0.9259	0.9142	0.9015	0.8879	0.8733	0.8578	0.8414	0.8242	0.8062	0.7874	0.7679	0.7479	0.7272	0.7061	0.6846	0.6627
3.4	0.9666	0.9594	0.9513	0.9423	0.9323	0.9214	0.9096	0.8969	0.8832	0.8686	0.8532	0.8369	0.8197	0.8019	0.7833	0.7641	0.7442	0.7239	0.7030	0.6818
3.5	0.9698	0.9632	0.9557	0.9474	0.9382	0.9281	0.9171	0.9052	0.8924	0.8787	0.8641	0.8487	0.8325	0.8155	0.7978	0.7794	0.7603	0.7407	0.7206	0.7001
3.6	0.9727	0.9666	0.9597	0.9521	0.9436	0.9342	0.9240	0.9129	0.9009	0.8880	0.8743	0.8598	0.8444	0.8283	0.8114	0.7938	0.7756	0.7568	0.7374	0.7175
3.7	0.9753	0.9697	0.9634	0.9564	0.9485	0.9398	0.9303	0.9199	0.9087	0.8967	0.8838	0.8701	0.8556	0.8403	0.8242	0.8074	0.7900	0.7720	0.7533	0.7342
3.8	0.9776	0.9725	0.9668	0.9602	0.9530	0.9450	0.9361	0.9265	0.9160	0.9047	0.8926	0.8797	0.8660	0.8515	0.8363	0.8203	0.8037	0.7864	0.7685	0.7500
3.9	0.9798	0.9751	0.9698	0.9638	0.9571	0.9497	0.9415	0.9325	0.9227	0.9122	0.9008	0.8887	0.8757	0.8620	0.8476	0.8324	0.8165	0.8000	0.7829	0.7651
4.0	0.9817	0.9774	0.9726	0.9670	0.9609	0.9540	0.9464	0.9380	0.9289	0.9191	0.9084	0.8970	0.8848	0.8719	0.8582	0.8438	0.8287	0.8129	0.7965	0.7795
4.2	0.9850	0.9814	0.9773	0.9727	0.9674	0.9616	0.9550	0.9478	0.9400	0.9313	0.9220	0.9120	0.9012	0.8897	0.8774	0.8645	0.8508	0.8365	0.8215	0.8059
4.4	0.9877	0.9847	0.9813	0.9774	0.9729	0.9679	0.9623	0.9561	0.9493	0.9418	0.9337	0.9249	0.9154	0.9052	0.8943	0.8827	0.8704	0.8575	0.8439	0.8297
4.6	0.9899	0.9875	0.9846	0.9813	0.9775	0.9733	0.9685	0.9632	0.9573	0.9508	0.9437	0.9360	0.9276	0.9186	0.9090	0.8987	0.8877	0.8760	0.8638	0.8509
4.8	0.9918	0.9897	0.9873	0.9845	0.9813	0.9777	0.9736	0.9691	0.9640	0.9584	0.9523	0.9455	0.9382	0.9303	0.9218	0.9126	0.9028	0.8924	0.8814	0.8697
5.0	0.9933	0.9915	0.9895	0.9872	0.9845	0.9814	0.9780	0.9741	0.9697	0.9649	0.9596	0.9537	0.9473	0.9404	0.9329	0.9248	0.9161	0.9068	0.8969	0.8864

续表

n / (t/k)	1.0	1.1	1.2	1.3	1.4	1.5	1.6	1.7	1.8	1.9	2.0	2.1	2.2	2.3	2.4	2.5	2.6	2.7	2.8	2.9
5.5	0.9959	0.9948	0.9935	0.9920	0.9903	0.9883	0.9860	0.9834	0.9804	0.9771	0.9734	0.9694	0.9648	0.9599	0.9545	0.9486	0.9422	0.9354	0.9280	0.9201
6.0	0.9975	0.9968	0.9960	0.9951	0.9939	0.9926	0.9911	0.9894	0.9874	0.9852	0.9826	0.9798	0.9767	0.9732	0.9694	0.9652	0.9606	0.9556	0.9502	0.9443
6.5	0.9985	0.9981	0.9976	0.9969	0.9962	0.9954	0.9944	0.9932	0.9919	0.9904	0.9887	0.9868	0.9847	0.9823	0.9796	0.9766	0.9734	0.9698	0.9659	0.9616
7.0	0.9991	0.9988	0.9985	0.9981	0.9976	0.9971	0.9965	0.9957	0.9948	0.9938	0.9927	0.9914	0.9899	0.9883	0.9865	0.9844	0.9821	0.9796	0.9768	0.9737
7.5	0.9994	0.9993	0.9991	0.9988	0.9985	0.9982	0.9978	0.9973	0.9967	0.9961	0.9953	0.9944	0.9934	0.9923	0.9911	0.9896	0.9880	0.9863	0.9843	0.9821
8.0	0.9997	0.9996	0.9994	0.9993	0.9991	0.9989	0.9986	0.9983	0.9979	0.9975	0.9970	0.9964	0.9957	0.9950	0.9941	0.9932	0.9921	0.9908	0.9895	0.9879
8.5	0.9998	0.9997	0.9997	0.9996	0.9994	0.9993	0.9991	0.9989	0.9987	0.9984	0.9981	0.9977	0.9972	0.9967	0.9962	0.9955	0.9948	0.9939	0.9930	0.9919
9.0	0.9999	0.9998	0.9998	0.9997	0.9997	0.9996	0.9995	0.9993	0.9992	0.9990	0.9988	0.9985	0.9982	0.9979	0.9975	0.9971	0.9965	0.9960	0.9953	0.9946
9.5	0.9999	0.9999	0.9999	0.9998	0.9998	0.9997	0.9997	0.9996	0.9995	0.9994	0.9992	0.9990	0.9989	0.9986	0.9984	0.9981	0.9977	0.9973	0.9969	0.9964
10.0	1.0000	0.9999	0.9999	0.9999	0.9999	0.9998	0.9998	0.9997	0.9997	0.9996	0.9995	0.9994	0.9993	0.9991	0.9989	0.9988	0.9985	0.9983	0.9980	0.9976

n / (t/k)	3.0	3.1	3.2	3.3	3.4	3.5	3.6	3.7	3.8	3.9	4.0	4.1	4.2	4.3	4.4	4.5	4.6	4.7	4.8	4.9
0.0	0	0	0	0	0	0	0	0	0	0	0	0	0	0	0	0	0	0	0	0
0.3	0.0036	0.0028	0.0022	0.0017	0.0013	0.0010	0.0008	0.0006	0.0005	0.0003	0.0003	0.0002	0.0002	0.0001	0.0001	0.0001	0.0000	0.0000	0.0000	0.0000
0.6	0.0231	0.0193	0.0160	0.0133	0.0110	0.0091	0.0075	0.0061	0.0050	0.0041	0.0034	0.0027	0.0022	0.0018	0.0015	0.0012	0.0010	0.0008	0.0006	0.0005
1.0	0.0803	0.0702	0.0613	0.0534	0.0463	0.0402	0.0347	0.0300	0.0258	0.0222	0.0190	0.0162	0.0139	0.0118	0.0101	0.0085	0.0072	0.0061	0.0052	0.0044
1.1	0.0996	0.0879	0.0774	0.0679	0.0595	0.0521	0.0454	0.0395	0.0343	0.0298	0.0257	0.0222	0.0191	0.0165	0.0141	0.0121	0.0104	0.0088	0.0075	0.0064
1.2	0.1205	0.1072	0.0951	0.0842	0.0744	0.0656	0.0577	0.0506	0.0443	0.0387	0.0338	0.0294	0.0255	0.0221	0.0192	0.0165	0.0143	0.0123	0.0105	0.0090
1.3	0.1429	0.1280	0.1144	0.1020	0.0908	0.0806	0.0714	0.0631	0.0557	0.0490	0.0431	0.0378	0.0331	0.0289	0.0252	0.0219	0.0191	0.0165	0.0143	0.0124
1.4	0.1665	0.1502	0.1351	0.1213	0.1087	0.0971	0.0866	0.0771	0.0685	0.0607	0.0537	0.0474	0.0418	0.0368	0.0323	0.0283	0.0248	0.0216	0.0188	0.0164
1.5	0.1912	0.1734	0.1570	0.1418	0.1279	0.1150	0.1032	0.0925	0.0826	0.0737	0.0656	0.0583	0.0517	0.0458	0.0405	0.0357	0.0314	0.0276	0.0242	0.0212
1.6	0.2166	0.1977	0.1800	0.1635	0.1482	0.1341	0.1211	0.1091	0.0981	0.0880	0.0788	0.0705	0.0629	0.0560	0.0498	0.0442	0.0391	0.0346	0.0305	0.0269
1.7	0.2428	0.2227	0.2038	0.1861	0.1697	0.1543	0.1400	0.1269	0.1147	0.1035	0.0932	0.0838	0.0752	0.0673	0.0602	0.0537	0.0478	0.0425	0.0378	0.0335
1.8	0.2694	0.2483	0.2284	0.2096	0.1920	0.1755	0.1601	0.1457	0.1324	0.1201	0.1087	0.0982	0.0886	0.0797	0.0717	0.0643	0.0576	0.0515	0.0459	0.0409

续表

t/k \ n	3.0	3.1	3.2	3.3	3.4	3.5	3.6	3.7	3.8	3.9	4.0	4.1	4.2	4.3	4.4	4.5	4.6	4.7	4.8	4.9
1.9	0.2963	0.2743	0.2535	0.2337	0.2151	0.1975	0.1810	0.1656	0.1512	0.1378	0.1253	0.1138	0.1031	0.0933	0.0842	0.0759	0.0683	0.0614	0.0551	0.0493
2.0	0.3233	0.3006	0.2790	0.2583	0.2388	0.2202	0.2027	0.1863	0.1708	0.1564	0.1429	0.1303	0.1186	0.1078	0.0978	0.0886	0.0801	0.0723	0.0652	0.0586
2.1	0.3504	0.3271	0.3047	0.2833	0.2629	0.2435	0.2251	0.2077	0.1913	0.1758	0.1614	0.1478	0.1351	0.1233	0.1124	0.1022	0.0928	0.0842	0.0762	0.0689
2.2	0.3773	0.3535	0.3306	0.3086	0.2875	0.2673	0.2480	0.2298	0.2124	0.1961	0.1806	0.1661	0.1525	0.1398	0.1279	0.1168	0.1065	0.0970	0.0882	0.0800
2.3	0.4040	0.3799	0.3565	0.3339	0.3122	0.2914	0.2714	0.2523	0.2342	0.2170	0.2007	0.1852	0.1707	0.1571	0.1443	0.1323	0.1211	0.1107	0.1010	0.0921
2.4	0.4303	0.4060	0.3823	0.3593	0.3371	0.3156	0.2950	0.2753	0.2564	0.2384	0.2213	0.2050	0.1897	0.1751	0.1615	0.1486	0.1366	0.1253	0.1148	0.1050
2.5	0.4562	0.4317	0.4078	0.3845	0.3619	0.3400	0.3189	0.2985	0.2790	0.2603	0.2424	0.2254	0.2092	0.1939	0.1794	0.1657	0.1528	0.1407	0.1293	0.1187
2.6	0.4816	0.4571	0.4331	0.4096	0.3867	0.3644	0.3428	0.3220	0.3019	0.2825	0.2640	0.2463	0.2293	0.2132	0.1980	0.1835	0.1698	0.1569	0.1447	0.1333
2.7	0.5064	0.4820	0.4580	0.4344	0.4113	0.3887	0.3668	0.3455	0.3249	0.3050	0.2859	0.2675	0.2499	0.2331	0.2171	0.2019	0.1874	0.1737	0.1608	0.1486
2.8	0.5305	0.5063	0.4824	0.4588	0.4356	0.4128	0.3907	0.3690	0.3480	0.3277	0.3081	0.2891	0.2709	0.2535	0.2368	0.2208	0.2056	0.1912	0.1775	0.1646
2.9	0.5540	0.5301	0.5063	0.4827	0.4595	0.4367	0.4143	0.3925	0.3712	0.3505	0.3304	0.3109	0.2922	0.2742	0.2568	0.2402	0.2244	0.2093	0.1949	0.1812
3.0	0.5768	0.5532	0.5296	0.5062	0.4831	0.4603	0.4378	0.4158	0.3942	0.3732	0.3528	0.3329	0.3137	0.2952	0.2773	0.2601	0.2436	0.2278	0.2128	0.1984
3.1	0.5988	0.5756	0.5523	0.5292	0.5062	0.4834	0.4609	0.4388	0.4171	0.3959	0.3752	0.3550	0.3354	0.3163	0.2980	0.2803	0.2632	0.2468	0.2311	0.2161
3.2	0.6201	0.5973	0.5744	0.5515	0.5287	0.5061	0.4837	0.4616	0.4398	0.4184	0.3975	0.3770	0.3571	0.3377	0.3189	0.3007	0.2831	0.2662	0.2499	0.2343
3.3	0.6406	0.6182	0.5958	0.5732	0.5507	0.5283	0.5061	0.4840	0.4622	0.4407	0.4197	0.3990	0.3788	0.3591	0.3399	0.3213	0.3033	0.2859	0.2691	0.2529
3.4	0.6603	0.6384	0.6164	0.5943	0.5722	0.5500	0.5279	0.5060	0.4843	0.4628	0.4416	0.4208	0.4004	0.3805	0.3610	0.3421	0.3237	0.3058	0.2885	0.2719
3.5	0.6792	0.6579	0.6364	0.6147	0.5930	0.5711	0.5493	0.5276	0.5059	0.4845	0.4634	0.4425	0.4220	0.4018	0.3821	0.3629	0.3441	0.3259	0.3082	0.2911
3.6	0.6973	0.6766	0.6557	0.6345	0.6131	0.5916	0.5701	0.5486	0.5272	0.5059	0.4848	0.4639	0.4433	0.4231	0.4032	0.3837	0.3647	0.3461	0.3281	0.3105
3.7	0.7146	0.6945	0.6742	0.6535	0.6326	0.6115	0.5904	0.5692	0.5480	0.5268	0.5058	0.4850	0.4644	0.4441	0.4241	0.4045	0.3852	0.3664	0.3480	0.3301
3.8	0.7311	0.7117	0.6919	0.6718	0.6514	0.6308	0.6100	0.5892	0.5683	0.5474	0.5265	0.5058	0.4852	0.4649	0.4449	0.4251	0.4057	0.3867	0.3680	0.3499
3.9	0.7469	0.7281	0.7090	0.6894	0.6696	0.6494	0.6291	0.6086	0.5880	0.5674	0.5468	0.5262	0.5057	0.4855	0.4654	0.4456	0.4261	0.4069	0.3880	0.3696
4.0	0.7619	0.7438	0.7253	0.7063	0.6870	0.6674	0.6475	0.6274	0.6072	0.5869	0.5665	0.5462	0.5259	0.5057	0.4857	0.4659	0.4463	0.4270	0.4080	0.3894
4.1	0.7762	0.7588	0.7409	0.7225	0.7038	0.6847	0.6653	0.6457	0.6259	0.6059	0.5858	0.5657	0.5456	0.5256	0.5057	0.4859	0.4663	0.4469	0.4279	0.4091

续表

t/k ＼ n	3.0	3.1	3.2	3.3	3.4	3.5	3.6	3.7	3.8	3.9	4.0	4.1	4.2	4.3	4.4	4.5	4.6	4.7	4.8	4.9
4.2	0.7898	0.7730	0.7558	0.7380	0.7199	0.7014	0.6825	0.6633	0.6439	0.6243	0.6046	0.5848	0.5649	0.5451	0.5253	0.5056	0.4861	0.4667	0.4476	0.4287
4.3	0.8026	0.7866	0.7700	0.7529	0.7353	0.7173	0.6990	0.6803	0.6614	0.6422	0.6228	0.6034	0.5838	0.5642	0.5446	0.5250	0.5056	0.4863	0.4671	0.4482
4.4	0.8149	0.7994	0.7835	0.7670	0.7501	0.7327	0.7149	0.6967	0.6782	0.6595	0.6406	0.6214	0.6022	0.5828	0.5634	0.5441	0.5247	0.5055	0.4864	0.4675
4.5	0.8264	0.8117	0.7964	0.7805	0.7642	0.7473	0.7301	0.7125	0.6945	0.6762	0.6577	0.6390	0.6200	0.6010	0.5819	0.5627	0.5436	0.5245	0.5055	0.4866
4.6	0.8374	0.8233	0.8086	0.7933	0.7776	0.7614	0.7447	0.7276	0.7102	0.6924	0.6743	0.6560	0.6374	0.6187	0.5999	0.5810	0.5620	0.5431	0.5242	0.5054
4.7	0.8477	0.8342	0.8202	0.8056	0.7904	0.7748	0.7587	0.7422	0.7252	0.7079	0.6903	0.6724	0.6543	0.6359	0.6174	0.5988	0.5801	0.5614	0.5427	0.5240
4.8	0.8575	0.8446	0.8312	0.8172	0.8026	0.7876	0.7721	0.7561	0.7397	0.7229	0.7058	0.6883	0.6706	0.6526	0.6345	0.6162	0.5978	0.5793	0.5607	0.5422
4.9	0.8667	0.8544	0.8416	0.8282	0.8143	0.7998	0.7849	0.7694	0.7536	0.7373	0.7207	0.7037	0.6864	0.6688	0.6511	0.6331	0.6150	0.5967	0.5784	0.5601
5.0	0.8753	0.8637	0.8514	0.8386	0.8253	0.8114	0.7970	0.7822	0.7669	0.7511	0.7350	0.7185	0.7016	0.6845	0.6671	0.6495	0.6317	0.6138	0.5958	0.5776
5.5	0.9116	0.9026	0.8931	0.8831	0.8725	0.8614	0.8498	0.8376	0.8250	0.8119	0.7983	0.7843	0.7699	0.7550	0.7398	0.7243	0.7084	0.6923	0.6759	0.6593
6.0	0.9380	0.9313	0.9240	0.9163	0.9081	0.8994	0.8903	0.8806	0.8705	0.8599	0.8488	0.8373	0.8253	0.8128	0.8000	0.7867	0.7730	0.7590	0.7446	0.7299
6.5	0.9570	0.9520	0.9466	0.9407	0.9345	0.9279	0.9208	0.9133	0.9054	0.8970	0.8882	0.8789	0.8692	0.8590	0.8484	0.8374	0.8260	0.8141	0.8019	0.7893
7.0	0.9704	0.9667	0.9627	0.9584	0.9538	0.9488	0.9435	0.9377	0.9316	0.9251	0.9182	0.9109	0.9032	0.8951	0.8866	0.8777	0.8683	0.8586	0.8485	0.8379
7.5	0.9797	0.9771	0.9742	0.9711	0.9677	0.9640	0.9600	0.9557	0.9511	0.9461	0.9409	0.9352	0.9292	0.9229	0.9162	0.9091	0.9016	0.8937	0.8855	0.8769
8.0	0.9862	0.9844	0.9823	0.9801	0.9776	0.9749	0.9719	0.9688	0.9653	0.9616	0.9576	0.9533	0.9488	0.9439	0.9387	0.9331	0.9273	0.9210	0.9145	0.9076
9.0	0.9938	0.9928	0.9918	0.9907	0.9894	0.9880	0.9865	0.9848	0.9830	0.9810	0.9788	0.9764	0.9738	0.9710	0.9680	0.9648	0.9614	0.9577	0.9537	0.9495
10.0	0.9972	0.9968	0.9963	0.9957	0.9951	0.9944	0.9937	0.9928	0.9919	0.9908	0.9897	0.9884	0.9870	0.9855	0.9839	0.9821	0.9802	0.9781	0.9758	0.9734
11.0	0.9988	0.9986	0.9984	0.9981	0.9978	0.9975	0.9971	0.9967	0.9962	0.9957	0.9951	0.9944	0.9937	0.9929	0.9921	0.9911	0.9901	0.9889	0.9877	0.9864
12.0	0.9995	0.9994	0.9993	0.9992	0.9990	0.9989	0.9987	0.9985	0.9983	0.9980	0.9977	0.9974	0.9970	0.9966	0.9962	0.9957	0.9952	0.9946	0.9939	0.9932
12.1	0.9995	0.9994	0.9993	0.9992	0.9991	0.9989	0.9988	0.9986	0.9984	0.9981	0.9979	0.9976	0.9972	0.9969	0.9965	0.9960	0.9955	0.9949	0.9943	0.9937
13.0	0.9998	0.9997	0.9997	0.9996	0.9996	0.9995	0.9994	0.9993	0.9992	0.9991	0.9989	0.9988	0.9986	0.9984	0.9982	0.9980	0.9977	0.9974	0.9970	0.9967
14.0	0.9999	0.9999	0.9999	0.9998	0.9998	0.9998	0.9997	0.9997	0.9996	0.9996	0.9995	0.9995	0.9994	0.9993	0.9992	0.9990	0.9989	0.9988	0.9986	0.9984
15.0	1.0000	1.0000	0.9999	0.9999	0.9999	0.9999	0.9999	0.9999	0.9998	0.9998	0.9998	0.9998	0.9997	0.9997	0.9996	0.9996	0.9995	0.9994	0.9993	0.9992
16.0							1.0000	0.9999	0.9999	0.9999	0.9999	0.9999	0.9999	0.9999	0.9998	0.9998	0.9998	0.9997	0.9997	0.9997

续表

t/k \ n	3.0	3.1	3.2	3.3	3.4	3.5	3.6	3.7	3.8	3.9	4.0	4.1	4.2	4.3	4.4	4.5	4.6	4.7	4.8	4.9
17.0							1.0000	1.0000	1.0000	1.0000	1.0000	1.0000	0.9999	0.9999	0.9999	0.9999	0.9999	0.9999	0.9999	0.9998
18.0							1.0000	1.0000	1.0000	1.0000	1.0000	1.0000	1.0000	1.0000	1.0000	1.0000	1.0000	0.9999	0.9999	0.9999
18.5							1.0000	1.0000	1.0000	1.0000	1.0000	1.0000	1.0000	1.0000	1.0000	1.0000	1.0000	1.0000	1.0000	1.0000

t/k \ n	5.0	5.1	5.2	5.3	5.4	5.5	5.6	5.7	5.8	5.9	6.0	6.1	6.2	6.3	6.4	6.5	6.6	6.7	6.8	6.9	7.0
0.0	0	0	0	0	0	0	0	0	0	0	0	0	0	0	0	0	0	0	0	0	0
0.3	0.0000	0.0000	0.0000	0.0000	0.0000	0.0000	0.0000	0.0000	0.0000	0.0000	0.0000	0.0000	0.0000	0.0000	0.0000	0.0000	0.0000	0.0000	0.0000	0.0000	0.0000
0.6	0.0004	0.0003	0.0003	0.0002	0.0002	0.0001	0.0001	0.0001	0.0001	0.0000	0.0000	0.0000	0.0000	0.0000	0.0000	0.0000	0.0000	0.0000	0.0000	0.0000	0.0000
1.0	0.0037	0.0031	0.0026	0.0022	0.0018	0.0015	0.0013	0.0010	0.0009	0.0007	0.0006	0.0005	0.0004	0.0003	0.0003	0.0002	0.0002	0.0002	0.0001	0.0001	0.0001
1.1	0.0054	0.0046	0.0039	0.0033	0.0028	0.0023	0.0020	0.0017	0.0014	0.0012	0.0010	0.0008	0.0007	0.0006	0.0005	0.0004	0.0003	0.0003	0.0002	0.0002	0.0001
1.2	0.0077	0.0066	0.0056	0.0048	0.0041	0.0035	0.0029	0.0025	0.0021	0.0018	0.0015	0.0013	0.0011	0.0009	0.0007	0.0006	0.0005	0.0004	0.0003	0.0003	0.0003
1.3	0.0107	0.0092	0.0079	0.0068	0.0058	0.0050	0.0042	0.0036	0.0031	0.0026	0.0022	0.0019	0.0016	0.0014	0.0011	0.0010	0.0008	0.0007	0.0006	0.0005	0.0004
1.4	0.0143	0.0124	0.0107	0.0093	0.0080	0.0069	0.0059	0.0051	0.0044	0.0037	0.0032	0.0027	0.0023	0.0020	0.0017	0.0014	0.0012	0.0010	0.0009	0.0007	0.0006
1.5	0.0186	0.0162	0.0141	0.0123	0.0107	0.0093	0.0080	0.0069	0.0060	0.0052	0.0045	0.0038	0.0033	0.0028	0.0024	0.0021	0.0018	0.0015	0.0013	0.0011	0.0009
1.6	0.0237	0.0208	0.0182	0.0160	0.0140	0.0122	0.0106	0.0092	0.0080	0.0070	0.0060	0.0052	0.0045	0.0039	0.0034	0.0029	0.0025	0.0021	0.0018	0.0016	0.0013
1.7	0.0296	0.0262	0.0231	0.0203	0.0179	0.0157	0.0137	0.0120	0.0105	0.0092	0.0080	0.0070	0.0060	0.0052	0.0045	0.0039	0.0034	0.0029	0.0025	0.0022	0.0019
1.8	0.0364	0.0323	0.0287	0.0254	0.0224	0.0198	0.0175	0.0154	0.0135	0.0118	0.0104	0.0091	0.0079	0.0069	0.0060	0.0052	0.0046	0.0040	0.0034	0.0030	0.0026
1.9	0.0441	0.0393	0.0351	0.0312	0.0277	0.0246	0.0218	0.0193	0.0170	0.0150	0.0132	0.0116	0.0102	0.0090	0.0078	0.0069	0.0060	0.0052	0.0046	0.0040	0.0034
2.0	0.0527	0.0472	0.0423	0.0378	0.0337	0.0301	0.0268	0.0238	0.0211	0.0187	0.0166	0.0146	0.0129	0.0114	0.0100	0.0088	0.0077	0.0068	0.0059	0.0052	0.0045
2.1	0.0621	0.0560	0.0503	0.0452	0.0405	0.0363	0.0325	0.0290	0.0258	0.0230	0.0204	0.0182	0.0161	0.0143	0.0126	0.0111	0.0098	0.0086	0.0076	0.0067	0.0059
2.2	0.0725	0.0656	0.0592	0.0534	0.0481	0.0433	0.0389	0.0348	0.0312	0.0279	0.0249	0.0222	0.0198	0.0176	0.0156	0.0139	0.0123	0.0109	0.0096	0.0085	0.0075
2.3	0.0838	0.0761	0.0690	0.0625	0.0565	0.0510	0.0460	0.0414	0.0372	0.0334	0.0300	0.0268	0.0240	0.0214	0.0191	0.0170	0.0151	0.0135	0.0119	0.0106	0.0094
2.4	0.0959	0.0874	0.0796	0.0724	0.0657	0.0595	0.0539	0.0487	0.0440	0.0396	0.0357	0.0321	0.0288	0.0258	0.0231	0.0207	0.0185	0.0165	0.0147	0.0130	0.0116
2.5	0.1088	0.0996	0.0910	0.0830	0.0757	0.0688	0.0625	0.0567	0.0514	0.0465	0.0420	0.0379	0.0342	0.0307	0.0276	0.0248	0.0222	0.0199	0.0178	0.0159	0.0142

续表

t/k \ n	5.0	5.1	5.2	5.3	5.4	5.5	5.6	5.7	5.8	5.9	6.0	6.1	6.2	6.3	6.4	6.5	6.6	6.7	6.8	6.9	7.0
2.6	0.1226	0.1126	0.1032	0.0945	0.0864	0.0789	0.0719	0.0655	0.0596	0.0541	0.0490	0.0444	0.0402	0.0363	0.0327	0.0295	0.0265	0.0238	0.0214	0.0192	0.0172
2.7	0.1371	0.1263	0.1162	0.1068	0.0980	0.0897	0.0821	0.0750	0.0684	0.0623	0.0567	0.0516	0.0468	0.0424	0.0384	0.0347	0.0313	0.0283	0.0254	0.0229	0.0206
2.8	0.1523	0.1408	0.1300	0.1198	0.1102	0.1013	0.0930	0.0852	0.0780	0.0713	0.0651	0.0594	0.0541	0.0492	0.0446	0.0405	0.0367	0.0332	0.0300	0.0271	0.0244
2.9	0.1682	0.1560	0.1444	0.1335	0.1232	0.1136	0.1046	0.0962	0.0883	0.0810	0.0742	0.0678	0.0620	0.0565	0.0515	0.0469	0.0426	0.0387	0.0351	0.0317	0.0287
3.0	0.1847	0.1718	0.1595	0.1479	0.1369	0.1266	0.1169	0.1078	0.0993	0.0914	0.0839	0.0770	0.0705	0.0645	0.0590	0.0538	0.0491	0.0447	0.0407	0.0369	0.0335
3.1	0.2018	0.1882	0.1752	0.1629	0.1513	0.1403	0.1299	0.1202	0.1110	0.1024	0.0943	0.0868	0.0798	0.0732	0.0671	0.0614	0.0562	0.0513	0.0468	0.0426	0.0388
3.2	0.2194	0.2051	0.1915	0.1786	0.1663	0.1546	0.1436	0.1332	0.1233	0.1141	0.1054	0.0973	0.0896	0.0825	0.0758	0.0696	0.0638	0.0585	0.0535	0.0489	0.0446
3.3	0.2374	0.2225	0.2083	0.1947	0.1818	0.1695	0.1578	0.1468	0.1363	0.1264	0.1171	0.1084	0.1001	0.0924	0.0852	0.0784	0.0721	0.0662	0.0608	0.0557	0.0510
3.4	0.2558	0.2404	0.2256	0.2114	0.1979	0.1850	0.1727	0.1610	0.1499	0.1394	0.1295	0.1201	0.1113	0.1030	0.0952	0.0878	0.0810	0.0746	0.0686	0.0630	0.0579
3.5	0.2746	0.2586	0.2433	0.2285	0.2144	0.2009	0.1880	0.1757	0.1640	0.1529	0.1424	0.1324	0.1230	0.1141	0.1057	0.0978	0.0905	0.0835	0.0770	0.0710	0.0653
3.6	0.2936	0.2771	0.2613	0.2461	0.2314	0.2173	0.2039	0.1910	0.1787	0.1670	0.1559	0.1453	0.1353	0.1258	0.1169	0.1084	0.1005	0.0930	0.0860	0.0794	0.0733
3.7	0.3128	0.2959	0.2797	0.2639	0.2488	0.2342	0.2202	0.2067	0.1939	0.1816	0.1699	0.1588	0.1482	0.1381	0.1286	0.1196	0.1111	0.1031	0.0956	0.0885	0.0818
3.8	0.3322	0.3149	0.2982	0.2821	0.2665	0.2514	0.2369	0.2229	0.2095	0.1967	0.1844	0.1727	0.1616	0.1510	0.1409	0.1314	0.1223	0.1137	0.1057	0.0981	0.0909
3.9	0.3516	0.3341	0.3170	0.3005	0.2844	0.2689	0.2539	0.2395	0.2256	0.2122	0.1994	0.1872	0.1755	0.1643	0.1537	0.1436	0.1340	0.1249	0.1163	0.1082	0.1005
4.0	0.3712	0.3533	0.3360	0.3191	0.3026	0.2867	0.2713	0.2564	0.2420	0.2282	0.2149	0.2021	0.1899	0.1782	0.1670	0.1564	0.1463	0.1366	0.1275	0.1189	0.1107
4.1	0.3907	0.3726	0.3550	0.3378	0.3210	0.3047	0.2889	0.2736	0.2588	0.2445	0.2307	0.2174	0.2047	0.1925	0.1808	0.1697	0.1590	0.1489	0.1392	0.1300	0.1214
4.2	0.4102	0.3919	0.3741	0.3566	0.3395	0.3229	0.3067	0.2910	0.2758	0.2611	0.2469	0.2331	0.2199	0.2072	0.1951	0.1834	0.1722	0.1616	0.1514	0.1417	0.1325
4.3	0.4296	0.4112	0.3932	0.3755	0.3582	0.3412	0.3247	0.3087	0.2931	0.2780	0.2633	0.2492	0.2355	0.2224	0.2097	0.1976	0.1859	0.1748	0.1641	0.1539	0.1442
4.4	0.4488	0.4304	0.4122	0.3943	0.3768	0.3597	0.3429	0.3265	0.3106	0.2951	0.2801	0.2655	0.2514	0.2379	0.2247	0.2121	0.2000	0.1884	0.1772	0.1665	0.1564
4.5	0.4679	0.4494	0.4311	0.4131	0.3955	0.3781	0.3611	0.3445	0.3283	0.3124	0.2971	0.2821	0.2677	0.2537	0.2401	0.2271	0.2145	0.2024	0.1908	0.1796	0.1689
4.6	0.4868	0.4683	0.4500	0.4319	0.4141	0.3966	0.3794	0.3625	0.3460	0.3299	0.3142	0.2990	0.2841	0.2697	0.2558	0.2423	0.2293	0.2168	0.2047	0.1931	0.1820
4.7	0.5054	0.4869	0.4686	0.4505	0.4326	0.4150	0.3976	0.3806	0.3639	0.3475	0.3316	0.3160	0.3008	0.2861	0.2718	0.2579	0.2445	0.2315	0.2190	0.2070	0.1954
4.8	0.5237	0.5054	0.4871	0.4690	0.4510	0.4333	0.4158	0.3987	0.3818	0.3652	0.3490	0.3331	0.3177	0.3026	0.2880	0.2737	0.2599	0.2466	0.2337	0.2212	0.2092

续表

t/k＼n	5.0	5.1	5.2	5.3	5.4	5.5	5.6	5.7	5.8	5.9	6.0	6.1	6.2	6.3	6.4	6.5	6.6	6.7	6.8	6.9	7.0
4.9	0.5418	0.5235	0.5053	0.4872	0.4693	0.4515	0.4340	0.4167	0.3997	0.3829	0.3665	0.3504	0.3347	0.3193	0.3044	0.2898	0.2756	0.2619	0.2486	0.2358	0.2233
5.0	0.5595	0.5414	0.5233	0.5053	0.4874	0.4696	0.4520	0.4347	0.4175	0.4006	0.3840	0.3678	0.3518	0.3362	0.3209	0.3061	0.2916	0.2775	0.2639	0.2506	0.2378
5.5	0.6425	0.6255	0.6084	0.5912	0.5740	0.5567	0.5395	0.5222	0.5051	0.4880	0.4711	0.4543	0.4377	0.4213	0.4051	0.3892	0.3735	0.3582	0.3431	0.3284	0.3140
6.0	0.7149	0.6997	0.6841	0.6684	0.6525	0.6364	0.6201	0.6038	0.5873	0.5708	0.5543	0.5378	0.5213	0.5049	0.4886	0.4724	0.4563	0.4403	0.4246	0.4090	0.3937
6.5	0.7763	0.7630	0.7494	0.7354	0.7212	0.7067	0.6919	0.6770	0.6618	0.6464	0.6310	0.6153	0.5996	0.5839	0.5680	0.5522	0.5363	0.5205	0.5048	0.4891	0.4735
7.0	0.8270	0.8157	0.8041	0.7920	0.7797	0.7670	0.7540	0.7407	0.7272	0.7133	0.6993	0.6850	0.6705	0.6559	0.6411	0.6262	0.6111	0.5960	0.5808	0.5655	0.5503
7.5	0.8679	0.8586	0.8489	0.8388	0.8283	0.8175	0.8064	0.7949	0.7831	0.7710	0.7586	0.7459	0.7329	0.7197	0.7063	0.6926	0.6788	0.6648	0.6506	0.6363	0.6218
8.0	0.9004	0.8928	0.8848	0.8765	0.8679	0.8589	0.8495	0.8398	0.8298	0.8194	0.8088	0.7978	0.7865	0.7749	0.7630	0.7509	0.7385	0.7258	0.7130	0.6999	0.6866
8.5	0.9256	0.9196	0.9132	0.9065	0.8995	0.8921	0.8844	0.8764	0.8681	0.8594	0.8504	0.8411	0.8314	0.8215	0.8112	0.8007	0.7899	0.7787	0.7674	0.7557	0.7438
9.0	0.9450	0.9403	0.9353	0.9299	0.9243	0.9184	0.9122	0.9057	0.8989	0.8917	0.8843	0.8766	0.8685	0.8601	0.8515	0.8425	0.8332	0.8236	0.8138	0.8036	0.7932
10.0	0.9707	0.9679	0.9649	0.9617	0.9583	0.9547	0.9508	0.9467	0.9423	0.9378	0.9329	0.9278	0.9225	0.9168	0.9110	0.9048	0.8984	0.8916	0.8847	0.8774	0.8699
11.0	0.9849	0.9833	0.9816	0.9798	0.9778	0.9756	0.9733	0.9709	0.9683	0.9655	0.9625	0.9593	0.9560	0.9524	0.9486	0.9446	0.9404	0.9360	0.9314	0.9265	0.9214
12.0	0.9924	0.9915	0.9906	0.9896	0.9885	0.9873	0.9860	0.9846	0.9830	0.9814	0.9797	0.9778	0.9758	0.9736	0.9713	0.9689	0.9663	0.9635	0.9606	0.9575	0.9542
13.0	0.9963	0.9958	0.9953	0.9948	0.9942	0.9935	0.9928	0.9920	0.9912	0.9903	0.9893	0.9882	0.9870	0.9858	0.9844	0.9830	0.9815	0.9798	0.9780	0.9761	0.9741
14.0	0.9982	0.9980	0.9977	0.9974	0.9971	0.9968	0.9964	0.9960	0.9955	0.9950	0.9945	0.9939	0.9932	0.9925	0.9918	0.9910	0.9901	0.9891	0.9881	0.9870	0.9858
15.0	0.9991	0.9990	0.9989	0.9988	0.9986	0.9984	0.9982	0.9980	0.9978	0.9975	0.9972	0.9969	0.9965	0.9962	0.9957	0.9953	0.9948	0.9943	0.9937	0.9930	0.9924
16.0	0.9996	0.9995	0.9995	0.9994	0.9993	0.9992	0.9991	0.9990	0.9989	0.9988	0.9986	0.9984	0.9983	0.9981	0.9978	0.9976	0.9973	0.9970	0.9967	0.9964	0.9960
17.0	0.9998	0.9998	0.9998	0.9997	0.9997	0.9996	0.9996	0.9995	0.9995	0.9994	0.9993	0.9992	0.9991	0.9990	0.9989	0.9988	0.9987	0.9985	0.9983	0.9981	0.9979
18.0	0.9999	0.9999	0.9999	0.9999	0.9999	0.9998	0.9998	0.9998	0.9997	0.9997	0.9997	0.9996	0.9996	0.9995	0.9995	0.9994	0.9993	0.9993	0.9992	0.9991	0.9990
19.0	1.0000	1.0000	0.9999	0.9999	0.9999	0.9999	0.9999	0.9999	0.9999	0.9999	0.9998	0.9998	0.9998	0.9998	0.9997	0.9997	0.9997	0.9996	0.9996	0.9995	0.9995
20.0		1.0000	1.0000	1.0000	1.0000	1.0000	1.0000	1.0000	0.9999	0.9999	0.9999	0.9999	0.9999	0.9999	0.9999	0.9999	0.9998	0.9998	0.9998	0.9998	0.9997
21.0		1.0000	1.0000	1.0000	1.0000	1.0000	1.0000	1.0000	1.0000	1.0000	1.0000	1.0000	1.0000	0.9999	0.9999	0.9999	0.9999	0.9999	0.9999	0.9999	0.9999
22.0		1.0000	1.0000	1.0000	1.0000	1.0000	1.0000	1.0000	1.0000	1.0000	1.0000	1.0000	1.0000	1.0000	1.0000	1.0000	1.0000	1.0000	1.0000	0.9999	0.9999
22.3		1.0000	1.0000	1.0000	1.0000	1.0000	1.0000	1.0000	1.0000	1.0000	1.0000	1.0000	1.0000	1.0000	1.0000	1.0000	1.0000	1.0000	1.0000	1.0000	1.0000

附表 6　1000hPa 地面到指定压力（hPa）间饱和假绝热大气中的可降水量（mm）与露点（℃）函数关系表

单位：mm

压力/hPa	温度/℃																															压力/hPa
	0	1	2	3	4	5	6	7	8	9	10	11	12	13	14	15	16	17	18	19	20	21	22	23	24	25	26	27	28	29	30	
990	0	0	0	0	0	1	1	1	1	1	1	1	1	1	1	1	1	1	1	1	1	1	2	2	2	2	2	2	2	2	3	990
980	0	1	1	1	1	1	2	2	2	2	2	2	2	2	3	2	2	2	4	3	3	3	3	3	4	4	4	4	5	5	5	980
970	1	1	1	1	2	2	2	3	3	3	2	3	3	3	3	3	4	4	5	4	4	5	5	5	5	6	6	7	7	7	8	970
960	1	1	2	2	2	2	3	3	3	3	3	3	4	4	4	4	5	5	6	6	6	6	6	7	7	8	8	9	9	10	11	960
950	1	2	2	2	2	3	3	4	4	4	4	4	4	5	5	5	6	6	7	7	7	8	8	9	9	10	10	11	12	12	13	950
940	2	2	2	3	3	3	4	4	5	5	4	5	5	5	6	6	7	7	9	8	9	10	10	10	11	12	12	13	14	15	16	940
930	2	2	3	3	3	4	4	5	5	6	5	5	6	6	7	7	8	8	10	9	10	11	11	12	13	14	14	15	16	17	18	930
920	2	3	3	3	4	4	5	6	6	6	6	6	7	7	8	8	9	9	11	10	11	13	13	14	14	15	16	17	19	20	21	920
910	3	3	3	4	4	5	5	6	7	7	6	7	7	8	8	9	10	10	12	12	13	15	14	15	16	17	18	20	21	22	23	910
900	3	3	4	4	4	5	6	7	7	8	7	7	8	9	9	10	11	17	13	13	14	16	16	17	18	19	20	22	23	24	26	900
890	3	4	4	4	5	5	6	7	8	8	8	8	9	9	10	10	12	18	14	14	15	17	17	18	20	21	22	24	25	27	28	890
880	4	4	4	5	5	6	6	8	8	9	8	9	9	10	11	11	12	19	15	15	16	19	19	20	21	23	24	26	27	29	31	880
870	4	4	5	5	6	6	7	8	9	9	9	9	10	11	12	12	13	20	16	16	18	20	20	21	23	24	26	28	29	31	33	870
860	4	4	5	5	6	7	7	8	9	10	9	10	11	12	12	13	14	21	18	18	19	21	21	23	24	26	28	30	32	34	36	860
850	5	5	5	6	6	7	8	9	9	10	10	11	11	12	13	13	15	22	19	19	20	23	23	24	26	28	30	32	34	36	38	850
840	5	5	6	6	6	8	8	9	10	11	11	11	12	13	14	14	16	23	19	20	21	24	24	26	28	30	32	34	36	38	40	840
830	5	5	6	6	7	8	8	10	10	11	11	12	12	13	15	15	17	24	20	21	22	25	26	27	29	31	33	35	38	40	43	830
820	5	6	6	7	7	8	9	10	11	12	11	12	13	14	15	16	18	25	21	22	24	26	27	29	31	33	35	37	40	42	45	820
810	5	6	7	7	8	8	9	10	11	12	12	12	13	14	16	17	19	26	22	23	25	28	28	30	32	34	37	39	42	44	47	810
800	6	6	7	7	8	9	9	10	11	12	12	13	14	15	17	17	19	27	23	24	26	29	29	32	34	36	38	41	44	46	49	800
790	6	6	7	8	8	9	10	11	11	12	13	13	15	16	17	18	20	28	24	25	27	30	31	33	35	38	40	43	46	49	52	790
780	6	7	7	8	8	9	10	11	11	12	13	14	16	16	18	19	21	23	25	26	28	31	32	34	37	39	42	45	48	51	54	780
770	6	7	7	8	9	10	10	11	12	13	14	15	16	17	19	20	22	23	25	27	29	31	33	35	38	41	43	46	49	53	56	770

续表

压力/hPa	30	29	28	27	26	25	24	23	22	21	20	19	18	17	16	15	14	13	12	11	10	9	8	7	6	5	4	3	2	1	0	压力/hPa
									温度/℃																								
760	58	55	51	48	45	42	39	37	34	32	30	28	26	24	22	21	19	18	17	15	14	13	12	11	10	10	9	8	7	7	6	760
750	60	57	53	50	47	44	41	38	35	33	31	29	27	25	23	21	20	18	17	16	15	14	13	12	11	10	9	8	8	7	6	750
740	62	59	55	51	48	45	42	39	37	34	32	30	28	26	24	22	20	19	18	16	15	14	13	12	11	10	9	9	8	7	7	740
730	64	60	57	53	50	46	43	40	38	35	33	30	28	26	24	23	21	20	18	17	15	14	13	12	11	10	9	9	8	7	7	730
720	66	62	58	55	51	48	45	42	39	36	34	31	29	27	25	23	22	20	18	17	16	15	13	12	11	11	10	9	8	7	7	720
710	68	64	60	56	53	49	46	43	40	37	35	32	30	28	26	24	22	20	19	17	16	15	14	13	12	11	10	9	8	8	7	710
700	70	66	62	58	54	50	47	44	41	38	35	33	31	28	26	24	23	21	19	18	16	15	14	13	12	11	10	9	8	8	7	700
690	72	68	63	59	55	52	48	45	42	39	36	34	31	29	27	25	23	21	20	18	17	16	14	13	12	11	10	9	8	8	7	690
680	74	69	65	61	57	53	49	46	43	40	37	34	32	30	27	25	24	22	20	19	17	16	15	13	12	11	10	9	9	8	7	680
670	76	71	67	62	58	54	51	47	44	41	38	35	33	30	28	26	24	22	21	19	18	16	15	14	13	12	11	10	9	8	8	670
660	78	73	69	64	60	55	52	48	45	42	39	36	33	31	29	26	24	23	21	19	18	16	15	14	13	12	11	10	9	8	8	660
650	80	75	70	65	61	57	53	49	46	42	39	37	34	31	29	27	25	23	21	19	18	17	15	14	13	12	11	10	9	8	8	650
640	81	76	71	67	62	58	54	50	46	43	40	37	35	32	29	27	25	23	22	20	18	17	16	14	13	12	11	10	9	8	8	640
630	83	78	73	68	63	59	55	51	47	44	41	38	35	32	30	28	26	24	22	20	19	17	16	15	13	12	11	10	9	8	8	630
620	85	79	74	69	65	60	56	52	48	45	42	38	36	33	30	28	26	24	22	20	19	17	16	15	13	12	11	10	9	8	8	620
610	87	81	76	71	66	61	57	53	49	45	42	39	36	33	31	28	26	24	23	20	19	18	16	15	14	13	11	10	9	8	8	610
600	89	82	77	72	67	62	58	54	50	46	43	40	37	34	31	29	27	25	23	21	19	18	16	15	14	13	12	11	10	9	8	600
590	90	84	78	73	68	63	59	55	51	47	43	40	37	34	32	29	27	25	23	21	20	18	17	15	14	13	12	11	10	9	8	590
580	91	85	80	74	69	64	60	55	51	48	44	41	38	35	32	30	27	25	23	21	20	18	17	15	14	13	12	11	10	9	8	580
570	93	87	81	75	70	65	61	56	52	48	45	41	38	35	32	30	28	26	23	21	20	18	17	15	14	13	12	11	10	9	8	570
560	94	88	82	77	71	66	61	57	53	49	45	42	39	36	33	30	28	26	24	21	20	18	17	15	14	13	12	11	10	9	8	560
550	96	90	83	78	72	67	62	58	53	49	46	42	39	36	33	30	28	26	24	22	20	18	17	15	14	13	12	11	10	9	8	550
540	97	91	85	79	73	68	63	58	54	50	46	43	39	36	33	31	28	26	24	22	20	18	17	15	14	13	12	11	10	9	8	540

续表

压力/hPa	30	29	28	27	26	25	24	23	22	21	20	19	18	17	16	15	14	13	12	11	10	9	8	7	6	5	4	3	2	1	0
530	99	92	86	80	74	69	64	59	55	50	47	43	40	37	34	31	28	26	24	22	20	18	17	15	14	13	12	11	10	9	8
520	100	93	87	81	75	70	64	60	55	51	47	43	40	37	34	31	29	26	24	22	20	19	17	16	14	13	12	11	10	9	8
510	102	95	88	82	76	70	65	60	56	51	48	44	40	37	34	31	29	26	24	22	20	19	17	16	14	13	12	11	10	9	8
500	103	96	89	83	77	71	66	61	56	52	48	44	41	37	34	32	29	27	24	22	20	19	17	16	14	13	12	11	10	9	8
490	104	97	90	84	78	72	66	61	57	52	48	45	41	38	34	32	29	27	25	22	21	19	17	16	14	13	12	11	10	9	8
480	105	98	91	85	78	73	67	62	57	53	49	45	41	38	35	32	29	27	25	23	21	19	17	16	15	13	12	11	10	9	8
470	106	99	92	85	79	73	68	62	58	53	49	45	42	38	35	32	29	27	25	23	21	19	17	16	15	13	12	11	10	9	8
460	108	100	93	86	80	74	68	63	58	54	49	46	42	39	35	32	30	27	25	23	21	19	17	16	15	14	12	11	10	9	8
450	109	101	94	87	81	74	69	63	58	54	50	46	42	39	35	33	30	27	25	23	21	19	17	16	15	14	12	11	10	9	8
440	110	102	95	88	81	75	69	64	59	54	50	46	42	39	36	33	30	27	25	23	21	19	17	16	15	14	12	11	10	9	8
430	111	103	96	88	82	76	70	64	59	55	50	46	43	39	36	33	30	27	25	23	21	19	17	16	15	14	12	11	10	9	8
420	112	104	96	89	82	76	70	65	60	55	51	47	43	39	36	33	30	28	25	23	21	19	18	16	15	14	12	11	10	9	8
410	113	105	97	90	83	77	71	65	60	55	51	47	43	40	36	33	30	28	25	23	21	19	18	16	15	14	12	11	10	9	8
400	114	105	98	90	84	77	71	65	60	55	51	47	43	40	36	33	30	28	25	23	21	19	18	16	15	14	12	11	10	9	8
390	115	106	98	91	84	78	72	66	61	56	52	47	43	40	36	33	30	28	25	23	21	19	18	16	15	14	12	11	10	9	8
380	115	107	99	92	85	78	72	66	61	56	52	47	43	40	36	33	30	28	25	23	21	19	18	16	15	14	12	11	10	9	8
370	116	108	100	92	86	79	73	67	61	56	52	47	43	40	36	33	30	28	25	23	21	19	18	16	15	14	12	11	10	9	8
360	117	108	100	93	86	79	73	67	61	56	52	47	43	40	36	33	30	28	25	23	21	19	18	16	15	14	12	11	10	9	8
350	118	109	101	93	86	79	73	67	61	57	52	48	44	40	36	33	30	28	25	23	21	19	18	16	15	14	12	11	10	9	8
340	118	109	101	93	86	79	73	67	61	57	52	48	44	40	36	33	30	28	25	23	21	19	18	16	15	14	12	11	10	9	8
330	119	110	102	94	86	80	73	67	62	57	52	48	44	40	36	33	30	28	25	23	21	19	18	16	15	14	12	11	10	9	8
320	120	111	102	94	87	80	73	67	62	57	52	48	44	40	36	33	30	28	25	23	21	19	18	16	15	14	12	11	10	9	8
310	120	111	102	94	87	80	73	67	62	57	52	48	44	40	36	33	30	28	25	23	21	19	18	16	15	14	12	11	10	9	8

温　度/℃

续表

压力/hPa	温度/℃																														
	0	1	2	3	4	5	6	7	8	9	10	11	12	13	14	15	16	17	18	19	20	21	22	23	24	25	26	27	28	29	30
300	8	9	10	11	12	13	15	16	18	19	21	23	25	28	30	33	36	40	44	48	52	57	62	67	73	80	87	95	103	111	121
290	8	9	10	11	12	13	15	16	18	19	21	23	25	28	30	33	36	40	44	48	52	57	62	68	74	80	87	95	103	112	121
280	8	9	10	11	12	13	15	16	18	19	21	23	25	28	30	33	36	40	44	48	52	57	62	68	74	80	88	95	103	112	121
270	8	9	10	11	12	13	15	16	18	19	21	23	25	28	30	33	36	40	44	48	52	57	62	68	74	81	88	95	104	112	122
260	8	9	10	11	12	13	15	16	18	19	21	23	25	28	30	33	36	40	44	48	52	57	62	68	74	81	88	96	104	112	122
250	8	9	10	11	12	13	15	16	18	19	21	23	25	28	30	33	36	40	44	48	52	57	62	68	74	81	88	96	104	113	122
240	8	9	10	11	12	13	15	16	18	19	21	23	25	28	30	33	36	40	44	48	52	57	62	68	74	81	88	96	104	113	123
230	8	9	10	11	12	13	15	16	18	19	21	23	25	28	30	33	36	40	44	48	52	57	62	68	74	81	88	96	104	113	123
220	8	9	10	11	12	13	15	16	18	19	21	23	25	28	30	33	36	40	44	48	52	57	62	68	74	81	88	96	104	113	123
210	8	9	10	11	12	13	15	16	18	19	21	23	25	28	30	33	36	40	44	48	52	57	62	68	74	81	88	96	105	114	123
200	8	9	10	11	12	13	15	16	18	19	21	23	25	28	30	33	36	40	44	48	52	57	62	68	74	81	88	96	105	114	123

附表 7　1000hPa 地面到指定高度（m）间饱和假热绝热大气中的可降水量（mm）与露点（℃）函数关系表

单位：mm

高度/m	1000hPa露点/℃																														
	0	1	2	3	4	5	6	7	8	9	10	11	12	13	14	15	16	17	18	19	20	21	22	23	24	25	26	27	28	29	30
200	1	1	1	1	1	1	1	2	2	2	2	2	2	2	2	2	3	3	3	3	3	4	4	4	4	4	5	5	5	6	6
400	2	2	2	2	2	3	3	3	3	4	4	4	4	5	5	5	5	5	6	6	6	7	7	8	8	9	9	10	10	11	12
600	3	3	3	3	3	4	4	5	5	6	6	6	6	7	7	7	7	8	8	10	10	11	12	12	13	14	14	15	15	16	17
800	3	3	4	4	5	5	6	6	7	7	7	8	8	9	9	9	10	11	11	12	13	14	15	16	16	17	18	19	20	21	22
1000	4	4	5	6	6	7	7	8	8	9	9	10	11	12	12	13	13	13	14	15	15	16	17	18	20	21	22	23	25	26	28
1200	4	5	6	6	7	8	8	9	10	11	11	12	13	14	15	16	16	17	18	19	20	21	23	24	26	24	26	27	29	31	32
1400	5	5	6	7	7	7	8	9	10	11	12	13	13	14	15	16	16	17	18	19	20	22	23	24	26	28	29	31	33	35	37
1600	5	6	6	7	8	8	9	10	11	13	14	15	16	16	17	18	17	19	20	21	23	24	25	27	29	31	32	35	37	39	41

续表

1000hPa露点/℃

高度/m	0	1	2	3	4	5	6	7	8	9	10	11	12	13	14	15	16	17	18	19	20	21	22	23	24	25	26	27	28	29	30	高度/m
1800	6	6	7	7	8	9	9	10	11	12	12	13	14	15	17	18	19	20	22	23	25	26	28	30	32	34	36	39	41	43	46	1800
2000	6	7	7	8	9	9	10	11	11	12	13	14	16	17	18	19	21	22	24	25	27	29	31	33	35	37	39	42	44	47	50	2000
2200	7	7	8	8	9	10	10	11	12	13	14	15	16	18	19	20	22	24	25	27	29	31	33	35	37	40	42	45	48	51	54	2200
2400	7	8	8	9	9	10	11	12	13	14	15	16	17	19	20	22	23	25	27	29	31	33	35	37	40	43	45	48	51	54	57	2400
2600	7	8	8	9	10	11	11	12	13	14	16	17	18	20	21	23	24	26	28	30	32	35	37	40	42	45	48	51	55	58	61	2600
2800	7	8	9	9	10	11	12	13	14	15	16	18	19	21	22	24	26	27	30	32	34	36	39	42	45	48	51	54	58	61	65	2800
3000	8	8	9	10	10	11	12	13	14	15	16	18	20	21	23	25	26	29	31	33	35	38	41	44	47	50	53	57	61	64	68	3000
3200	8	8	9	10	11	11	13	14	14	16	17	18	20	21	23	25	27	29	31	34	36	40	42	45	49	52	56	59	63	67	71	3200
3400	8	9	9	10	11	12	13	14	15	16	18	19	21	23	24	26	28	30	32	34	36	38	40	42	44	47	49	51	54	56	58	3400
3600	8	9	10	10	11	12	13	14	15	17	19	20	22	23	25	27	29	32	34	36	39	42	44	47	49	52	54	56	60	64	68	3600
3800	8	9	10	11	11	12	13	15	16	17	19	20	22	24	26	28	30	32	35	38	41	44	47	50	54	58	62	66	70	75	80	3800
4000	8	9	10	11	12	13	14	15	16	18	19	21	23	25	26	28	31	33	36	39	42	45	48	52	56	60	64	68	73	78	83	4000
4200	8	9	10	11	12	13	14	15	16	18	20	21	23	25	27	29	31	34	37	40	43	46	49	53	57	61	66	70	75	80	85	4200
4400	8	9	10	11	12	13	14	16	17	18	20	22	24	26	27	29	32	34	37	40	44	47	51	54	58	63	67	72	77	82	87	4400
4600	8	9	10	11	12	13	14	16	17	18	20	22	24	26	28	30	32	35	38	41	44	48	52	56	60	64	69	74	79	84	90	4600
4800	8	9	10	11	12	13	14	17	17	19	20	22	25	27	28	30	33	36	39	42	45	49	53	57	61	65	70	75	81	86	92	4800
5000	8	9	10	11	12	13	14	16	17	19	21	22	25	27	28	31	33	36	39	42	46	50	54	58	62	67	72	77	82	88	94	5000
5200	8	9	10	11	12	13	14	16	17	19	21	23	25	27	29	31	34	37	40	43	47	51	55	59	63	68	73	78	84	90	96	5200
5400	8	9	10	11	12	13	15	16	17	19	21	23	25	27	29	32	34	37	40	44	47	51	56	60	64	69	74	80	86	92	98	5400
5600	8	9	10	11	12	13	15	16	17	19	21	23	25	27	29	32	35	38	41	44	48	52	56	60	65	70	76	81	87	93	100	5600
5800	8	9	10	11	12	13	15	16	17	19	21	23	25	27	30	32	35	38	42	45	48	52	57	61	66	71	77	82	88	95	101	5800
6000	8	9	10	11	12	15	15	16	17	19	21	23	25	27	30	32	35	39	42	45	49	53	57	62	67	72	78	84	90	96	103	6000
6200	8	9	10	11	12	15	15	16	17	19	21	23	25	27	30	32	36	39	42	46	49	54	58	63	68	73	79	85	91	98	104	6200
6400	8	9	10	11	12	15	15	16	17	19	21	23	25	27	30	32	36	39	42	46	50	54	58	63	68	74	80	86	92	99	106	6400
6600	8	9	10	11	12	15	15	16	18	19	21	23	25	27	30	33	36	39	42	46	50	54	59	64	69	74	80	87	93	100	107	6600

续表

高度/m	1000hPa露点/℃																														
	30	29	28	27	26	25	24	23	22	21	20	19	18	17	16	15	14	13	12	11	10	9	8	7	6	5	4	3	2	1	0
6800	108	101	94	87	81	75	70	65	60	55	50	46	42	39	36	33	30	27	25	23	21	19	18	16	15	13	12	11	10	9	8
7000	110	102	95	88	82	76	70	65	60	55	51	46	43	39	36	33	30	27	25	23	21	19	18	16	15	13	12	11	10	9	8
7200	111	103	96	89	82	76	71	65	60	55	51	47	43	39	36	33	30	28	25	23	21	19	18	16	15	14	12	11	10	9	8
7400	112	104	97	90	83	77	71	66	61	56	51	47	43	39	36	33	30	28	25	23	21	19	18	16	15	14	12	11	10	9	8
7600	113	105	98	90	83	77	72	66	61	56	51	47	43	39	36	33	30	28	25	23	21	19	18	16	15	14	12	11	10	9	8
7800	114	106	98	91	84	78	72	66	61	56	51	47	43	39	36	33	30	28	25	23	21	19	18	16	15	14	12	11	10	9	8
8000	115	107	99	92	85	78	72	66	61	56	52	47	43	40	36	33	30	28	26	23	21	19	18	16	15	14	12	11	10	9	8
8200	115	108	100	92	85	78	73	67	62	57	52	47	43	40	36	33	30	28	26	23	21	19	18	16	15	14	12	11	10	9	8
8400	116	108	100	92	85	79	73	67	62	57	52	47	43	40	36	33	30	28	26	23	21	19	18	16	15	14	12	11	10	9	8
8600	117	109	101	93	86	79	73	68	62	57	52	47	43	40	36	33	30	28	26	23	21	19	18	16	15	14	12	11	10	9	8
8800	118	109	101	93	86	79	73	68	62	57	52	47	43	40	36	33	31	28	26	23	21	19	18	16	15	14	12	11	10	9	8
9000	118	110	102	94	86	80	74	68	62	57	52	47	44	40	36	33	31	28	26	23	21	19	18	16	15	14	12	11	10	9	8
9200	119	110	102	94	87	80	74	68	62	57	52	48	44	40	36	33	31	28	26	23	21	19	18	16	15	14	12	11	10	9	8
9400	119	110	102	94	87	80	74	68	63	57	52	48	44	40	36	33	31	28	26	23	21	19	18	16	15	14					
9600	120	111	103	95	87	80	74	68	63	57	52	48	44	40	36	33	31	28	26	23	21	19	18	16	15	14					
9800	120	111	103	95	87	80	74	68	63	57	52	48	44	40	37	33	31	28	26	23	21	19	18	16	15	14					
10000	121	112	104	96	87	80	74	68	63	57	52	48	44	40	37	33	31	28	26	23	21										
11000	122	113	105	96	88	81	74	68	63	57	52	48	44	40	37	33															
12000	123	114	105	97	88	81	74	68	63	57	52	48	44	40	37																
13000	124	114	105	97	88	81	74	68	63	57	52																				
14000	124	115	106	97	88	81	74	68	63	57	52																				
15000	124	115	106	97	88	81																									
16000	124	115	106	97	88	81																									
17000	124	115	106	97	89																										
1800	46	43	41	39	36	34	32	30	28	26	25	23	22	20	19	18	17	15	14	13	12	12	11	10	9	9	8	7	7	6	6